大学数学教程（上）

张　涛　杜厚维　朱智慧　主编

科学出版社

北　京

内 容 简 介

本书根据编者多年来讲授大学数学课程的讲义编写而成，分上、下两册。上册内容为函数极限与连续、一元函数的导数和微分、一元函数微分学的应用、一元函数的积分学、定积分的应用、微分方程、常数项级数，共七章；下册内容为行列式、矩阵及其运算、矩阵的初等变换与线性方程组、向量组的线性相关性、方阵的特征值与对角化、概率论的基本概念、随机变量及其分布、随机变量的数字特征、大数定律与中心极限定理，共九章. 全套书中每章都配有习题，书末附有习题答案、附录.

本书适合普通高等院校数学少学时的专业，如农林、医学、文科等作为教材使用，也可供高职、中专院校相关专业选用.

图书在版编目（CIP）数据

大学数学教程.上/张涛，杜厚维，朱智慧主编. —北京：科学出版社，2023.8
ISBN 978-7-03-076127-9

Ⅰ.①大… Ⅱ.①张… ②杜… ③朱… Ⅲ.①高等数学-高等学校-教材
Ⅳ.①O13

中国国家版本馆 CIP 数据核字（2023）第 149467 号

责任编辑：王　晶/责任校对：高　嵘
责任印制：彭　超/封面设计：苏　波

科学出版社 出版
北京东黄城根北街 16 号
邮政编码：100717
http://www.sciencep.com
武汉中科兴业印务有限公司印刷
科学出版社发行　各地新华书店经销
*
开本：787×1092　1/16
2023 年 8 月第　一　版　　印张：11 1/2
2023 年 8 月第一次印刷　　字数：268 000
定价：49.00 元
（如有印装质量问题，我社负责调换）

前　言

编者团队在长期的高等数学教学中，一直关注大学少学时数学课程建设和教材建设. 经过多年的教学实践，编者认为少学时的大学数学不同于理、工科的高等数学，其目的主要在于引导学生掌握一些现代科学所必备的数学基础，学习一种理性思维的方式，提高大学生的数学修养和综合素质. 基于这种认识，团队组织多年从事一线教学的骨干教师编写了这套教材.

本套教材的编写在保留传统高等数学教材结构严谨、逻辑清晰等风格的同时，积极吸取近年高校教材改革的成功经验，努力做到例证适当、通俗易懂.

由于本套教材以大学数学少学时学生为对象，对内容的深度与广度都进行了筛选，所以在编写中，我们一方面以学生易于接受的形式来展开各章节的内容，另一方面也尽量注重数学语言的逻辑性，保证教材的系统性和严谨性，便于教师的讲授和学生的学习.

本套教材分为上、下两册. 内容包括函数极限与连续、一元函数微分学、一元函数积分学、微分方程、线性代数以及概率论基础，每章均配备了适量的习题. 数字化资源为学生拓展数学史知识、培养科学家精神提供相应的学习素材. 书中带有“*”部分为选学部分.

本套教材由张涛、杜厚维、朱智慧任主编，由朱建伟、陈岩、袁世雄、李平任副主编. 具体写作分工为：杜厚维（第一～三章，第七章）；朱智慧（第四～六章）；袁世雄（第八章）；陈岩（第九章）；张涛（第十～十二章）；李平（第十三章）；朱建伟（第十四～十六章）.

党的二十大报告首次把教育、科技、人才进行统筹安排、一体部署. 作为编者，我们坚守为党育人、为国育才的初心和使命，深入推进课程教育教学改革，努力践行一名“编者”的责任与担当.

由于编者水平有限，书中的疏漏和不足在所难免，恳请各位专家、同行和广大读者指正.

数学家简介

编　者

2022 年 4 月

目　　录

第一章　函数、极限与连续

函数是高等数学的主要研究对象. 极限方法是高等数学的一种基本分析方法. 本章将介绍函数、极限和函数的连续性等基本概念，以及它们的一些性质.

第一节　函数的概念与基本性质

函数的两个要素是定义域和对应法则，如果没有特殊说明，本书函数的定义域都限制在实数集内.

一、区间与邻域

设 a 和 b 都是实数，且 $a<b$. 将满足不等式 $a<x<b$ 的所有实数 x 组成的集合称为开区间，记作

$$(a,b)=\{x|a<x<b\}.$$

满足不等式 $a\leqslant x\leqslant b$ 的所有实数 x 组成的集合称为闭区间，记作

$$[a,b]=\{x|a\leqslant x\leqslant b\}.$$

满足不等式 $a\leqslant x<b$ 或者 $a<x\leqslant b$ 的所有实数 x 组成的集合称为半开半闭区间，分别记作

$$[a,b)=\{x|a\leqslant x<b\}，(a,b]=\{x|a<x\leqslant b\}.$$

以上这些区间都是有限区间. a 和 b 称为区间的端点，数 $b-a$ 称为区间的长度. 此外还有无限区间：

$$(-\infty,+\infty)=\{x|-\infty<x<+\infty\},$$

$$(-\infty,b]=\{x|-\infty<x\leqslant b\},$$

$$(-\infty,b)=\{x|-\infty<x<b\},$$

$$[a,+\infty)=\{x|a\leqslant x<+\infty\},$$

$$(a,+\infty)=\{x|a<x<+\infty\},$$

其中：记号“ $+\infty$ ”读作“正无穷大”；“ $-\infty$ ”读作“负无穷大”.

邻域是一类常用的数集，本书在后面学习函数极限时会经常使用. 我们称开区间 $(x_0-\delta，x_0+\delta)$ 为以 x_0 为中心、以 δ ($\delta>0$)为半径的**邻域**，记作 $U(x_0,\delta)$ ，如图 1.1 所示，即

$$U(x_0,\delta)=(x_0-\delta，x_0+\delta)=\{x||x-x_0|<\delta\}.$$

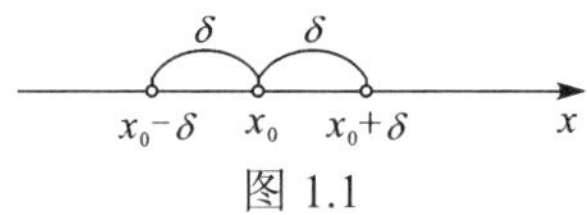

图 1.1

其中：开区间 $(x_0-\delta,x_0)$ 称为 x_0 的左 δ 邻域，记作 $U_-(x_0,\delta)$；开区间 $(x_0,x_0+\delta)$ 称为 x_0 的右 δ 邻域，记作 $U_+(x_0,\delta)$；称 $(x_0-\delta,x_0)\cup(x_0,x_0+\delta)$ 为 x_0 的**去心 δ 邻域**，记作 $\mathring{U}(x_0,\delta)$. 即

$$\mathring{U}(x_0,\delta)=(x_0-\delta,x_0)\cup(x_0,x_0+\delta)=\{x|0<|x-x_0|<\delta\}.$$

习惯上，我们一般用字母 **N** 表示全体自然数的集合，**Z** 表示全体整数的集合，**Q** 表示全体有理数的集合，**R** 表示全体实数集合，$\mathbf{R}^+$表示全体正实数的集合.

二、函数的概念

在考察自然现象及进行实践活动时，人们常关注各种各样的量，如长度、面积、体积、时间、质量、温度等. 在某过程中保持数值不变的量称为常量，数值变化的量称为变量. 我们感兴趣的是变量之间的某种依赖关系，即函数关系.

定义 1.1　设 A, B 是两个非空数集，若对 A 中的每个数 x，按照某种确定的法则 f，在 B 中有唯一的数 y 与之对应，则称 f 是从 A 到 B 的一个函数，记作

$$y=f(x)\quad(x\in A),$$

其中：x 为自变量；y 为因变量；自变量的取值范围（数集 A）称为函数 f 的定义域，通常记作 $D(f)$，函数值的全体构成的集合 $\{y|y=f(x),x\in A\}$ 称为函数 f 的值域，通常记作 $R(f)$ 或 $f(A)$.

在实际问题中，定义域可根据函数的实际意义来确定. 在理论研究中，若函数关系由数学式给出，函数的定义域就是使数学表达式有意义的自变量 x 取值全体构成的集合.

例 1.1　用周长为 40 m 的绳子围成一个矩形，底边长为 x m，则矩形面积 y 与底边长 x 的关系为 $y=x(20-x)$，函数的定义域是开区间 $(0, 20)$.

例 1.2　求函数 $y=\sqrt{9-x^2}+\ln(x-1)$ 的定义域.

解　要使上述数学式子有意义，x 必须满足

$$\begin{cases}9-x^2\geqslant 0,\\ x-1>0,\end{cases}$$

即

$$\begin{cases}|x|\leqslant 3,\\ x>1.\end{cases}$$

解得

$$1<x\leqslant 3,$$

则函数的定义域为 $(1,3]$.

在平面直角坐标系中，称点集

$$\{(x,y)\,|\,y=f(x),x\in D(f)\}$$

为函数 $y=f(x)$ 的图象，如图 1.2 所示.

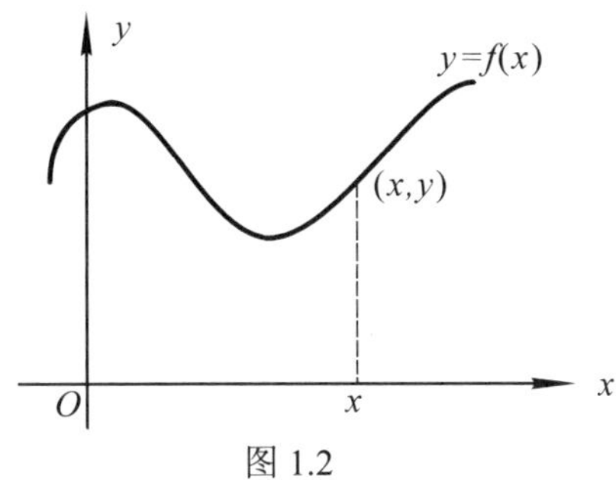

图 1.2

有一类函数，在定义域的不同子集内，对应法则用不同的式子来表示，通常称这类函数为分段函数.

例 1.3　绝对值函数

$$y=|x|=\begin{cases}x, & x\geqslant 0,\\ -x, & x<0\end{cases}$$

的定义域 $D(f)=(-\infty,+\infty)$，值域 $R(f)=[0,+\infty)$，如图 1.3 所示.

例 1.4　符号函数

$$y=\operatorname{sgn}x=\begin{cases}-1, & x<0,\\ 0, & x=0,\\ 1, & x>0\end{cases}$$

的定义域 $D(f)=(-\infty,+\infty)$，值域 $R(f)=\{-1,0,1\}$，如图 1.4 所示.

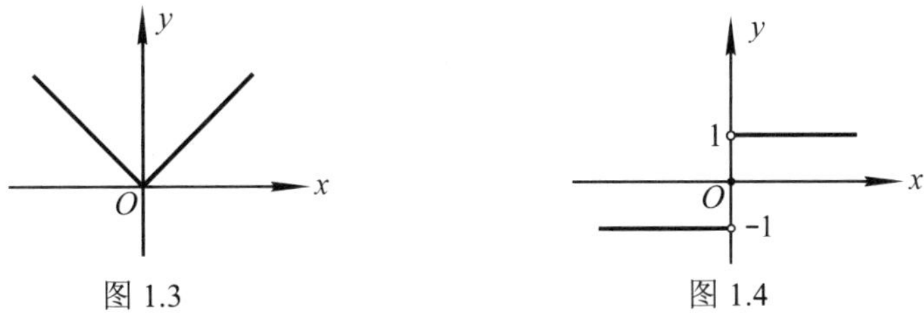

图 1.3　　　　图 1.4

例 1.5　取整函数 $y=[x]$，其中 $[x]$ 表示不超过 x 的最大整数. 例如，$\left[-\frac{1}{2}\right]=-1$，$[0]=0$，$[\sqrt{2}]=1$，等等. 函数 $y=[x]$ 的定义域 $D(f)=(-\infty,+\infty)$，值域 $R(f)=Z$，如图 1.5 所示.

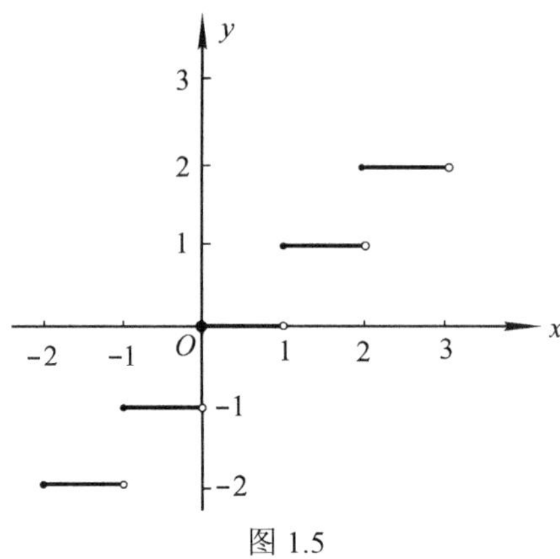

图 1.5

三、复合函数与反函数

定义 1.2　设函数 $y=f(u)$ 的定义域为 $D(f)$，函数 $u=g(x)$ 的定义域为 $D(g)$，值域为 $R(g)$，且 $R(g)\subseteq D(f)$，则对任意的 $x\in D(g)$，存在唯一的 $u=g(x)$ 与 x 对应，对上述 $u\in D(f)$，存在唯一的 $y=f(u)$ 与 u 对应. 因此 y 是 x 的函数，称为由函数 $u=g(x)$ 与函数 $y=f(u)$ 构成的复合函数，记作

$$y=(f\cdot g)(x)=f[g(x)],\quad x\in D(g),$$

其中：u 称为中间变量.

例如，函数 $y=x^{\mu}=\mathrm{e}^{\mu\ln x}$ 可看成由函数 $y=\mathrm{e}^{u}$ 与 $u=\mu\ln x$ 复合而成.

例 1.6　设 $f(x)=x-1,\ g(x)=\mathrm{e}^{x}$，求 $f[g(x)]$ 与 $g[f(x)]$.

解　$f[g(x)]=g(x)-1=\mathrm{e}^{x}-1,\quad g[f(x)]=\mathrm{e}^{f(x)}=\mathrm{e}^{x-1}$.

定义 1.3　设函数 $y=f(x)$ 的定义域为 $D(f)$，值域为 $R(f)$，若对每个 $y\in R(f)$，存在唯一确定的 $x\in D(f)$ 与之对应，且满足 $y=f(x)$，这样确定了一个定义在 $R(f)$ 上的函数，称为函数 $y=f(x)$ 的反函数，记作 f^{-1}，即 $x=f^{-1}(y)$.

从几何上看，函数 $y=f(x)$ 与其反函数 $x=f^{-1}(y)$ 有相同的图象. 习惯上用 x 表示自变量，y 表示因变量, 因此反函数 $x=f^{-1}(y)$ 常记作 $y=f^{-1}(x)$，称 $y=f^{-1}(x)$ 为 $y=f(x)$ 的反函数. 此时，由于对应关系 f^{-1} 未变，只是自变量与因变量交换了记号，所以函数 $y=f^{-1}(x)$ 与函数 $y=f(x)$ 的图象关于直线 $y=x$ 对称，如图 1.6 所示.

例 1.7　设函数 $f(x)=\dfrac{x-1}{x}(x\neq 0)$，求 $f^{-1}(x)$.

解　由

$$y=f(x)=\frac{x-1}{x}$$

得

$$x=\frac{1}{1-y}\quad(y\neq 1).$$

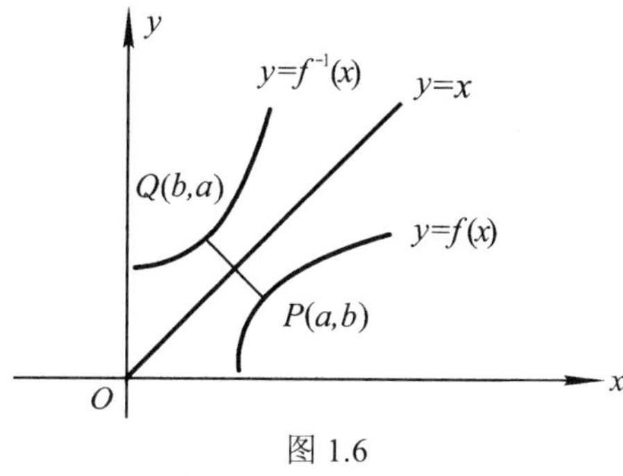

图 1.6

故

$$f^{-1}(x)=\frac{1}{1-x} \quad (x\neq 1).$$

四、函数的几种特性

1. 函数的有界性

设函数 $f(x)$ 的定义域为 $D(f)$，数集 $A\subset D(f)$，若存在某个常数 L，使得对任意 $x\in A$，都有

$$f(x)\leqslant L \quad 或 \quad f(x)\geqslant L,$$

则称函数 $f(x)$ 在 A 上有上界（或有下界），常数 L 称 $f(x)$ 在 A 上有上界（或下界），否则称 $f(x)$ 在 A 上无上界（或无下界）.

若函数 $f(x)$ 在 A 上既有上界又有下界，则称 $f(x)$ 在 A 上有界，否则称 $f(x)$ 在 A 上无界.

容易看出，函数 $f(x)$ 在 A 上有界的充分必要条件是：存在常数 $M>0$，使得对任意 $x\in A$，都有

$$|f(x)|\leqslant M.$$

例如，函数 $y=\sin x$ 在其定义域 $(-\infty,+\infty)$ 内是有界的，因为对任意 $x\in(-\infty,+\infty)$ 都有 $|\sin x|\leqslant 1$；函数 $y=\dfrac{1}{x}$ 在 $(0,1)$ 内无上界，但有下界.

从几何上看，有界函数的图象介于直线 $y=\pm M$ 之间.

2. 函数的单调性

设函数 $y=f(x)$ 的定义域为 D，若对任意两数 $x_1,x_2\in D$，且当 $x_1<x_2$ 时，恒有

$$f(x_1)<f(x_2) \quad 或 \quad f(x_1)>f(x_2),$$

则称函数 $y=f(x)$ 在 $D(f)$ 上是**单调增加**（或**单调减少**）的. 单调增加或单调减少的函数统称为单调函数，如图 1.7 所示.

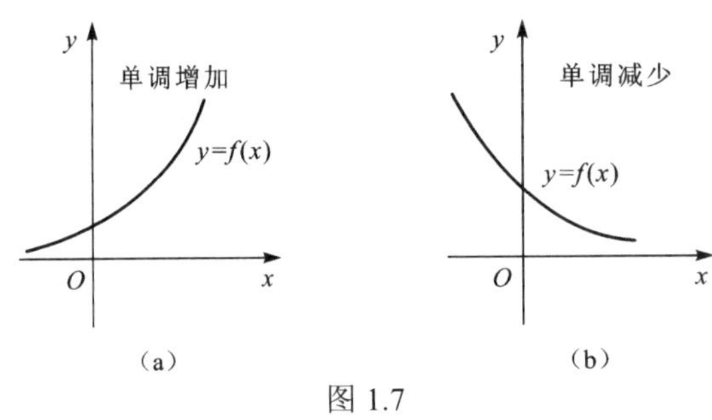

图 1.7

例如，函数 $f(x)=x^3$ 在其定义域 $(-\infty,+\infty)$ 内是单调增加的；函数 $f(x)=\cos x$ 在 $(0,\pi)$ 内是单调减少的.

如果函数在某区间单调，那么在此区间（通常称为函数的单调区间）内存在反函数.

3. 函数的奇偶性

设函数 $f(x)$ 的定义域 $D(f)$ 关于原点对称，即若 $x\in D(f)$，则必有 $-x\in D(f)$. 若对任意的 $x\in D(f)$，有

$$f(-x)=-f(x) \quad 或 \quad f(-x)=f(x),$$

则称 $f(x)$ 是 $D(f)$ 上的**奇函数**（或**偶函数**）.

奇函数的图象对称于坐标原点，偶函数的图象对称于 y 轴，如图 1.8 所示.

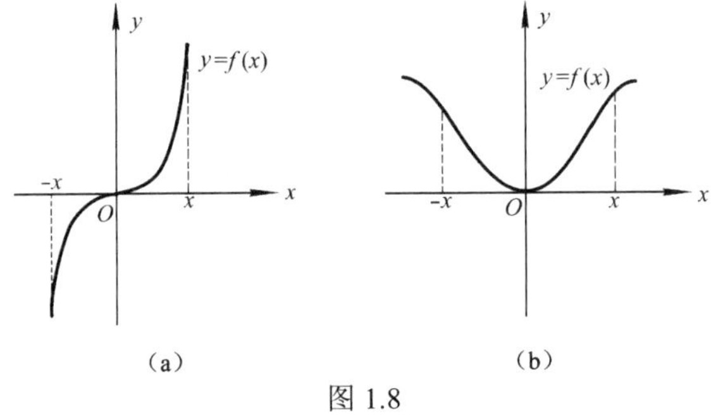

图 1.8

例如：函数 $y=x$, $y=\sin x$ 都是奇函数；函数 $y=x^2$, $y=\cos x$ 都是偶函数.

例 1.8　讨论函数 $f(x)=\ln(x+\sqrt{1+x^2})$ 的奇偶性.

解　函数 $f(x)$ 的定义域 $(-\infty,+\infty)$ 是对称区间，因为

$$\begin{aligned}f(-x)&=\ln(-x+\sqrt{1+x^2})=\ln\frac{1}{x+\sqrt{1+x^2}}\\&=-\ln(x+\sqrt{1+x^2})=-f(x),\end{aligned}$$

所以，$f(x)$ 是 $(-\infty,+\infty)$ 上的奇函数.

4. 函数的周期性

设函数 $f(x)$ 的定义域为 $D(f)$，若存在一个不为零的常数 T，使得对任意 $x\in D(f)$，

有 $(x \pm T) \in D(f)$，且

$$f(x+T)=f(x),$$

则称 $f(x)$ 为周期函数。其中使上式成立的常数 T 称为 $f(x)$ 的**周期**. 若 T 为 $f(x)$ 的周期，则 kT，$k=\pm1,\pm2,\cdots$ 也是 $f(x)$ 的周期，如果函数的正周期中存在最小正数 T_1，则称 T_1 为最小正周期.

例如：函数 $f(x)=\sin x$ 的周期为 2π；$f(x)=\tan x$ 的周期为 π.

但并不是所有函数都有最小正周期，例如，狄利克雷函数

$$D(x)=\begin{cases}1, & x\in Q,\\ 0, & x\notin Q.\end{cases}$$

任意正有理数都是它的周期，从而狄利克雷函数没有最小正周期.

五、基本初等函数

在中学数学阶段学习过幂函数、指数函数、对数函数、三角函数、反三角函数统称为**基本初等函数**. 现对这几类函数做一个简单的回顾.

1. 幂函数

函数

$$y=x^{\mu} \quad (\mu \text{ 是常数})$$

称为幂函数.

幂函数 $y=x^{\mu}$ 的定义域随 μ 的不同而异，但无论 μ 为何值，函数在 $(0,+\infty)$ 内总是有定义的.

当 $\mu>0$ 时，$y=x^{\mu}$ 在 $[0,+\infty)$ 上是单调增加的，其图象过点 $(0,0)$ 及点 $(1,1)$，图 1.9 列出 $\mu=\dfrac{1}{2},\mu=1,\mu=2$ 时幂函数在第一象限的图象.

当 $\mu<0$ 时，$y=x^{\mu}$ 在 $(0,+\infty)$ 上是单调减少的，其图象通过点 $(1,1)$，图 1.10 列出 $\mu=-\dfrac{1}{2},\mu=-1,\mu=-2$ 时幂函数在第一象限的图象.

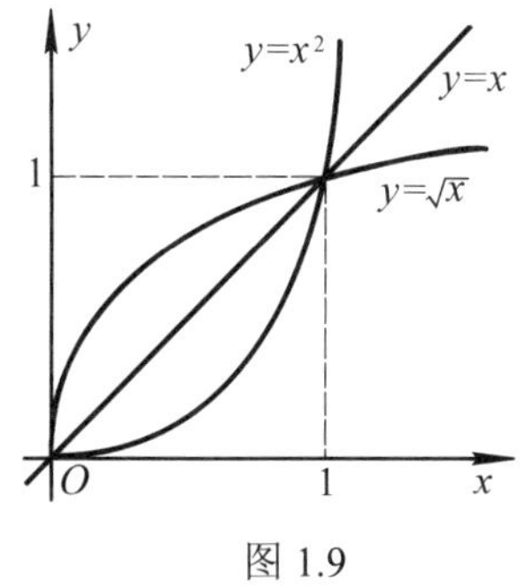

图 1.9

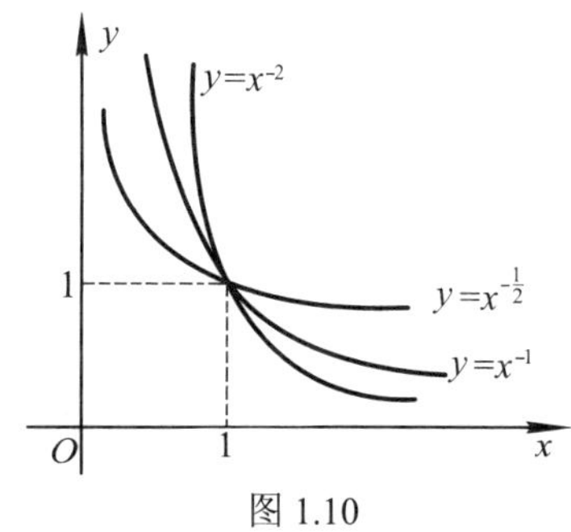

图 1.10

2. 指数函数

函数

$$y=a^{x}\quad (a>0,\ a\neq 1)$$

称为指数函数.

指数函数 $y=a^{x}$ 的定义域是 $(-\infty,+\infty)$，图象通过点 $(0,1)$，且总在 x 轴上方.

当 $a>1$ 时，$y=a^{x}$ 是单调增加的；当 $0<a<1$ 时，$y=a^{x}$ 是单调减少的，如图 1.11 所示.

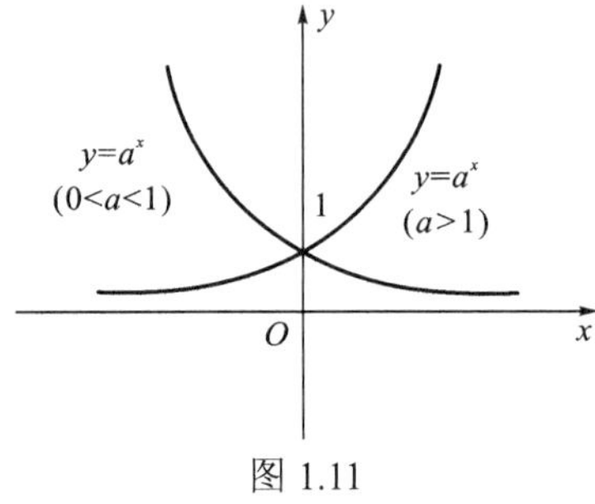

图 1.11

以常数 $\mathrm{e}=2.718\,281\,82\cdots$ 为底的指数函数 $y=\mathrm{e}^{x}$ 是最常用的指数函数.

3. 对数函数

指数函数 $y=a^{x}$ 的反函数，记作

$$y=\log_{a}x\quad (a>0,\ a\neq 1)$$

称为对数函数.

对数函数 $y=\log_{a}x$ 的定义域为 $(0,+\infty)$，图象通过点 $(1,0)$. 当 $a>1$ 时，$y=\log_{a}x$ 单调增加；当 $0<a<1$ 时，$y=\log_{a}x$ 单调减少，如图 1.12 所示.

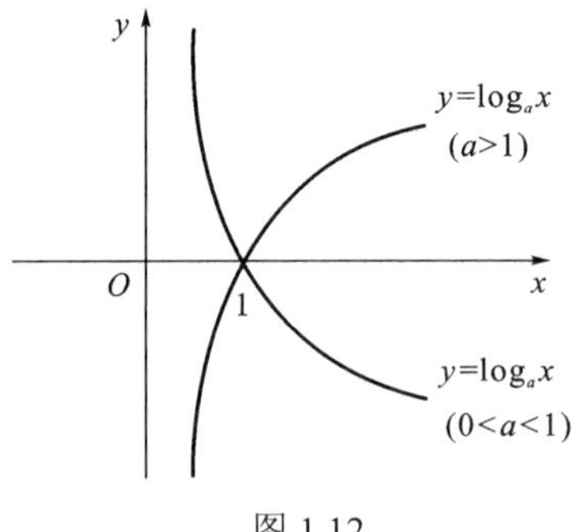

图 1.12

科学技术中常用以 e 为底的对数函数称为自然对数函数，记作

$$y=\ln x.$$

另外以 10 为底的对数函数也是常用的对数函数，记作

$$y=\lg x.$$

4. 三角函数

常用的三角函数有以下几种.

（1）正弦函数：$y=\sin x$.

（2）余弦函数：$y=\cos x$.

（3）正切函数：$y=\tan x$.

（4）余切函数：$y=\cot x$.

其自变量一般以弧度为单位来表示.

它们的图形如图 1.13～图 1.16 所示，分别称为正弦曲线、余弦曲线、正切曲线和余切曲线.

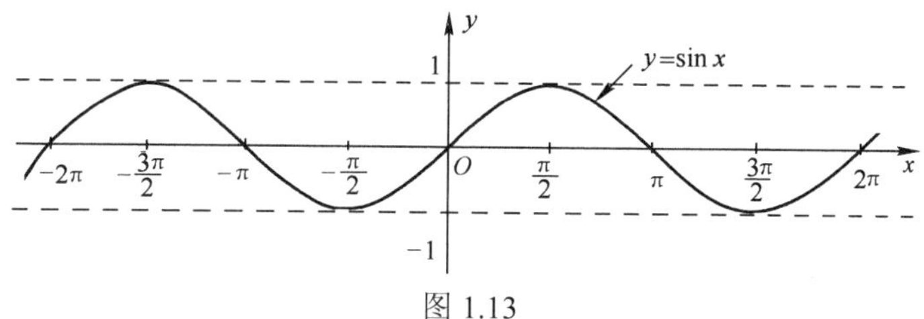

图 1.13

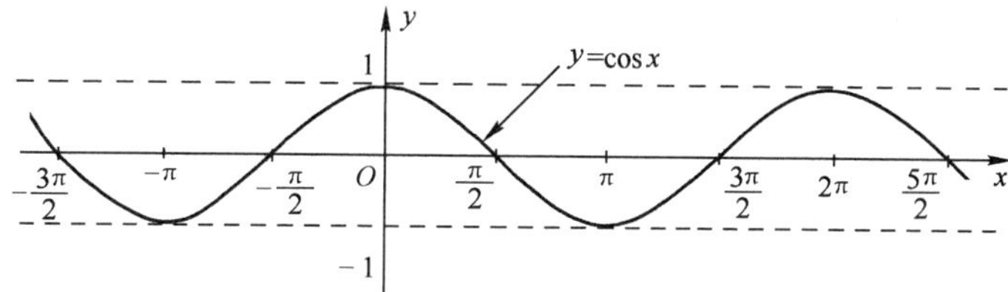

图 1.14

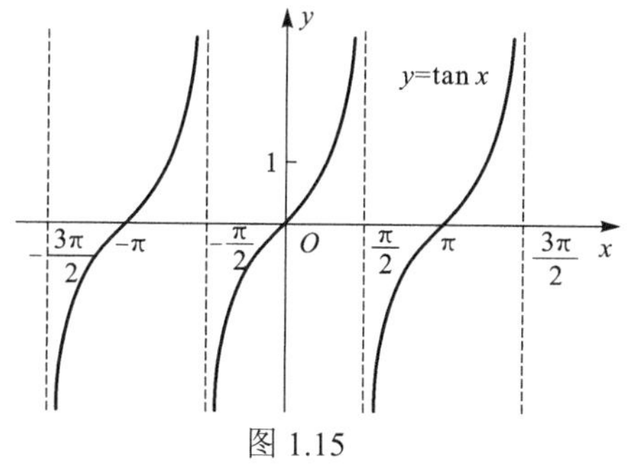

图 1.15

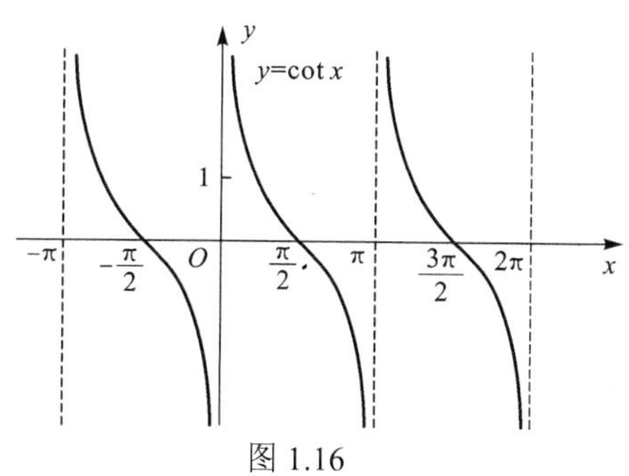

图 1.16

其中，正切函数 $y=\tan x=\dfrac{\sin x}{\cos x}$ 的定义域为

$$D(f)=\left\{x\middle|x\in R,x\neq k\pi+\frac{\pi}{2},k\in\mathbf{Z}\right\}.$$

余切函数 $y=\cot x=\dfrac{\cos x}{\sin x}$ 的定义域为

$$D(f)=\{x|x\in R,\ x\neq k\pi,k\in\mathbf{Z}\}.$$

正切函数和余切函数的值域都是$(-\infty,+\infty)$，且它们都是以π为周期的奇函数.

另外，常用的三角函数还有下面几种.

（1）正割函数：$y=\sec x=\dfrac{1}{\cos x}$.

（2）余割函数：$y=\csc x=\dfrac{1}{\sin x}$.

它们都是以2π为周期的函数.

5. 反三角函数

常用的反三角函数有下面几种.

（1）**反正弦函数** $y=\arcsin x$，它是$y=\sin x$在单调区间$\left[-\dfrac{\pi}{2},\dfrac{\pi}{2}\right]$上的反函数，其定义域为$[-1,1]$，值域为$\left[-\dfrac{\pi}{2},\dfrac{\pi}{2}\right]$（图1.17所示实线部分）.

（2）**反余弦函数** $y=\arccos x$，它是$y=\cos x$在单调区间$[0,\pi]$上的反函数，其定义域为$[-1,1]$，值域为$[0,\pi]$（图1.18所示实线部分）.

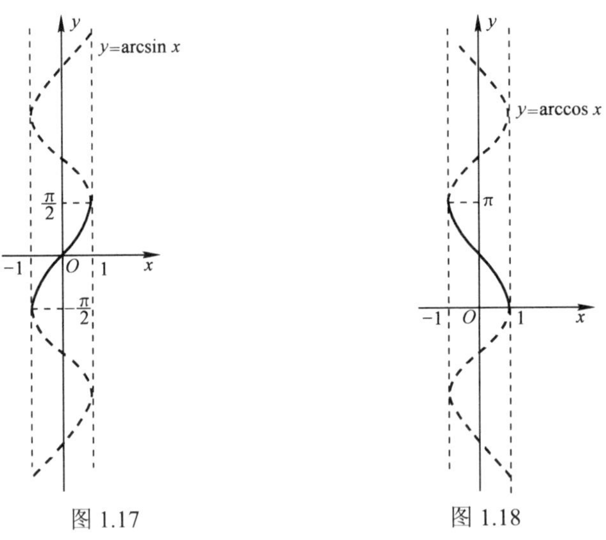

图1.17　　图1.18

（3）**反正切函数** $y=\arctan x$，它是$y=\tan x$在单调区间$\left(-\dfrac{\pi}{2},\dfrac{\pi}{2}\right)$内的反函数，其定义域为$(-\infty,+\infty)$，值域为$\left(-\dfrac{\pi}{2},\dfrac{\pi}{2}\right)$（图1.19）.

（4）**反余切函数** $y=\text{arccot}x$，它是$y=\cot x$在单调区间$(0,\pi)$内的反函数，其定义域为$(-\infty,+\infty)$，值域为$(0,\pi)$（图1.20）.

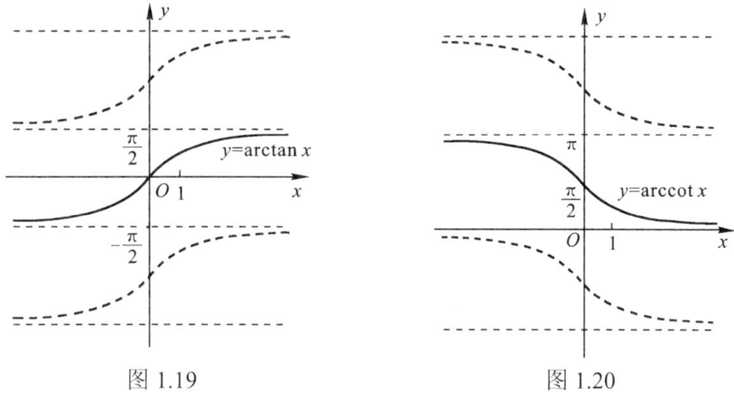

图 1.19　　图 1.20

六、初等函数

凡是能由常数和基本初等函数经有限次四则运算和复合运算得到，并且能用一个式子表示的函数，称为**初等函数**. 例如，$y=3x^2+\sin 4x$, $y=\arctan 2x^3+\sqrt{\lg(x+1)}+\dfrac{\sin x}{x^2+1}$，$y=\ln(x+\sqrt{1+x^2})$ 等都是初等函数.

第二节　数列的极限

一、数列极限的定义

定义 1.4　函数 f 的定义域为正整数集 Z^+，记 $x_n=f(n)$ $(n=1,2,3,\cdots)$. 把函数值 x_n 按照下标 n 从小到大的次序排列，得到的序列

$$x_1,x_2,\cdots,x_n,\cdots$$

称为**数列**，简记作数列 $\{x_n\}$.

其中数列中的每个数称为数列的项，而 x_n 称为该数列的一般项或通项.

对于一个数列 $\{x_n\}$，当 n 无限增大时，通项 x_n 的变化趋势.

例如：数列

$$1,\ \frac{1}{2},\ \frac{2}{3},\cdots,\ \frac{n-1}{n},\ \cdots \tag{①}$$

的项随 n 增大时，通项 x_n 无限接近 1；

数列

$$2,\ 4,\ 6,\cdots,\ 2n,\ \cdots \tag{②}$$

的项随 n 增大时，通项 x_n 越来越大，且无限增大；

数列

$$1,\ 0,\ 1,\cdots,\ \frac{1+(-1)^{n-1}}{2},\ \cdots \tag{③}$$

的各项值交替地取 0 与 1；

数列

$$1,\ -\frac{1}{2},\ \frac{1}{3},\cdots,\ \frac{(-1)^{n-1}}{n},\ \cdots \tag{④}$$

的各项值在数 0 的两边跳动，当下标 n 无限增大时，通项 x_n 无限接近 0；

数列

$$2,\ 2,\ 2,\ \cdots,\ 2,\ \cdots \tag{⑤}$$

各项的值均相同，当下标 n 无限增大时，通项 $x_n = 2$（无限接近 2）.

一般的，当 n 无限增大时，若数列的通项 x_n 与某个常数 A 无限地接近，则称此数列收敛，常数 A 称为当 n 无限增大时该数列的极限，如数列①、④、⑤均为收敛数列，它们的极限分别为 1，0，2. 但是，以上这种关于收敛的叙述是不严格的，我们必须对“n 无限增大”与“x_n 无限地接近 A”进行定量的描述，现在研究数列④.

取 0 的邻域 $U(0,\varepsilon)$.

（1）当 $\varepsilon=2$ 时，数列④的所有项均属于 $U(0,2)$，即当 $n\geqslant 1$ 时，$x_n\in U(0,2)$.

（2）当 $\varepsilon=0.1$ 时，数列④中除开始的 10 项外，从第 11 项起的一切项 $x_{11},x_{12},\cdots,x_n,\cdots$ 均属于 $U(0,0.1)$，即当 $n>10$ 时，$x_n\in U(0,0.1)$.

（3）当 $\varepsilon=0.0003$ 时，数列④中除开始的 3333 项外，从第 3334 项起的一切项 $x_{3334},x_{3335},\cdots,x_n,\cdots$ 均属于 $U(0,0.0003)$，即当 $n>3333$ 时，$x_n\in U(0,0.0003)$.

依此类推，无论 ε 是多么小的正数，总存在 N（N 为大于 $\frac{1}{\varepsilon}$ 的正整数），使得 $n>N$ 时，

$$|x_n-0|=\left|\frac{(-1)^{n-1}}{n}-0\right|=\frac{1}{n}\leqslant\frac{1}{N}<\varepsilon,$$

即

$$\frac{(-1)^{n-1}}{n}=x_n\in U(0,\varepsilon).$$

将上述过程一般化，得到数列极限的定义.

定义 1.5 若对任何 $\varepsilon>0$，总存在正整数 N，当 $n>N$ 时，有 $|x_n-a|<\varepsilon$，即 $x_n\in U(a,\varepsilon)$，则称常数 a 是数列 $\{x_n\}$ 的极限，也称数列 $\{x_n\}$ 收敛于 a，记作

$$\lim_{n\to\infty}x_n=a \quad 或 \quad x_n\to a\ (n\to\infty).$$

若数列 $\{x_n\}$ 不收敛，则称该数列**发散**.

定义 1.5 中的正整数 N 与 ε 有关，一般地，N 将随 ε 减小而增大，这样的 N 也不是唯一的. 显然，如果已经证明了符合要求的 N 存在，则比这个 N 大的任何正整数均符合要求，在以后有关数列极限的叙述中，如无特殊声明，N 均表示正整数.

数列 $\{x_n\}$ 的极限为 a 的几何解释：将常数 a 及数列 $x_1,x_2,\cdots,x_n,\cdots$ 在数轴上用它们的对应点表示出来，再在数轴上作点 a 的 ε 邻域，即开区间 $(a-\varepsilon,a+\varepsilon)$，如图 1.21 所示.

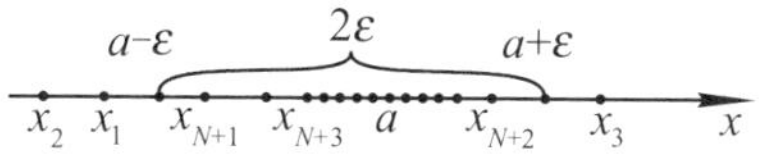

图 1.21

因为不等式$|x_n-a|<\varepsilon$与不等式$a-\varepsilon<x_n<a+\varepsilon$等价，所以当$n>N$时，所有的点$x_n$都落在开区间$(a-\varepsilon,a+\varepsilon)$内，而只有有限个点（至多只有$N$个点）在这区间以外.

为了以后叙述方便，现介绍几种符号：符号“$\forall$”表示“对于任意的”“对于所有的”或“对于每一个”；符号“$\exists$”表示“存在”；符号“$\max\{X\}$”表示数集X中的最大数；符号“$\min\{X\}$”表示数集X中的最小数.

例 1.9　证明$\lim\limits_{n\to\infty}\dfrac{1}{n^2+1}=0$.

证　对$\forall\varepsilon>0$（不妨设$\varepsilon<1$），要使$\left|\dfrac{1}{n^2+1}-0\right|=\dfrac{1}{n^2+1}<\varepsilon$，只要$n^2+1>\dfrac{1}{\varepsilon}$，即

$$n>\sqrt{\frac{1}{\varepsilon}-1}.$$

因此，$\forall\varepsilon>0$，取$N=\left[\sqrt{\dfrac{1}{\varepsilon}-1}\right]$，则当$n>N$时，有$\left|\dfrac{1}{n^2+1}-0\right|<\varepsilon$. 由极限定义可知

$$\lim_{n\to\infty}\frac{1}{n^2+1}=0.$$

用极限的定义来证明数列极限时，说明N存在是关键步骤.

二、收敛数列的性质

定义 1.6　设有数列$\{x_n\}$，若$\exists M\in\mathbf{R}^+$，使对一切$n=1,2,\cdots$，有$|x|\leqslant M$，则称数列$\{x_n\}$是有界的，否则称它是无界的.

对于数列$\{x_n\}$，若$\exists M\in\mathbf{R}$，使对$n=1,2,\cdots$，有$x_n\leqslant M$，则称数列$\{x_n\}$有**上界**；若$\exists M\in R$，使对$n=1,2,\cdots$，有$x_n\geqslant M$，则称数列$\{x_n\}$有**下界**.

显然，数列$\{x_n\}$有界的充分必要条件是$\{x_n\}$既有上界又有下界.

例 1.10　数列$\left\{\dfrac{1}{n^2+1}\right\}$有界；数列$\{n^2\}$有下界而无上界；数列$\{-n^2\}$有上界而无下界；数列$\{(-1)^n n^2\}$既无上界又无下界.

收敛数列有如下的基本性质.

定理 1.1　（唯一性）若数列$\{x_n\}$收敛，则它的极限唯一.

定理 1.2　（有界性）若数列$\{x_n\}$收敛，则数列$\{x_n\}$有界.

证　设$\lim\limits_{n\to\infty}x_n=a$，由数列极限的定义，取$\varepsilon=1$，存在正整数$N$，当$n>N$时，有$|x_n-a|<1$，即有$|x_n|<1+|a|$. 当$n\leqslant N$时，取$M_1=\max\{|x_1|,|x_2|,\cdots,|x_n|\}$，则存在正数

$M = M_1 + 1 + |a|$，使得数列$\{x_n\}$中所有项都满足$|x_n| < M$. 即数列$\{x_n\}$有界.

定理 1.2 的逆命题不成立，例如数列$\{(-1)^n\}$有界，但它不收敛.

定理 1.3 （保号性）若$\lim\limits_{n\to\infty} x_n = a, a > 0$（或$a < 0$），则对任意$b \in (0,a)$［或$b \in (a,0)$］，$\exists N > 0$，使得当$n > N$时，有$x_n > b$（或$x_n < b$）.

注 在应用时，经常取$b = \dfrac{a}{2}$.

定理 1.4 （保不等式性）设$\{x_n\},\{y_n\}$为两个收敛数列. 若$\exists N > 0$，使得当$n > N$时有$x_n \leqslant y_n$，则$\lim\limits_{n\to\infty} x_n \leqslant \lim\limits_{n\to\infty} y_n$.

注意，定理 1.4 的结论$\lim\limits_{n\to\infty} x_n \leqslant \lim\limits_{n\to\infty} y_n$不能改为$\lim\limits_{n\to\infty} x_n < \lim\limits_{n\to\infty} y_n$. 例如$x_n = \dfrac{1}{n} \geqslant 0$，但$\lim\limits_{n\to\infty} x_n = \lim\limits_{n\to\infty} \dfrac{1}{n} = 0$.

下面给出数列的子列的概念.

定义 1.7 在数列$\{x_n\}$中保持原有的次序自左向右任意选取无穷多个项构成一个新的数列，称为$\{x_n\}$的一个子列.

在选出的子列中，记第一项为x_{n_1}，第二项为x_{n_2}，…，第k项为x_{n_k}，则数列$\{x_n\}$的子列可记作$\{x_{n_k}\}$. 其中，k表示x_{n_k}在子列$\{x_{n_k}\}$中是第k项，n_k表示x_{n_k}在原数列$\{x_n\}$中是第n_k项. 显然，对每一个k，有$n_k \geqslant k$.

由于在子列$\{x_{n_k}\}$中的下标是k而不是n_k，所以$\{x_{n_k}\}$收敛于a的定义是：$\forall \varepsilon > 0$，$\exists K > 0$，当$k > K$时，有$|x_{n_k} - a| < \varepsilon$. 这时，记作$\lim\limits_{k\to+\infty} x_{n_k} = a$.

定理 1.5 $\lim\limits_{n\to+\infty} x_n = a$的充分必要条件是$\{x_n\}$的任何子列$\{x_{n_k}\}$都收敛，且都以$a$为极限.

定理 1.5 用来判别数列$\{x_n\}$发散是较为方便的. 如果在数列$\{x_n\}$中有一个子列发散，或者有两个子列不收敛于同一极限值，则$\{x_n\}$是发散的.

例 1.11 判别数列$\left\{x_n = \sin\dfrac{n\pi}{2}, n \in \mathrm{N}\right\}$的收敛性.

解 在$\{x_n\}$中选取子列：$\left\{\sin\dfrac{2k\pi}{2}, k \in \mathrm{N}\right\}$，即

$$\{\sin\pi, \sin 2\pi, \cdots, \sin k\pi, \cdots\};$$

选取子列：$\left\{\sin\dfrac{(4k+1)\pi}{2}, k \in \mathrm{N}\right\}$，即

$$\left\{\sin\left(2\pi + \frac{\pi}{2}\right), \cdots, \sin\left(2k\pi + \frac{\pi}{2}\right), \cdots\right\}.$$

显然，第一个子列收敛于 0，而第二个子列收敛于 1，因此原数列$\left\{\sin\dfrac{n\pi}{2}\right\}$发散.

第三节　函数的极限

一、$x\to\infty$时函数的极限

对一般函数 $y=f(x)$，自变量无限增大时，函数值无限地接近一个常数的情形与数列极限类似，所不同的是，自变量的变化可以是连续的.

定义 1.8　若对 $\forall\varepsilon>0$，$\exists X>0$，当 $x>X$ 时，有 $|f(x)-A|<\varepsilon$，则称 $x\to+\infty$ 时，$f(x)$ 以 A 为极限，记作 $\lim\limits_{x\to+\infty}f(x)=A$.

若 $\forall\varepsilon>0$，$\exists X>0$，当 $x<-X$ 时，有 $|f(x)-A|<\varepsilon$，则称 $x\to-\infty$ 时，$f(x)$ 以 A 为极限，记作 $\lim\limits_{x\to-\infty}f(x)=A$.

例 1.12　证明：$\lim\limits_{x\to+\infty}\dfrac{\sin x}{\sqrt{x}}=0$.

证　因

$$\left|\frac{\sin x}{\sqrt{x}}-0\right|=\left|\frac{\sin x}{\sqrt{x}}\right|\leqslant\frac{1}{\sqrt{x}},$$

故 $\forall\varepsilon>0$ 时，要使 $\left|\dfrac{\sin x}{\sqrt{x}}-0\right|<\varepsilon$，只要 $\dfrac{1}{\sqrt{x}}<\varepsilon$，即

$$x>\frac{1}{\varepsilon^2}.$$

所以，$\forall\varepsilon>0$，可取 $X=\dfrac{1}{\varepsilon^2}$，则当 $x>X$ 时，$\left|\dfrac{\sin x}{\sqrt{x}}-0\right|<\varepsilon$，故由定义 1.8 得

$$\lim_{x\to+\infty}\frac{\sin x}{\sqrt{x}}=0.$$

定义 1.9　若 $\forall\varepsilon>0,\exists X>0$，当 $|x|\geqslant X$ 时，有 $|f(x)-A|<\varepsilon$，则称 $x\to\infty$ 时，$f(x)$ 以 A 为极限，记作 $\lim\limits_{x\to\infty}f(x)=A$.

为方便起见，有时也用记号来表示上述极限：

$$f(x)\to A\,(x\to+\infty);\quad f(x)\to A\ \ (x\to-\infty);\quad f(x)\to A\,(x\to\infty).$$

由定义 1.8、定义 1.9 及绝对值性质可得下面定理.

定理 1.6　$\lim\limits_{x\to\infty}f(x)=A$ 的充分必要条件是 $\lim\limits_{x\to+\infty}f(x)=\lim\limits_{x\to-\infty}f(x)=A$.

一般地，若 $\lim\limits_{x\to+\infty}f(x)=A$ 或 $\lim\limits_{x\to-\infty}f(x)=A$，则称 $y=A$ 为曲线 $y=f(x)$ 的水平渐近线.

二、$x\to x_0$时函数的极限

当 x 无限接近 x_0 时，函数值 $f(x)$ 无限接近 A 的情形，它与 $x\to\infty$ 时函数的极限类似，只是 x 的趋向不同，因此只需对 x 无限接近 x_0 作出确切的描述即可.

以下总假定在点 x_0 的某去心邻域内 $f(x)$ 有定义.

定义 1.10　设有函数 $y=f(x)$，其定义域 $D(f)\subseteq\mathbf{R}$，若对 $\forall\varepsilon>0,\exists\delta>0$，使得当 $x\in\overset{\circ}{U}(x_0,\delta)$（即 $0<|x-x_0|<\delta$）时，有 $|f(x)-A|<\varepsilon$，则称 A 为函数 $y=f(x)$ 当 $x\to x_0$ 时的极限，记作 $\lim\limits_{x\to x_0}f(x)=A$，或 $f(x)\to A$ $(x\to x_0)$.

研究 $f(x)$ 当 $x\to x_0$ 的极限时，我们关心的是 x 无限趋近 x_0 时 $f(x)$ 的变化趋势，而不关心 $f(x)$ 在 $x=x_0$ 处有无定义，大小如何，因此在定义中使用去心邻域.

函数 $f(x)$ 当 $x\to x_0$ 时的极限为 A 的几何解释：任意给定一正数 ε，作平行于 x 轴的两条直线 $y=A+\varepsilon$ 和 $y=A-\varepsilon$，介于这两条直线之间是一横条区域. 根据定义，对于给定的 ε，存在着点 x_0 的一个 δ 邻域 $(x_0-\delta,x_0+\delta)$，当 $y=f(x)$ 的图形上的点的横坐标 x 在邻域 $(x_0-\delta,x_0+\delta)$ 内，但 $x\neq x_0$ 时，这些点的纵坐标 $f(x)$ 满足不等式

$$|f(x)-A|<\varepsilon\quad 或\quad A-\varepsilon<f(x)<A+\varepsilon.$$

即这些点落在上面所作的矩形内，如图 1.22 所示.

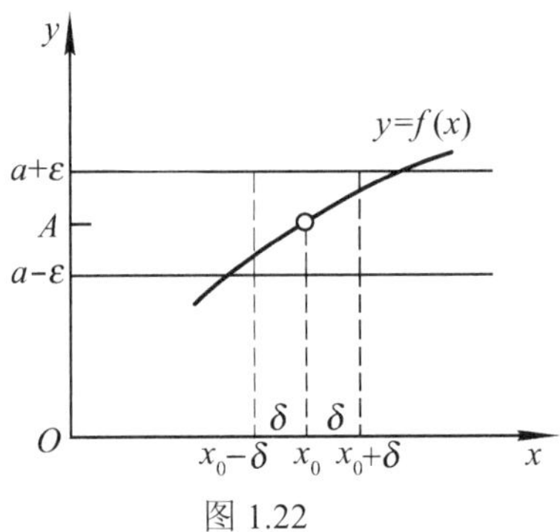

图 1.22

例 1.13　证明：$\lim\limits_{x\to x_0}\sin x=\sin x_0$.

证　由于 $|\sin x|\leqslant|x|$（此式直观说明可见本章第六节），$|\cos x|\leqslant 1$，所以

$$|\sin x-\sin x_0|=2\left|\cos\frac{x+x_0}{2}\sin\frac{x-x_0}{2}\right|\leqslant|x-x_0|.$$

对 $\forall\varepsilon>0$, 存在 $\delta=\varepsilon$，当 $0<|x-x_0|<\delta$ 时，$|\sin x-\sin x_0|<\varepsilon$ 成立，由定义 1.8 得 $\lim\limits_{x\to x_0}\sin x=\sin x_0$. 同理可证 $\lim\limits_{x\to x_0}\cos x=\cos x_0$（此例中，函数的极限等于函数值，称函数在 x_0 连续）.

有些实际问题只需要考虑 x 从 x_0 的一侧趋向 x_0 时，函数 $f(x)$ 的变化趋势，因此引入下面的函数左右极限的概念.

定义 1.11　设函数 $y=f(x)$，其定义域 $D(f)\subseteq R$，若对 $\forall\varepsilon>0,\exists\delta>0$，当 $x\in(x_0-\delta,x_0)$ 或 $x\in(x_0,x_0+\delta)$ 时，有 $|f(x)-A|<\varepsilon$，则称 A 为 $f(x)$ 当 $x\to x_0$ 时的**左**（**右**）**极限**，记作 $\lim\limits_{x\to x_0^-}f(x)=A$（$\lim\limits_{x\to x_0^+}f(x)=A$），也可记作 $f(x_0^-)=A$（$f(x_0^+)=A$）.

由定义 1.10 和定义 1.11 可得下面的结论.

定理 1.7　$\lim\limits_{x\to x_0} f(x)=A$ 的充分必要条件是

$$f(x_0^-)=f(x_0^+)=A \quad 或 \quad \lim_{x\to x_0^-} f(x)=\lim_{x\to x_0^+} f(x)=A.$$

例 1.14　设

$$f(x)=\begin{cases}1+\sin x, & x<0,\\ 1-x, & x\geqslant 0,\end{cases}$$

研究 $\lim\limits_{x\to 0} f(x)$.

解　$x=0$ 是此分段函数的分段点，

$$\lim_{x\to 0^-} f(x)=\lim_{x\to 0^-}(1+\sin x)=1, \quad \lim_{x\to 0^+} f(x)=\lim_{x\to 0^+}(1-x)=1.$$

从而

$$\lim_{x\to 0^-} f(x)=\lim_{x\to 0^+} f(x)=1$$

故由定理 1.7 可得

$$\lim_{x\to 0} f(x)=1.$$

例 1.15　设

$$f(x)=\begin{cases}x, & x\leqslant 0,\\ 2, & x>0,\end{cases}$$

研究 $\lim\limits_{x\to 0} f(x)$.

解　因为

$$\lim_{x\to 0^-} f(x)=\lim_{x\to 0^-} x=0, \quad \lim_{x\to 0^+} f(x)=\lim_{x\to 0^+} 2=2,$$

所以

$$\lim_{x\to 0^-} f(x)\neq \lim_{x\to 0^+} f(x),$$

则 $\lim\limits_{x\to 0} f(x)$ 不存在.

三、函数极限的性质

与数列极限性质类似，函数极限也具有下述性质，且其证明过程与数列极限相应定理的证明过程相似，有兴趣的读者可自行完成各定理的证明. 此外，下面未标明自变量变化过程的极限符号“ lim ”表示定理对任何一种极限过程均成立.

定理 1.8　（极限的唯一性）若 $\lim f(x)$ 存在，则必唯一.

定义 1.12　在 $x\to x_0$（或 $x\to\infty$）过程中，若 $\exists M>0$，当 $x\in \mathring{U}(x_0)$（或 $|x|>X$）时，有 $|f(x)|\leqslant M$，则称 $f(x)$ 是 $x\to x_0$（或 $x\to\infty$）时的有界变量.

定理 1.9　（局部有界性）若 $\lim f(x)$ 存在，则函数 $f(x)$ 是该极限过程中的有界变量.

证　现仅证明 $x\to x_0$ 的情形，其他情形类似可证.

若 $\lim\limits_{x\to x_0} f(x)=A$，由极限定义，对 $\varepsilon=1,\ \exists\delta>0,$ 当 $x\in\mathring{U}(x_0,\delta)$ 时，$|f(x)-A|<1$，则 $|f(x)|<1+|A|$，取 $M=1+|A|$，由定义 1.12 可知，当 $x\to x_0$ 时，$f(x)$ 有界.

注　该定理的逆命题不成立，如 $\sin x$ 是有界变量，但 $\lim\limits_{x\to\infty}\sin x$ 不存在.

定理 1.10　（局部保号性）若 $\lim f(x)=A$， $A>0\ (A<0)$，则对任意 $r\in(0,A)$，在该极限过程中， $f(x)>r>0$ （$f(x)<-r<0$）.

注　在应用时，经常取 $r=\dfrac{A}{2}$.

定理 1.11　（保不等式性）设 $\lim f(x)$, $\lim g(x)$ 存在，且在该极限过程中 $f(x)\leqslant g(x)$，则 $\lim f(x)\leqslant \lim g(x)$.

推论 1.1　在某极限过程中，若 $f(x)\geqslant 0\,(f(x)\leqslant 0)$，且 $\lim f(x)=A$，则 $A\geqslant 0\,(A\leqslant 0)$.

第四节　无穷大与无穷小

一、无穷大

我们有时会遇到当 $x\to x_0$ 或 $x\to\infty$ 时，$|f(x)|$ 无限增大的情形. 例如，函数 $f(x)=\dfrac{1}{x-1}$，当 $x\to 1$ 时，$|f(x)|=\left|\dfrac{1}{x-1}\right|$ 无限增大，确切地说，$\forall M>0$（无论它多么大），总 $\exists\delta>0$，当 $x\in\overset{\circ}{U}(1,\delta)$ 时，$|f(x)|>M$，这就是下面介绍的无穷大.

定义 1.13　若 $\forall M>0$（无论它多么大），总 $\exists\delta>0$（或 $\exists X>0$），当 $x\in\overset{\circ}{U}(x_0,\delta)$（或 $|x|>X$）时，$|f(x)|>M$ 恒成立，则称 $f(x)$ 当 $x\to x_0$（或 $x\to\infty$）时是一个无穷大.

若用 $f(x)>M$ 代替上述定义中的 $|f(x)|>M$，则得到正无穷大量的定义；若用 $f(x)<-M$ 代替 $|f(x)|>M$，则得到负无穷大量的定义.

按照函数极限的定义看，某过程下的无穷大量其极限是不存在的. 但为了更好地描述函数或对应曲线的形态（如铅直渐近线等），也可以说“函数的极限是无穷大”，并分别将某极限过程中的无穷大量、正无穷大量、负无穷大量记作：

$$\lim f(x)=\infty,\ \lim f(x)=+\infty,\ \lim f(x)=-\infty .$$

例 1.16　证明：$\lim\limits_{x\to 1}\dfrac{1}{(x-1)^2}=+\infty$，即 $x\to 1$ 时，$\dfrac{1}{(x-1)^2}$ 是正无穷大量.

证　对于 $\forall M>0$，为使 $\dfrac{1}{(x-1)^2}>M$，只需 $|x-1|<\dfrac{1}{\sqrt{M}}$. 从而可取

$$\delta=\frac{1}{\sqrt{M}}>0,$$

只要 $0<|x-1|<\delta$，就有 $\dfrac{1}{(x-1)^2}>M$，即

$$\lim_{x\to 1}\frac{1}{(x-1)^2}=+\infty .$$

类似可得

$$\lim_{x\to 0^+}\ln x=-\infty,\quad \lim_{x\to\frac{\pi}{2}^-}\tan x=+\infty,\quad \lim_{x\to\frac{\pi}{2}^+}\tan x=-\infty.$$

一般情况下，若 $x_0\in R$，$\lim\limits_{x\to x_0^-}f(x)=\infty$ 或 $\lim\limits_{x\to x_0^+}f(x)=\infty$，则称直线 $x=x_0$ 为曲线 $y=f(x)$ 的铅直渐近线.

注意，称一个函数为无穷大量时，必须明确地指出自变量的变化趋势. 例如，函数 $y=\tan x$，当 $x\to\dfrac{\pi}{2}$ 时，它是一个无穷大量；而当 $x\to 0$ 时，它趋于零，并不是无穷大.

由无穷大的定义可知，在某一极限过程中的无穷大必是无界变量，但其逆命题不成立. 例如，当 $n\to\infty$ 时，$x_n=[1+(-1)^n]^n$ 是无界变量，但它不是无穷大.

二、无穷小

定义 1.14　若 $\lim\alpha(x)=0$，则称 $\alpha(x)$ 为该极限过程中的一个无穷小.

例 1.17　当 $x\to 0$ 时，$y=\sin x$ 是无穷小，因为 $\lim\limits_{x\to 0}\sin x=0$.

当 $x\to\infty$ 时，$y=\dfrac{1}{x}$ 也是无穷小，因为 $\lim\limits_{x\to\infty}\dfrac{1}{x}=0$.

下面用定理说明无穷小与函数极限的关系.

定理 1.12　设 $\lim f(x)=A$ 的充分必要条件是 $f(x)=A+\alpha(x)$，其中 $\alpha(x)$ 为该极限过程中的无穷小量.

证　为方便起见，仅对 $x\to x_0$ 的情形证明，其他极限过程可仿此进行.

设 $\lim\limits_{x\to x_0}f(x)=A$，记 $\alpha(x)=f(x)-A$，则 $\forall\varepsilon>0,\exists\delta>0$，当 $x\in\overset{\circ}{U}(x_0,\delta)$ 时，

$$|f(x)-A|<\varepsilon,$$

即

$$|\alpha(x)-0|<\varepsilon.$$

由极限定义可知，$\lim\limits_{x\to x_0}\alpha(x)=0$，即 $\alpha(x)$ 是 $x\to x_0$ 时的无穷小，且

$$f(x)=A+\alpha(x).$$

反之，若当 $x\to x_0$ 时，$\alpha(x)$ 是无穷小，则 $\forall\varepsilon>0,\exists\delta>0$，当 $x\in\overset{\circ}{U}(x_0,\delta)$ 时，$|\alpha(x)-0|<\varepsilon$，即 $|f(x)-A|<\varepsilon$，由极限定义可知，

$$\lim_{x\to x_0}f(x)=A.$$

下面给出无穷大与无穷小之间的关系.

定理 1.13　在某极限过程中，若 $f(x)$ 为无穷大，则 $\dfrac{1}{f(x)}$ 为无穷小；反之，若 $f(x)$ 为无穷小，且 $f(x)\neq 0$，则 $\dfrac{1}{f(x)}$ 为无穷大.

三、无穷小的性质

定理 1.14 在某一极限过程中，若 $\alpha(x),\beta(x)$ 是无穷小，则 $\alpha(x)\pm\beta(x)$ 也是无穷小.

证 在此只证 $x\to x_0$ 的情形，其他情形的证明类似.

当 $x\to x_0$ 时，$\alpha(x),\beta(x)$ 均为无穷小，故

$$\forall\varepsilon>0,\quad \exists\delta_1>0.$$

当 $0<|x-x_0|<\delta_1$ 时，有

$$|\alpha(x)|<\frac{\varepsilon}{2}, \tag{①}$$

$\exists\delta_2>0$，当 $0<|x-x_0|<\delta_2$ 时，有

$$|\beta(x)|<\frac{\varepsilon}{2}, \tag{②}$$

取 $\delta=\min\{\delta_1,\delta_2\}$，则当 $0<|x-x_0|<\delta$ 时，式①、式②同时成立，因此

$$|\alpha(x)\pm\beta(x)|\leqslant|\alpha(x)|+|\beta(x)|<\frac{\varepsilon}{2}+\frac{\varepsilon}{2}=\varepsilon.$$

由无穷小的定义可知，$x\to x_0$ 时，$\alpha(x)\pm\beta(x)$ 为无穷小.

推论 1.2 在同一极限过程中的有限个无穷小的代数和仍为无穷小.

定理 1.15 在某一极限过程中，若 $\alpha(x)$ 是无穷小，$f(x)$ 是有界变量，则 $\alpha(x)f(x)$ 仍是无穷小.

例 1.18 求 $\lim\limits_{x\to\infty}\frac{1}{x}\sin x$.

解 因为 $\forall x\in(-\infty,+\infty),|\sin x|\leqslant 1$，且 $\lim\limits_{x\to\infty}\frac{1}{x}=0$，故由定理 1.15 得

$$\lim_{x\to\infty}\frac{1}{x}\sin x=0.$$

推论 1.3 在某一极限过程中，若 C 为常数，$\alpha(x)$ 和 $\beta(x)$ 是无穷小，则 $C\alpha(x)$，$\alpha(x)\beta(x)$ 均为无穷小.

这是因为 C 和无穷小均为有界变量，由定理 1.15 即可得此推论. 同时，此推论可推广到有限个无穷小乘积的情形.

推论 1.4 在某一极限过程中，如果 $\alpha(x)$ 是无穷小，$f(x)$ 以 A 为极限，则 $\alpha(x)f(x)$ 仍为无穷小.

第五节 极限的运算法则

利用无穷小的性质及无穷小与函数极限的关系，可以得到极限的运算法则.

一、极限的四则运算法则

定理 1.16　若 $\lim f(x)=A,\lim g(x)=B$，则

（1）$\lim[f(x)\pm g(x)]=A\pm B=\lim f(x)\pm\lim g(x)$；

（2）$\lim[f(x)g(x)]=AB=\lim f(x)\lim g(x)$；

（3）$\lim\dfrac{f(x)}{g(x)}=\dfrac{A}{B}=\dfrac{\lim f(x)}{\lim g(x)}(B\neq 0)$.

证　在此仅对（2）的情形证明，将（1）、（3）留给读者自行证明.

因为 $\lim f(x)=A,\lim g(x)=B$，所以

$$f(x)=A+\alpha(x),\quad g(x)=B+\beta(x),$$

式中：$\lim\alpha(x)=0,\lim\beta(x)=0$，于是

$$f(x)g(x)=[A+\alpha(x)][B+\beta(x)]=AB+A\beta(x)+B\alpha(x)+\alpha(x)\beta(x).$$

由定理 1.15 及其推论 1.3 可得

$$\lim B\alpha(x)=0,\ \lim A\beta(x)=0,\ \lim\alpha(x)\beta(x)=0.$$

故由定理 1.14 及定理 1.12 可知

$$\lim[f(x)g(x)]=AB=\lim f(x)\lim g(x).$$

推论 1.5　若 $\lim f(x)$ 存在，其中 C 为常数，则

$$\lim Cf(x)=C\lim f(x).$$

这说明，在求极限时，常数因子可放极限符号外面，因为 $\lim C=C$.

推论 1.6　若 $\lim f(x)$ 存在，$n\in N$，则

$$\lim[f(x)]^n=[\lim f(x)]^n.$$

例 1.19　求 $\lim\limits_{x\to 1}\dfrac{3x+1}{x-3}$.

解　$\lim\limits_{x\to 1}\dfrac{3x+1}{x-3}=\dfrac{\lim\limits_{x\to 1}(3x+1)}{\lim\limits_{x\to 1}(x-3)}=-2$.

例 1.20　求 $\lim\limits_{x\to 1}\dfrac{x^3-1}{x^2-1}$.

解　由于分子分母的极限均为零，这种情形称为“$\dfrac{0}{0}$”型，对此情形不能直接运用极限运算法则，通常应设法消去分母中的“零因子”. 则

$$\begin{aligned}\lim_{x\to 1}\frac{x^3-1}{x^2-1}&=\lim_{x\to 1}\frac{(x-1)(x^2+x+1)}{(x-1)(x+1)}\\&=\lim_{x\to 1}\frac{x^2+x+1}{x+1}\\&=\frac{3}{2}.\end{aligned}$$

例 1.21 求 $\lim\limits_{x\to 2}\dfrac{\sqrt{x+2}-2}{x-2}$.

解 此极限属于“$\dfrac{0}{0}$”型，可采用二次根式有理化的方法消去分母中的“零因子”. 则

$$\begin{aligned}\lim_{x\to 2}\frac{\sqrt{x+2}-2}{x-2}&=\lim_{x\to 2}\frac{(\sqrt{x+2}-2)(\sqrt{x+2}+2)}{(x-2)(\sqrt{x+2}+2)}\\&=\lim_{x\to 2}\frac{x-2}{(x-2)(\sqrt{x+2}+2)}\\&=\lim_{x\to 2}\frac{1}{\sqrt{x+2}+2}\\&=\frac{1}{4}.\end{aligned}$$

例 1.22 求 $\lim\limits_{x\to\infty}\dfrac{x^2+4}{2x^2-3}$.

解 当 $x\to\infty$ 时，分子、分母均为无穷大，这种情形称为“$\dfrac{\infty}{\infty}$”型. 但不能直接运用极限运算法则，通常分子分母应同除适当的无穷大. 则

$$\lim_{x\to\infty}\frac{x^2+4}{2x^2-3}=\lim_{x\to\infty}\frac{1+\dfrac{4}{x^2}}{2-\dfrac{3}{x^2}}=\frac{1}{2}.$$

例 1.23 求 $\lim\limits_{x\to -1}\left(\dfrac{1}{x+1}-\dfrac{3}{x^3+1}\right)$.

解 两项均为无穷大，这种情形称为“$\infty-\infty$”型. 但不能直接运用极限运算法则，通常需要把这种差的结构转化成商的结构，变成“$\dfrac{0}{0}$”型或“$\dfrac{\infty}{\infty}$”等类型. 则

$$\begin{aligned}\lim_{x\to -1}\left(\frac{1}{x+1}-\frac{3}{x^3+1}\right)&=\lim_{x\to -1}\frac{x^2-x+1-3}{(x+1)(x^2-x+1)}\\&=\lim_{x\to -1}\frac{(x+1)(x-2)}{(x+1)(x^2-x+1)}\\&=\lim_{x\to -1}\frac{x-2}{x^2-x+1}\\&=-1.\end{aligned}$$

例 1.24 求 $\lim\limits_{x\to +\infty}(\sqrt{x^2+1}-x)$.

解 $\lim\limits_{x\to +\infty}(\sqrt{x^2+1}-x)=\lim\limits_{x\to +\infty}\dfrac{1}{\sqrt{x^2+1}+x}=0$.

例 1.25 设

$$f(x)=\begin{cases}\sin x+1, & x>0,\\ x+a, & x\leqslant 0,\end{cases}$$

问 a 取何值时，$\lim\limits_{x\to 0} f(x)$ 存在.

解　因

$$\lim_{x\to 0^+} f(x)=\lim_{x\to 0^+}(\sin x+1)=1,$$

$$\lim_{x\to 0^-} f(x)=\lim_{x\to 0^-}(x+a)=a,$$

故 $\lim\limits_{x\to 0} f(x)$ 存在，则可知 $\lim\limits_{x\to 0^+} f(x)=\lim\limits_{x\to 0^-} f(x)$，所以 $a=1$.

二、复合函数的极限运算法则

定理 1.17　设函数 $y=f[\varphi(x)]$ 是由 $y=f(u),u=\varphi(x)$ 复合而成，如果 $\lim\limits_{x\to x_0}\varphi(x)=u_0$，且在 x_0 的一个去心邻域内，$\varphi(x)\neq u_0$，又 $\lim\limits_{u\to u_0} f(u)=A$，则

$$\lim_{x\to x_0} f[\varphi(x)]=A.$$

注　该定理可运用函数极限的定义证明.

例 1.26　求 $\lim\limits_{x\to 0}\mathrm{e}^{\sin x}$.

解　因

$$\lim_{x\to 0}\sin x=0,\quad \lim_{u\to 0}\mathrm{e}^{u}=1,$$

故

$$\lim_{x\to 0}\mathrm{e}^{\sin x}=1.$$

例 1.27　求 $\lim\limits_{x\to 1}\sin x^2$.

解　因

$$\lim_{x\to 1}x^2=1,\quad \lim_{u\to 1}\sin u=\sin 1,$$

故

$$\lim_{x\to 1}\sin x^2=\sin 1.$$

第六节　极限存在准则与两个重要极限

有些函数的极限不能（或者难以）直接应用极限运算法则求得，往往需要先判定极限存在，然后再用其他方法求得. 下面介绍几个常用的判定函数极限存在的准则.

一、夹逼法则

定理 1.18　设在点 x_0 的某去心邻域内有

$$F_1(x) \leqslant f(x) \leqslant F_2(x),$$

且 $\lim\limits_{x \to x_0} F_1(x) = \lim\limits_{x \to x_0} F_2(x) = A$，则 $\lim\limits_{x \to x_0} f(x) = A$.

证　由已知条件，$\exists \delta_1 > 0$，当 $x \in \overset{\circ}{U}(x_0, \delta_1)$ 时，

$$F_1(x) \leqslant f(x) \leqslant F_2(x).$$

又由 $\lim\limits_{x \to x_0} F_1(x) = \lim\limits_{x \to x_0} F_2(x) = A$ 知: 对 $\forall \varepsilon > 0$，

$\exists \delta_2 > 0$，当 $x \in \overset{\circ}{U}(x_0, \delta_2)$ 时，$|F_1(x) - A| < \varepsilon$，

$\exists \delta_3 > 0$，当 $x \in \overset{\circ}{U}(x_0, \delta_3)$ 时，$|F_2(x) - A| < \varepsilon$.

取 $\delta = \min\{\delta_1, \delta_2, \delta_3\}$，则当 $x \in \overset{\circ}{U}(x_0, \delta)$ 时，得

$$A - \varepsilon < F_1(x) \leqslant f(x) \leqslant F_2(x) < A + \varepsilon.$$

由极限定义可知 $\lim\limits_{x \to x_0} f(x) = A$.

夹逼法则（也称为两边夹法则）虽然只对 $x \to x_0$ 的情形作了叙述和证明，但是将 $x \to x_0$ 换成其他的极限过程，结论仍成立，证明亦相仿. 此外，结论对于数列也成立，具体表述如下.

定理 1.19　设数列 $\{x_n\}, \{y_n\}$ 及 $\{z_n\}$ 满足下列条件：

（1）$\exists N \in \boldsymbol{N}$，使得 $\forall n > N$，有

$$y_n \leqslant x_n \leqslant z_n,$$

（2）$\lim\limits_{n \to \infty} y_n = \lim\limits_{n \to \infty} z_n = a$，

则数列 $\{x_n\}$ 极限存在，且 $\lim\limits_{n \to \infty} x_n = a$.

二、单调有界函数的极限存在准则

*__定理 1.20__　设函数 $f(x)$ 在区间 $(x_0 - \delta, x_0)$ 内单调，且有界，则 $\lim\limits_{x \to x_0^-} f(x)$ 存在.

*__定理 1.21__　设函数 $f(x)$ 在区间 $(x_0, x_0 + \delta)$ 内单调，且有界，则 $\lim\limits_{x \to x_0^+} f(x)$ 存在.

定理 1.20 和定理 1.21 的证明涉及实数完备性理论，读者只需了解该结论即可，证明从略. 上述定理对数列也成立，为此先介绍单调数列的概念，然后叙述将上述定理应用于数列时对应的情形.

定义 1.15　如果数列 $\{x_n\}$ 满足

$$x_1 \leqslant x_2 \leqslant \cdots \leqslant x_n \leqslant x_{n+1} \leqslant \cdots \text{(或 } x_1 \geqslant x_2 \geqslant \cdots \geqslant x_n \geqslant x_{n+1} \geqslant \cdots\text{)},$$

则称数列 $\{x_n\}$ 单调增加（或单调减少）.

定理 1.22　设数列 $\{x_n\}$ 单调增加（或单调减少），且有界，则数列 $\{x_n\}$ 必收敛.

三、函数极限与数列极限的关系

定理 1.23　（归结原则）$\lim\limits_{x \to x_0} f(x) = A$ 的充分必要条件是对 $U(x_0)$ 内，任意以 x_0 为极

限且不等于 x_0 的数列 $\{x_n\}$，都有 $\lim\limits_{n\to\infty} f(x_n)=A$，这里 A 可为有限数或 ∞.

定理 1.23 常被用于证明某些极限不存在.

例 1.28　证明极限 $\lim\limits_{x\to 0}\sin\dfrac{1}{x}$ 不存在.

证　取 $\{x_n\}=\dfrac{1}{2n\pi+\dfrac{\pi}{2}}$，则 $\lim\limits_{n\to\infty}x_n=\lim\limits_{n\to\infty}\dfrac{1}{2n\pi+\dfrac{\pi}{2}}=0$，而

$$\lim_{n\to\infty}\sin\frac{1}{x_n}=\sin\left(2n\pi+\frac{\pi}{2}\right)=1.$$

又取 $\{x_n'\}=\left\{\dfrac{1}{(2n+1)\pi+\dfrac{\pi}{2}}\right\}$，则 $\lim\limits_{n\to\infty}x_n'=\lim\limits_{n\to\infty}\dfrac{1}{(2n+1)\pi+\dfrac{\pi}{2}}=0$，而

$$\lim_{n\to\infty}\sin\frac{1}{x_n'}=\lim_{n\to\infty}\sin\left[(2n+1)\pi+\frac{\pi}{2}\right]=-1,$$

因

$$\lim_{n\to\infty}\sin\frac{1}{x_n}\neq\lim_{n\to\infty}\sin\frac{1}{x_n'}.$$

故 $\lim\limits_{x\to 0}\sin\dfrac{1}{x}$ 不存在.

四、两个重要极限

利用本节的极限存在准则，可以得到两个非常重要的极限.

1. 重要极限 $\lim\limits_{x\to 0}\dfrac{\sin x}{x}=1$.

首先证明 $\lim\limits_{x\to 0^+}\dfrac{\sin x}{x}=1$. 因为 $x\to 0^+$，可设 $x\in\left(0,\dfrac{\pi}{2}\right)$. 如图 1.23 所示，其中，$\overset{\frown}{EAB}$ 为单位圆弧，且

$$OA=OB=1,\quad \angle AOB=x,$$

则 $OC=\cos x$，$AC=\sin x$，$DB=\tan x$，又 $S_{\triangle AOC}<S_{扇形OAB}<S_{\triangle DOB}$，即

$$\sin x<x<\tan x.$$

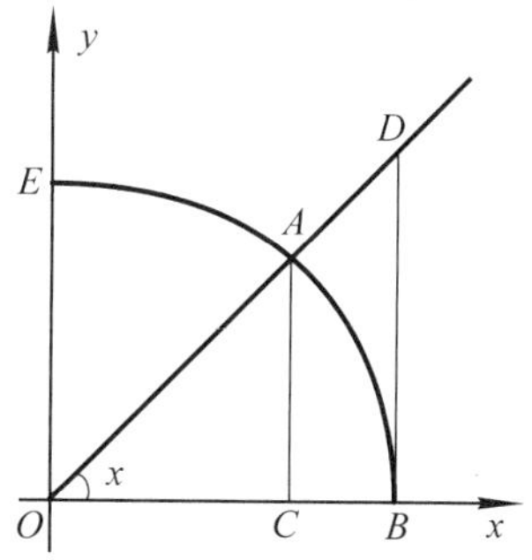

图 1.23

因 $x\in\left(0,\dfrac{\pi}{2}\right)$，则 $\cos x>0,\sin x>0$，故上式可写为

$$\cos x<\frac{x}{\sin x}<\frac{1}{\cos x}.$$

因 $\lim\limits_{x\to0}\cos x=1$，$\lim\limits_{x\to0}\dfrac{1}{\cos x}=1$，由夹逼法则可得

$$\lim_{x\to0^+}\frac{\sin x}{x}=1.$$

注意，上式 $\dfrac{\sin x}{x}$ 是偶函数，从而有

$$\lim_{x\to0^-}\frac{\sin x}{x}=\lim_{x\to0^-}\frac{\sin(-x)}{-x}=\lim_{z\to0^+}\frac{\sin z}{z}=1.$$

综上所述，得

$$\lim_{x\to0}\frac{\sin x}{x}=1.$$

例 1.29 证明：$\lim\limits_{x\to0}\dfrac{\tan x}{x}=1$.

证

$$\lim_{x\to0}\frac{\tan x}{x}=\lim_{x\to0}\frac{\sin x}{x}\frac{1}{\cos x}=\lim_{x\to0}\frac{\sin x}{x}\cdot\lim_{x\to0}\frac{1}{\cos x}=1.$$

例 1.30 求 $\lim\limits_{x\to0}\dfrac{1-\cos x}{x^2}$.

解

$$\lim_{x\to0}\frac{1-\cos x}{x^2}=\lim_{x\to0}\frac{2\left(\sin\dfrac{x}{2}\right)^2}{x^2}=\frac{1}{2}\lim_{x\to0}\left(\frac{\sin\dfrac{x}{2}}{\dfrac{x}{2}}\right)^2=\frac{1}{2}.$$

例 1.31 求 $\lim\limits_{x\to0}\dfrac{\tan x-\sin x}{x^3}$.

解

$$\lim_{x\to0}\frac{\tan x-\sin x}{x^3}=\lim_{x\to0}\frac{\sin x(1-\cos x)}{x^3\cos x}=\lim_{x\to0}\frac{\sin x}{x}\frac{1-\cos x}{x^2}\frac{1}{\cos x}=\frac{1}{2}.$$

例 1.32 求 $\lim\limits_{x\to\infty}x\sin\dfrac{1}{x}$.

解 令 $u=\dfrac{1}{x}$，则当 $x\to\infty$ 时，有 $u\to0$，故

$$\lim_{x\to\infty} x\sin\frac{1}{x} = \lim_{u\to 0}\frac{\sin u}{u} = 1.$$

2. 重要极限 $\lim\limits_{x\to\infty}\left(1+\dfrac{1}{x}\right)^x = \mathrm{e}$.

证　略

（1）在某极限过程中，若 $\lim u(x) = \infty$，则

$$\lim\left[1+\frac{1}{u(x)}\right]^{u(x)} = \mathrm{e};$$

（2）在某极限过程中，若 $\lim u(x) = 0$，则

$$\lim[1+u(x)]^{\frac{1}{u(x)}} = \mathrm{e}.$$

例 1.33　求 $\lim\limits_{x\to\infty}\left(1+\dfrac{k}{x}\right)^x$ ($k \neq 0$).

解

$$\begin{aligned}\lim_{x\to\infty}\left(1+\frac{k}{x}\right)^x &= \lim_{x\to\infty}\left(1+\frac{k}{x}\right)^{\frac{x}{k}\cdot k}\\ &= \lim_{x\to\infty}\left[\left(1+\frac{k}{x}\right)^{\frac{x}{k}}\right]^k\\ &= \mathrm{e}^k.\end{aligned}$$

例 1.34　求 $\lim\limits_{x\to\infty}\left(\dfrac{x+2}{x+3}\right)^x$.

解

$$\begin{aligned}\lim_{x\to\infty}\left(\frac{x+2}{x+3}\right)^x &= \lim_{x\to\infty}\left(1+\frac{-1}{x+3}\right)^x = \lim_{x\to\infty}\left(1+\frac{-1}{x+3}\right)^{x+3-3}\\ &= \lim_{x\to\infty}\left(1+\frac{-1}{x+3}\right)^{x+3}\cdot\lim_{x\to\infty}\left(1+\frac{-1}{x+3}\right)^{-3}\\ &= \mathrm{e}^{-1}.\end{aligned}$$

第七节　无穷小的比较

同一极限过程中的无穷小，它们趋于零的速度并不一定相同，为此用两个无穷小的商的极限来衡量它们趋于零的速度快慢.

设 $\alpha(x)$ 与 $\beta(x)$ 是同一极限过程中的两个无穷小，即

$$\lim\alpha(x) = 0,\quad \lim\beta(x) = 0.$$

定义 1.16　若 $\lim\dfrac{\alpha(x)}{\beta(x)} = 0$，则称 $\alpha(x)$ 是 $\beta(x)$ 的高阶无穷小，记作 $\alpha(x) = o(\beta(x))$.

定义 1.17　若 $\lim\dfrac{\alpha(x)}{\beta(x)} = A$ ($A \neq 0$)，则称 $\alpha(x)$ 是 $\beta(x)$ 的同阶无穷小.

特别地，当 $A=1$ 时，则称 $\alpha(x)$ 与 $\beta(x)$ 是等价无穷小，记作 $\alpha(x)\sim\beta(x)$.

例如：$\lim\limits_{x\to 0}\dfrac{1-\cos x}{x}=0$，所以当 $x\to 0$ 时，$1-\cos x$ 是 x 的高阶无穷小，即

$$1-\cos x=o(x)\quad (x\to 0);$$

$\lim\limits_{x\to 0}\dfrac{1-\cos x}{x^2}=\dfrac{1}{2}$，所以当 $x\to 0$ 时，$1-\cos x$ 是 x^2 的同阶无穷小；$\lim\limits_{x\to 0}\dfrac{\sin x}{x}=1$，所以当 $x\to 0$ 时，$\sin x$ 与 x 是等价无穷小，即

$$\sin x\sim x\ (x\to 0).$$

等价无穷小在极限计算中有重要作用.

设 $\alpha,\alpha',\beta,\beta'$ 为同一极限过程的无穷小，则有以下定理.

定理 1.24　设 $\alpha\sim\alpha'$，$\beta\sim\beta'$，若 $\lim\dfrac{\alpha}{\beta}$ 存在，则

$$\lim\frac{\alpha'}{\beta'}=\lim\frac{\alpha}{\beta}.$$

证　因为 $\alpha\sim\alpha'$，$\beta\sim\beta'$，则 $\lim\dfrac{\alpha'}{\alpha}=1$，$\lim\dfrac{\beta'}{\beta}=1$，由于 $\dfrac{\alpha'}{\beta'}=\dfrac{\alpha'}{\alpha}\cdot\dfrac{\alpha}{\beta}\cdot\dfrac{\beta'}{\beta}$，又 $\lim\dfrac{\alpha}{\beta}$ 存在，所以

$$\lim\frac{\alpha'}{\beta'}=\lim\frac{\alpha'}{\alpha}\lim\frac{\alpha}{\beta}\lim\frac{\beta}{\beta'}=\lim\frac{\alpha}{\beta}.$$

定理 1.24 表明，在求极限的乘除运算中，无穷小因子可用其等价无穷小替代. 例如当 $x\to 0$ 时，常用的等价无穷小有下列几种（其中有些等价性的证明需借助函数的连续性，在后面章节中将会介绍）：

$$x\sim\sin x\sim\tan x\sim\arcsin x\sim\arctan x\sim\ln(1+x)\sim \mathrm{e}^x-1,$$
$$1-\cos x\sim\frac{1}{2}x^2,\quad a^x-1\sim x\ln a,\quad (1+x)^\alpha-1\sim\alpha x.$$

例 1.35　求 $\lim\limits_{x\to 0}\dfrac{\tan 3x}{\sin 5x}$.

解　当 $x\to 0$ 时，$\tan 3x\sim 3x,\sin 5x\sim 5x$，于是

$$\lim_{x\to 0}\frac{\tan 3x}{\sin 5x}=\lim_{x\to 0}\frac{3x}{5x}=\frac{3}{5}.$$

例 1.36　求 $\lim\limits_{x\to 0}\dfrac{\mathrm{e}^{ax}-\mathrm{e}^x}{\sin ax-\sin x}$　($a\neq 1$).

解

$$\begin{aligned}\lim_{x\to 0}\frac{\mathrm{e}^{ax}-\mathrm{e}^x}{\sin ax-\sin x}&=\lim_{x\to 0}\frac{\mathrm{e}^x[\mathrm{e}^{(a-1)x}-1]}{2\cos\dfrac{a+1}{2}x\sin\dfrac{a-1}{2}x}\\&=\lim_{x\to 0}\frac{\mathrm{e}^x}{\cos\dfrac{a+1}{2}x}\cdot\lim_{x\to 0}\frac{\mathrm{e}^{(a-1)x}-1}{2\sin\dfrac{a-1}{2}x}\end{aligned}$$

$$=\lim_{x\to 0}\frac{(a-1)x}{2\cdot\frac{(a-1)}{2}x}$$
$$=1.$$

例 1.37　求 $\lim\limits_{x\to\infty}x^2\ln\left(1+\frac{3}{x^2}\right)$.

解　当 $x\to\infty$ 时，$\ln\left(1+\frac{3}{x^2}\right)\sim\frac{3}{x^2}$，故

$$\lim_{x\to\infty}x^2\ln\left(1+\frac{3}{x^2}\right)=\lim_{x\to\infty}x^2\cdot\frac{3}{x^2}=3.$$

定义 1.18　若在某极限过程中，α 是 β^k 的同阶无穷小（$k>0$），则称 α 是 β 的 k 阶无穷小.

例 1.38　当 $x\to 0$ 时，$\tan x-\sin x$ 是 x 的几阶无穷小?

解　因为 $\lim\limits_{x\to 0}\frac{\tan x-\sin x}{x^3}=\frac{1}{2}$，所以，当 $x\to 0$ 时，$\tan x-\sin x$ 是 x 的三阶无穷小.

第八节　函数的连续性

前面已经讨论函数的单调性、有界性、奇偶性、周期性等，在实际问题中，我们遇到的函数常常具有另一类重要特征，例如运动着的质点，其位移 s 是时间 t 的函数，时间产生一微小的改变时，质点也将移动微小的距离（从其运动轨迹来看是一条连绵不断的曲线），函数的这种特征称为函数的连续性，与连续相对立的一个概念，称为间断.

一、函数的连续与间断

定义 1.19　设函数 $f(x)$ 在点 x_0 的某邻域 $U(x_0)$ 内有定义，且有 $\lim\limits_{x\to x_0}f(x)=f(x_0)$，则称函数 $f(x)$ 在点 x_0 连续，x_0 称为函数 $f(x)$ 的连续点.

例 1.39　证明函数 $y=f(x)=|x|$ 在 $x=0$ 处连续.

证　因为 $y=f(x)=|x|$ 在 $x=0$ 的邻域内有定义，且

$$f(0)=0,\quad \lim_{x\to 0}f(x)=\lim_{x\to 0}|x|=\lim_{x\to 0}\sqrt{x^2}=0=f(0).$$

由定义 1.19 可知，函数 $y=f(x)=|x|$ 在 $x=0$ 处连续.

我们曾讨论过当 $x\to x_0$ 时函数的左右极限，对于函数的连续性可作类似的讨论.

定义 1.20　设函数 $f(x)$ 在 x_0 的左邻域（或右邻域）内有定义，且有

$$\lim_{x\to x_0^-}f(x)=f(x_0)\quad 或\quad \lim_{x\to x_0^+}f(x)=f(x_0),$$

则称函数 $f(x)$ 在点 x_0 是左（或右）连续的.

函数在点 x_0 的左、右连续性统称为函数的单侧连续性.

由函数的极限与其左、右极限的关系，容易得到函数的连续性与其左、右连续性的关系.

定理 1.25　$f(x)$ 在点 x_0 连续的充分必要条件是 $f(x)$ 在点 x_0 左连续且右连续. 即

$$\lim_{x\to x_0^+} f(x)=\lim_{x\to x_0^-} f(x)=f(x_0).$$

例 1.40　设函数

$$f(x)=\begin{cases} x^2+2, & x\geqslant 0, \\ a-x, & x<0, \end{cases}$$

问 a 为何值时，函数 $y=f(x)$ 在点 $x=0$ 处连续?

解　因为 $f(0)=2$，且

$$\lim_{x\to 0^-} f(x)=\lim_{x\to 0^-}(a-x)=a,$$

$$\lim_{x\to 0^+} f(x)=\lim_{x\to 0^+}(x^2+2)=2,$$

故由定理 1.25 知当 $a=2$ 时，$y=f(x)$ 在点 $x=0$ 处连续.

若函数 $y=f(x)$ 在区间 (a,b) 内任一点均连续，则称函数 $y=f(x)$ 在区间 (a,b) 内连续. 若函数 $y=f(x)$ 不仅在 (a,b) 内连续，且在点 a 右连续，在点 b 左连续，则称 $y=f(x)$ 在闭区间 $[a,b]$ 上连续. 若函数 $y=f(x)$ 在某区间上连续，则对应其图象是一条连绵不断的曲线.

设函数 $f(x)$ 在 $U(x_0)$ 内有定义，若 $x\in U(x_0)$，则

$$\Delta x=x-x_0$$

称为自变量 x 在点 x_0 处的**增量**. 显然，$x=x_0+\Delta x$，此时，函数值相应地由 $f(x_0)$ 变到 $f(x)$，则将

$$\Delta y=f(x)-f(x_0)=f(x_0+\Delta x)-f(x_0)$$

称为函数 $f(x)$ 在点 x_0 处相应于自变量增量 Δx 的**增量**.

函数 $f(x)$ 在点 x_0 处的连续性可等价地通过函数的增量与自变量的增量关系来描述.

定义 1.21　设函数 $f(x)$ 在 $U(x_0)$ 内有定义，如果当自变量的增量 Δx 趋于零时，相应的函数的增量 $\Delta y=f(x_0+\Delta x)-f(x_0)$ 也趋于零，即 $\lim\limits_{\Delta x\to 0}\Delta y=0$，则称函数 $f(x)$ 在点 x_0 处连续. x_0 称为函数 $f(x)$ 的连续点，否则称为不连续点或间断点.

函数 $f(x)$ 在 x_0 处的单侧连续性可完全类似地用增量形式描述.

例 1.41　考虑函数 $y=\dfrac{\sin x}{x}$ 在 $x_0=0$ 处的连续性.

解　因 $\lim\limits_{x\to 0}\dfrac{\sin x}{x}=1$，但在 $x_0=0$ 处，函数 $y=\dfrac{\sin x}{x}$ 无定义，故 $y=\dfrac{\sin x}{x}$ 在 $x_0=0$ 处不连续. 若补充定义函数值 $f(0)=1$，则函数

$$f(x)=\begin{cases} \dfrac{\sin x}{x}, & x\neq 0, \\ 1, & x=0, \end{cases}$$

在 $x_0=0$ 处连续.

例 1.42　讨论函数

$$y=\begin{cases}2x, & x\neq 0,\\ 1, & x=0,\end{cases}$$

在点 $x_0=0$ 处的连续性.

解　由于 $\lim\limits_{x\to 0}y(x)=\lim\limits_{x\to 0}2x=0$，而 $y(0)=1$，由定义知函数 y 在点 $x_0=0$ 处不连续. 若修改函数 y 在 $x_0=0$ 的定义，令 $f(0)=0$，则函数

$$f(x)=\begin{cases}2x, & x\neq 0,\\ 0, & x=0,\end{cases}$$

在点 $x_0=0$ 处连续（图 1.24）.

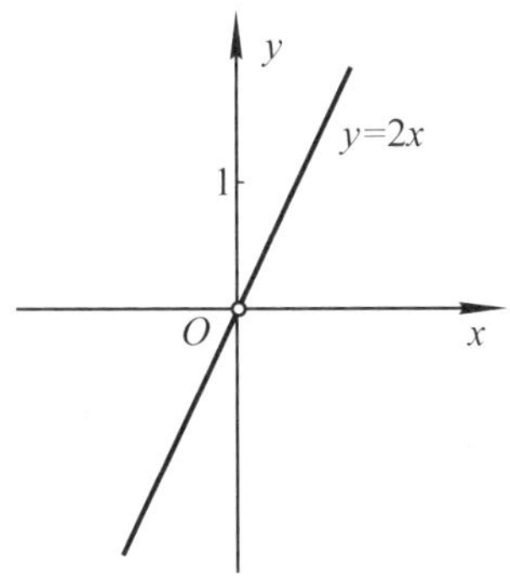

图 1.24

若 $\lim\limits_{x\to x_0}f(x)$ 存在，且 $\lim\limits_{x\to x_0}f(x)=A$，而函数 $y=f(x)$ 在点 x_0 处无定义，或者虽然有定义，但 $f(x_0)\neq A$，则点 x_0 是函数 $y=f(x)$ 的一个间断点，称此类间断点为函数的**可去间断点**. 此时，若补充或改变函数 $y=f(x)$ 在点 x_0 处的值为 $f(x_0)=A$，则可得到一个在点 x_0 处连续的函数，这也是为什么把这类间断点称为可去间断点的原因.

例 1.43　讨论函数

$$y=\operatorname{sgn}x=\begin{cases}-1, & x<0,\\ 0, & x=0,\\ 1, & x>0,\end{cases}$$

在点 $x_0=0$ 处的连续性.

解　由于

$$\lim_{x\to 0^+}\operatorname{sgn}x=1,\quad \lim_{x\to 0^-}\operatorname{sgn}x=-1,$$

函数 $y=f(x)$ 在点 $x_0=0$ 处的左右极限存在但不相等，故 $y=f(x)$ 在 $x_0=0$ 处不连续. 此时，不论如何改变函数在点 $x_0=0$ 处的函数值，均不能使函数在这点连续（图 1.4）.

若函数 $y=f(x)$ 在点 x_0 处的左、右极限均存在，但不相等，则点 x_0 为 $f(x)$ 的间断点，且称这种间断点为**跳跃间断点**.

函数的可去间断点与跳跃间断点统称为**第一类间断点**. 在第一类间断点处，函数的左右极限均存在.

凡不属于第一类间断点的间断点，统称为**第二类间断点**，在第二类间断点处，函数的左、右极限中至少有一个不存在.

例 1.44　讨论函数

$$y=\begin{cases}\dfrac{1}{x}, & x\neq 0,\\ 0, & x=0,\end{cases}$$

在点 $x_0=0$ 处的连续性.

解　由于 $\lim\limits_{x\to 0}\dfrac{1}{x}=\infty$，故函数在点 $x_0=0$ 处间断（图 1.25）.

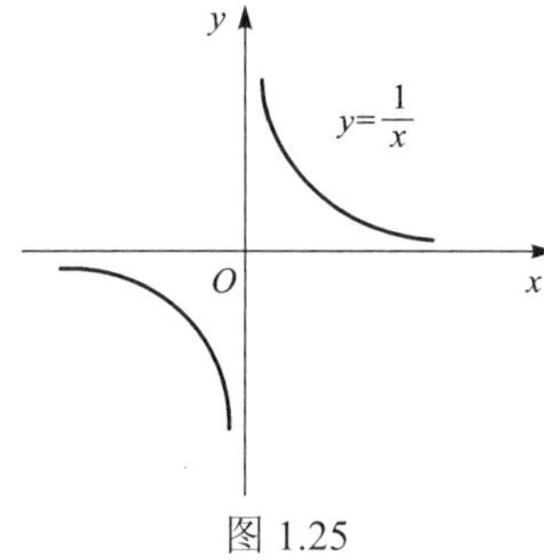

图 1.25

若函数 $y=f(x)$ 在点 x_0 处的左、右极限中至少有一个为无穷大，则称点 x_0 为 $y=f(x)$ 的无穷间断点.

例 1.45　讨论函数

$$y=\begin{cases}\sin\dfrac{1}{x}, & x\neq 0,\\ 0, & x=0,\end{cases}$$

在 $x_0=0$ 处的连续性.

解　由于 $\lim\limits_{x\to 0}\sin\dfrac{1}{x}$ 不存在，随着 x 趋近于零，函数值在 -1 与 1 之间来回振荡，故函数在点 $x_0=0$ 处间断（图 1.26）.

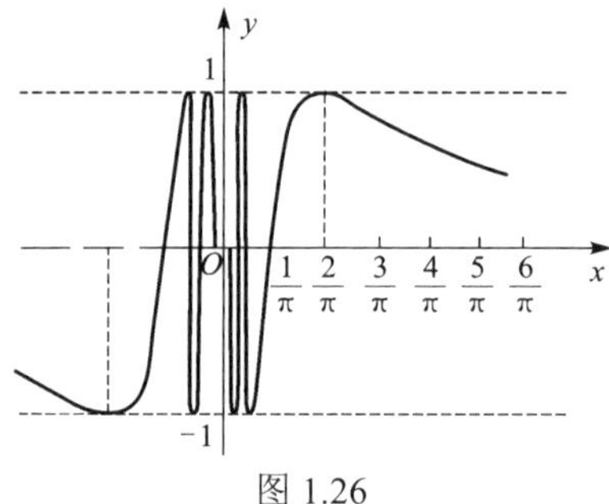

图 1.26

若函数 $y=f(x)$ 在 $x\to x_0$ 时呈振荡无极限状态，则称点 x_0 为函数 $y=f(x)$ 的**振荡间断点**.

无穷间断点和振荡间断点都是第二类间断点.

由上述间断点的例子可知，若函数 $f(x)$ 在区间 I 上有定义，$x_0\in I$，则 $f(x)$ 在点 x_0 连续必满足：

（1）$f(x_0)$ 存在；

（2）$\lim\limits_{x\to x_0}f(x)$ 存在，记 $\lim\limits_{x\to x_0}f(x)=A$；

（3）$A=f(x_0)$.

二、连续函数的基本性质

由连续函数的定义及极限的运算法则和性质，立即可得到连续函数的下列性质和运算法则.

1. 连续函数的保号性

定理 1.26　若函数 $y=f(x)$ 在点 x_0 处连续，且 $f(x_0)>0$（或 $f(x_0)<0$），则存在 x_0 的某个邻域 $U(x_0)$，使得当 $x\in U(x_0)$ 时有 $f(x)>\dfrac{1}{2}f(x_0)>0$（或 $f(x)<\dfrac{1}{2}f(x_0)<0$）.

2. 连续函数的四则运算

定理 1.27　若函数 $f(x),g(x)$ 均在点 x_0 处连续，则

（1）$af(x)+bg(x)$（a,b 为常数）；

（2）$f(x)g(x)$；

（3）$\dfrac{f(x)}{g(x)}(g(x_0)\neq 0)$，

均在点 x_0 处连续.

例 1.46　证明多项式 $P_n(x)=\sum\limits_{k=0}^{n}a_kx^k$ 在 $(-\infty,+\infty)$ 内是连续的.

证　对 $\forall x_0\in(-\infty,+\infty)$，显然函数 $y=x$ 在点 x_0 连续，由定理 1.27 中的（2）知，$y=x^k(k=1,2,\cdots,n)$ 在点 x_0 处连续，再由定理 1.27 中的（1）即可知多项式 $P_n(x)=\sum\limits_{k=0}^{n}a_kx^k$ 在 x_0 处连续，由 x_0 的任意性知，$P_n(x)$ 在 $(-\infty,+\infty)$ 内连续.

例 1.47　证明 $y=\tan x$ 在定义域内连续.

证　$\tan x=\dfrac{\sin x}{\cos x}$，由第 3 节例 1.13 知，$y=\sin x$，$y=\cos x$ 在 $(-\infty,+\infty)$ 内连续，由

上述定理 1.27（3）知 $\tan x=\dfrac{\sin x}{\cos x}$ 在定义域 $D(f)=\left\{x\left|x\in R,x\neq(2k+1)\dfrac{\pi}{2},k\in Z\right.\right\}$ 内连续.

同理可证 $\cot x=\dfrac{\cos x}{\sin x}$ 在定义域 $D(f)=\{x|x\in R,x\neq k\pi,k\in Z\}$ 内连续.此外，由常数函数连续，$y=\sin x$，$y=\cos x$ 连续，可知 $y=\sec x=\dfrac{1}{\cos x}$，$y=\csc x=\dfrac{1}{\sin x}$ 在相应的定义域内连续.

3. 连续函数反函数的连续性

定理 1.28　若函数 $f(x)$ 是在区间 (a,b) 内单调的连续函数，则其反函数 $x=f^{-1}(y)$ 是在相应区间 (α,β) 内单调的连续函数，其中

$$\alpha=\min\{f(a^+),f(b^-)\},\quad \beta=\max\{f(a^+),f(b^-)\}.$$

从几何上看，定理 1.28 是显然的，因为函数 $y=f(x)$ 与其反函数 $x=f^{-1}(y)$ 在 xOy 坐标面上为同一条曲线.

我们不加证明地指出指数函数 $y=a^x(a>0,\ a\neq1)$ 在 $(-\infty,\ +\infty)$ 内单调且连续，由上述定理 1.28，其反函数 $y=\log_a x(a>0,\ a\neq1)$ 在 $(0,\ +\infty)$ 内连续.

由例 1.47 及上述定理 1.28 可知，反三角函数在其定义域内连续.

4. 复合函数的连续性

由连续函数的定义及复合函数的极限定理可以得到下面有关复合函数的连续性定理.

定理 1.29　设 $y=f[\varphi(x)]$（$x\in I$）是由函数 $y=f(u),u=\varphi(x)$ 复合而成的复合函数，如果 $u=\varphi(x)$ 在点 $x_0\in I$ 连续，又 $y=f(u)$ 在相应点 $u_0=\varphi(x_0)$ 处连续，则 $y=f[\varphi(x)]$ 在点 x_0 处连续.

由指数函数和对数函数连续，结合上述定理可知幂函数 $y=x^\mu=\mathrm{e}^{\mu\ln x}$ 连续.

推论 1.7　若对某极限过程有 $\lim\varphi(x)=A$，且 $y=f(u)$ 在 $u=A$ 处连续，则 $\lim f[\varphi(x)]=f(A)$，即

$$\lim f[\varphi(x)]=f[\lim\varphi(x)].$$

例 1.48　求 $\lim\limits_{x\to\infty}\sin\left(1+\dfrac{1}{x}\right)^x$.

解　$\lim\limits_{x\to\infty}\sin\left(1+\dfrac{1}{x}\right)^x=\sin\left(\lim\limits_{x\to\infty}\left(1+\dfrac{1}{x}\right)^x\right)=\sin\mathrm{e}$.

例 1.49　试证 $\lim\limits_{x\to0}\dfrac{\ln(1+x)}{x}=1$.

证　因 $y=\ln u(u>0)$ 连续，故

$$\lim_{x\to0}\frac{\ln(1+x)}{x}=\lim_{x\to0}\ln(1+x)^{\frac{1}{x}}$$

$$= \ln\left[\lim_{x\to 0}(1+x)^{\frac{1}{x}}\right] = \ln e = 1.$$

由定理 1.29 及其推论，可以讨论幂指函数$[f(x)]^{g(x)}$的极限问题. 幂指函数的定义域要求$f(x)>0$. 当$f(x),g(x)$均为连续函数，且$f(x)>0$时，$[f(x)]^{g(x)}$也是连续函数. 在求$\lim\limits_{x\to x_0}[f(x)]^{g(x)}$时，可以如下处理：

$$\lim_{x\to x_0}[f(x)]^{g(x)} = \lim_{x\to x_0} e^{\ln[f(x)]^{g(x)}} = \lim_{x\to x_0} e^{g(x)\ln[f(x)]} = \lim_{x\to x_0} e^{\lim\limits_{x\to x_0} g(x)\ln[f(x)]}.$$

则有以下几种结果.

（1）如果$\lim\limits_{x\to x_0} f(x)=A>0$，$\lim\limits_{x\to x_0} g(x)=B$，则$\lim\limits_{x\to x_0}[f(x)]^{g(x)}=A^B$.

（2）如果$\lim\limits_{x\to x_0} f(x)=1$，$\lim\limits_{x\to x_0} g(x)=+\infty$，则

$$\lim_{x\to x_0}[f(x)]^{g(x)} = \lim_{x\to x_0} e^{g(x)\ln f(x)} = e^{\lim\limits_{x\to x_0}[f(x)-1]g(x)}.$$

（3）如果$\lim\limits_{x\to x_0} f(x)=A\neq 1(A>0)$，$\lim\limits_{x\to x_0} g(x)=+\infty$，则$\lim\limits_{x\to x_0}[f(x)]^{g(x)}$可根据具体情况直接求得.

例如，$\lim\limits_{x\to x_0} f(x)=A>1$，$\lim\limits_{x\to x_0} g(x)=+\infty$，则

$$\lim_{x\to x_0}[f(x)]^{g(x)}=+\infty.$$

又如，

$$\lim_{x\to x_0} f(x)=A(0<A<1),\quad \lim_{x\to x_0} g(x)=+\infty,$$

则

$$\lim_{x\to x_0}[f(x)]^{g(x)}=0.$$

上面结果仅对$x\to x_0$时写出，实际上这些结果对$x\to\infty$等极限过程仍然成立.

例 1.50　求$\lim\limits_{x\to 0}\left(\dfrac{\sin 2x}{x}\right)^{1+x}$.

解　因为

$$\lim_{x\to 0}\left(\frac{\sin 2x}{x}\right)^{1+x}=2,\quad \lim_{x\to 0}(1+x)=1,$$

所以

$$\lim_{x\to 0}\left(\frac{\sin 2x}{x}\right)^{1+x}=2.$$

例 1.51　求$\lim\limits_{x\to\infty}\left(\dfrac{x+1}{3x+1}\right)^{x^2}$.

解　因为

$$\lim_{x\to\infty}\frac{x+1}{3x+1}=\frac{1}{3},\quad \lim_{x\to\infty}x^2=+\infty,$$

所以

$$\lim_{x\to+\infty}\left(\frac{x+1}{3x+1}\right)^{x^2}=0 .$$

例 1.52　求 $\lim\limits_{x\to\infty}\left(\dfrac{x-1}{x+1}\right)^{x}$.

解　解法一：因为 $\lim\limits_{x\to\infty}\dfrac{x-1}{x+1}=1$，$\lim\limits_{x\to\infty}x=\infty$，则

$$\lim_{x\to\infty}\left(\frac{x-1}{x+1}\right)^{x}=\mathrm{e}^{\lim\limits_{x\to\infty}\left(\frac{x-1}{x+1}-1\right)^{x}}=\mathrm{e}^{\lim\limits_{x\to\infty}\frac{-2x}{x+1}}=\mathrm{e}^{-2} .$$

解法二：

$$\lim_{x\to\infty}\left(\frac{x-1}{x+1}\right)^{x}=\lim_{x\to\infty}\frac{\left(1-\dfrac{1}{x}\right)^{x}}{\left(1+\dfrac{1}{x}\right)^{x}}=\frac{\mathrm{e}^{-1}}{\mathrm{e}}=\mathrm{e}^{-2} .$$

5. 初等函数的连续性

我们遇到的函数大部分为初等函数，它是由基本初等函数经过有限次四则运算及有限次复合运算而成的. 由函数极限的讨论以及函数的连续性的定义可知：**基本初等函数在其定义域内是连续的**. 由连续函数的定义及运算法则，可得出：**初等函数在其定义域内的区间上是连续的**.

由此可知，对初等函数在其有定义的区间的点求极限时，只需求相应函数值即可.

例 1.53　求 $\lim\limits_{x\to1}\dfrac{x^2+\ln(4-3x)}{\arctan x}$.

解　初等函数 $f(x)=\dfrac{x^2+\ln(4-3x)}{\arctan x}$ 在 $x=1$ 的某邻域内有定义，所以

$$\lim_{x\to1}\frac{x^2+\ln(4-3x)}{\arctan x}=\frac{1+\ln(4-3)}{\arctan 1}=\frac{4}{\pi} .$$

例 1.54　求 $\lim\limits_{x\to0}\dfrac{4x^2-1}{2x^2-3x+5}$.

解　$\lim\limits_{x\to0}\dfrac{4x^2-1}{2x^2-3x+5}=\dfrac{4\times0-1}{2\times0-3\times0+5}=-\dfrac{1}{5}$.

三、闭区间上连续函数的性质

在闭区间上连续的函数有一些重要的性质，它们可作为分析和论证某些问题时的理论依据，这些性质的几何意义十分明显，现介绍其中几个常用的结论，但略去其证明.

1. 最大值最小值定理

首先引入最大值和最小值的概念.

定义 1.22　设函数 $y=f(x)$ 在区间 I 上有定义，如果存在点 $x_0\in I$，使 $\forall x\in I$，有

$$f(x_0)\geqslant f(x)\ (\text{或}\ f(x_0)\leqslant f(x)),$$

则称 $f(x_0)$ 为函数 $y=f(x)$ 在区间 I 上的最大（小）值，记作

$$f(x_0)=\max_{x\in I} f(x)\ (\text{或}\ f(x_0)=\min_{x\in I} f(x)).$$

一般地，在一个区间上连续的函数，在该区间上不一定存在最大值或最小值. 但是，如果函数在一个闭区间上连续，那么它必定在该闭区间上取得最大值和最小值.

定理 1.30　若函数 $y=f(x)$ 在 $[a,b]$ 上连续，则它一定在闭区间 $[a,b]$ 上取得最大值和最小值.

例 1.55　函数 $y=\tan x$ 在区间 $\left(-\dfrac{\pi}{2},\dfrac{\pi}{2}\right)$ 内连续，但 $y=\tan x$ 在 $\left(-\dfrac{\pi}{2},\dfrac{\pi}{2}\right)$ 内取不到最大值与最小值.

由例 1.55 可知，定理 1.30 中闭区间的要求不能少.并表明：若函数 $y=f(x)$ 在闭区间 $[a,b]$ 上连续，则存在 $x_1,x_2\in[a,b]$，使得

$$f(x_1)=\max_{x\in[a,b]} f(x),\quad f(x_2)=\min_{x\in[a,b]} f(x).$$

于是，对任意 $x\in[a,b]$，有 $f(x_2)\leqslant f(x)\leqslant f(x_1)$，若取 $M=\max\{|f(x_1)|,|f(x_2)|\}$，则有 $|f(x)|\leqslant M$，从而有下述结论.

推论 1.8　若函数 $y=f(x)$ 在 $[a,b]$ 上连续，则 $y=f(x)$ 在 $[a,b]$ 上有界.

2. 介值定理

定理 1.31　设函数 $y=f(x)$ 在 $[a,b]$ 上连续，则对任意介于

$$M=\max_{x\in[a,b]} f(x)\quad 和\quad m=\min_{x\in[a,b]} f(x)$$

之间的常数 c（即 $m<c<M$），至少存在一点 $x_0\in(a,b)$，使 $f(x_0)=c$.

定理 1.31 的几何意义为：若 $y=f(x)$ 在 $[a,b]$ 上连续，c 为介于 m 与 M 之间的数，则直线 $y=c$ 与曲线 $y=f(x)$ 至少相交一次（图 1.27）.

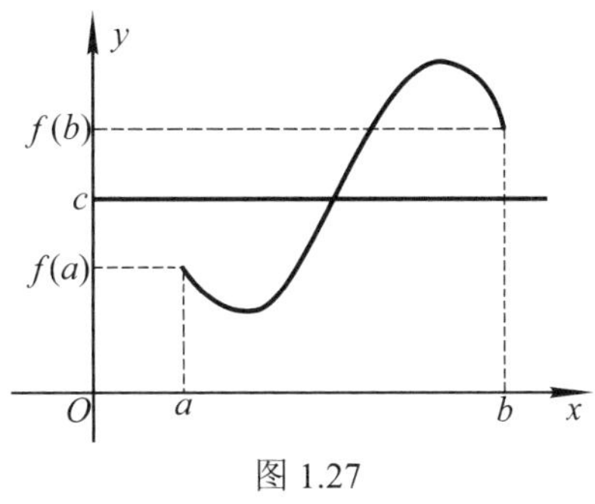

图 1.27

推论 1.9　（零点定理）若函数 $y=f(x)$ 在 $[a,b]$ 上连续，且 $f(a)f(b)<0$，则至少存在一点 $x_0\in(a,b)$，使 $f(x_0)=0$.

推论 1.9 的几何意义十分明显. 若函数 $y=f(x)$ 在闭区间 $[a,b]$ 上连续，且 $f(a)$ 与 $f(b)$ 不同号，则函数 $y=f(x)$ 对应的曲线至少穿过 x 轴一次（图 1.28）.

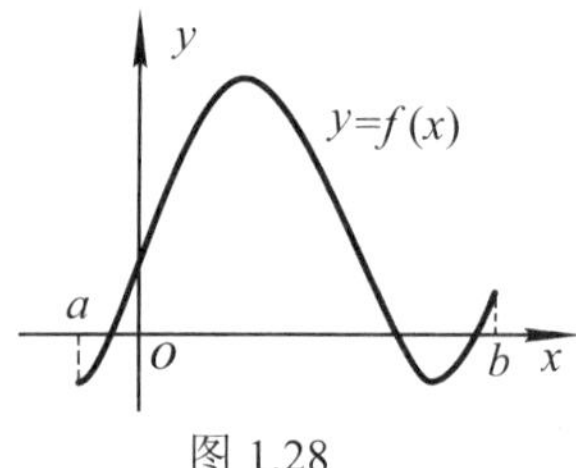

图 1.28

例 1.56　证明方程 $\ln(1+e^x)=2x$ 至少有一个小于 1 的正根.

证　设 $f(x)=\ln(1+e^x)-2x$，则显然 $f(x)$ 在 $[0,1]$ 上连续，又

$$f(0)=\ln 2>0,\quad f(1)=\ln(1+e)-2=\ln(1+e)-\ln e^2<0,$$

由根的存在定理知，至少存在一点 $x_0\in(0,1)$，使 $f(x_0)=0$. 即方程 $\ln(1+e^x)=2x$ 至少有一个小于 1 的正根.

例 1.56 表明，我们可利用零点定理来证明某些方程的解的存在性.

习　题　一

1. 下列函数是否相等，为什么?

（1）$f(x)=\sqrt{x^2},\ g(x)=|x|$；　　（2）$f(x)=\dfrac{x^2-4}{x-2},\ g(x)=x+2$.

2. 求下列函数的定义域.

（1）$y=\sqrt{4-x}+\arctan\dfrac{1}{x}$；　　（2）$y=\sin\sqrt{x+3}+\dfrac{1}{\ln(1-x)}$；

（3）$y=\dfrac{e^x}{x^2-1}$；　　（4）$y=\arccos(2|\sin x|)$.

3. 求函数 $y=2+\ln(x+1)$ 的反函数.

4. 设 $f(x)=\dfrac{1-x}{1+x}$，求 $f(0), f(-x), f\left(\dfrac{1}{x}\right)$.

5. 设 $f(x)=\begin{cases}1, & -1\leqslant x\leqslant 0,\\ x+1, & 0\leqslant x\leqslant 2,\end{cases}$ 求 $f(x-1)$.

6. 判断下列函数的奇偶性.

（1）$f(x)=\sqrt{1-x}+\sqrt{1+x}$；　　（2）$y=e^{2x}-e^{-2x}+\sin x$.

7. 判断函数在定义域内的有界性及单调性:

（1）$y=\dfrac{x}{1+x^2}$；　　（2）$y=x+\ln x$.

8. 下列函数是由哪些基本初等函数复合而成的?

（1）$y=(1+x^2)^{\frac{1}{4}}$；　　（2）$y=\cos^2(1+2x)$.

9. 设 $f(x)$ 定义在 $(-\infty,+\infty)$，证明：

（1）$f(x)+f(-x)$ 为偶函数；　　（2）$f(x)-f(-x)$ 为奇函数；

（3）$f(x)$ 总可以表示成一个偶函数和一个奇函数之和.

10. 某厂生产某种产品，年销售量为 10^6 件，每批生产需要准备费 10^3 元，而每件的年库存费为 0.05 元，如果销售是均匀的，求准备费与库存费之和的总费用与年销售批数之间的函数（销售均匀是指商品库存数为批量的一半）.

11. 邮局规定国内的平信，每 20 g 付邮资 0.80 元，不足 20 g 按 20 g 计算，信件重量不得超过 2 kg，试确定邮资 y 与信件重量 x 的关系.

12. 写出下列数列的通项公式，并观察其变化趋势：

（1）$-1,\frac{1}{2},-\frac{1}{3},\frac{1}{4},-\frac{1}{5},\cdots$；

（2）$2,0,2,0,2,0,2,0,\cdots$；

（3）$-3,\frac{5}{3},-\frac{7}{5},\frac{9}{7},\cdots$.

13. 根据数列极限的定义证明：$\lim\limits_{n\to\infty}\frac{1}{n^2}=0$.

14. 若 $\lim\limits_{n\to\infty}x_n=a$，证明 $\lim\limits_{n\to\infty}|x_n|=|a|$，并举反例说明反之不一定成立.

15. 利用夹逼法则求数列 $\{x_n\}$ 的极限，其中 $x_n=(1+2^n+3^n)^{\frac{1}{n}}$.

16. 利用单调有界收敛准则证明数列 $\{x_n\}$ 有极限并求其极限值，其中

$$x_1=\sqrt{2},\quad x_{n+1}=\sqrt{2x_n}\ \ (n=1,2,\cdots).$$

17. 求下列极限：

（1）$\lim\limits_{x\to 2}\frac{x^2-1}{x^2+1}$；　　（2）$\lim\limits_{x\to 1}\left(\frac{1}{1-x}-\frac{3}{1-x^3}\right)$；

（3）$\lim\limits_{x\to+\infty}(\sqrt{x+1}-\sqrt{x})$；　　（4）$\lim\limits_{x\to 1}\frac{x-1}{x^2-1}$；

（5）$\lim\limits_{x\to\infty}\frac{x^2+1}{2x^2-x-1}$；　　（6）$\lim\limits_{x\to\infty}\frac{x^3-x}{x^4-3x^2+1}$；

（7）$\lim\limits_{x\to\infty}\frac{x^2+1}{2x+1}$；　　（8）$\lim\limits_{n\to\infty}\frac{(n+1)(n+2)(n+3)}{5n^3}$；

（9）$\lim\limits_{x\to 0}\frac{\sin mx}{\sin nx}$；　　（10）$\lim\limits_{x\to 0}\frac{x+\tan x}{2x}$；

（11）$\lim\limits_{x\to 0}\frac{1-\cos 2x}{x\sin x}$；　　（12）$\lim\limits_{x\to 0}\left(x\sin\frac{1}{x}+\frac{1}{x}\sin x\right)$；

（13）$\lim\limits_{x\to 0}\dfrac{\arctan 3x}{x}$；　　（14）$\lim\limits_{n\to\infty}2^n\sin\dfrac{x}{2^n}$；

（15）$\lim\limits_{x\to\infty}\left(1-\dfrac{1}{x}\right)^{\frac{x}{2}}$；　　（16）$\lim\limits_{x\to\infty}\left(\dfrac{x+3}{x-2}\right)^{2x+1}$；

（17）$\lim\limits_{x\to 0}(1+3\tan^2 x)^{\cot^2 x}$；　　（18）$\lim\limits_{x\to 0}(\cos x)^{\frac{1}{x^2}}$；

（19）$\lim\limits_{x\to 0}\ln\dfrac{\sin x}{x}$；　　（20）$\lim\limits_{x\to 0}\dfrac{\tan^2 x-\sin^2 x}{x^4}$.

18. 当 $x\to 0$ 时，$x-x^2$ 与 x^2-2x^3 相比，哪个是高阶无穷小?

19. 当 $x\to 1$ 时，无穷小量 $1-x$ 与下面条件是否同阶? 是否等价?

（1）$\sin(1-x^3)$；　　（2）$\dfrac{1}{2}(1-x^2)$.

20. 若 $\lim\limits_{x\to\infty}\left(\dfrac{x^2+1}{x+1}-ax-b\right)=\dfrac{1}{2}$，求 a 和 b.

21. 求下列函数在指定点处的左右极限，并说明在该点处函数的极限是否存在?

（1）$f(x)=\begin{cases}\dfrac{|x|}{x}, & x\neq 0,\\ 1, & x=0\end{cases}$ 在 $x=0$ 处；　　（2）$f(x)=\begin{cases}x+2, & x\leqslant 2,\\ \dfrac{1}{x-2}, & x>2\end{cases}$ 在 $x=2$ 处.

22. 研究下列函数的连续性，并画出图形.

（1）$f(x)=\begin{cases}x^2, & 0\leqslant x\leqslant 1,\\ 2-x, & 1<x<2;\end{cases}$　　（2）$f(x)=\begin{cases}x, & |x|\leqslant 1,\\ 1, & |x|>1.\end{cases}$

23. 下列函数在指定点处间断，说明它们属于哪一类间断点? 如果是可去间断点，则补充或改变函数的定义，使它连续：

（1）$y=\dfrac{x^2-1}{x^2-3x+2}, x=1, x=2$；　　（2）$y=\cos\dfrac{1}{x^2}, x=0$；

（3）$y=\begin{cases}x-1, & x\leqslant 1,\\ 3-x, & x>1,\end{cases}$ $x=1$.

24. a 取何值，可使 $f(x)$ 在 $(-\infty,+\infty)$ 上连续? 其中

$$f(x)=\begin{cases}\mathrm{e}^{\sin x}, & x<0,\\ a+x, & x\geqslant 0.\end{cases}$$

25. 试证方程 $x2^x=5$ 在 $(0, 2)$ 内至少有一个根.

26. 试证方程 $x=a\sin x+b$ 至少有一个不超过 $a+b$ 的正根，其中 $a>0, b>0$.

第二章　一元函数的导数和微分

微分学是微积分的重要组成部分，它的基本概念是导数与微分，其中导数反映出因变量随自变量的变化而变化的快慢程度，而微分则指明当自变量有微小变化时，函数值变化的近似值.

第一节　一元函数导数的概念

在自然科学与工程技术领域，常常需要讨论各种具有不同意义的变量变化“快慢”的问题，即函数的变化率问题. 导数概念就是函数变化率这一概念的精确描述.

一、引例

1. 曲线的切线问题

设曲线 C：$y=f(x)$ 及 C 上的一点 $M(x_0,y_0)$，在曲线 C 上另取一点 $N(x,y)$，作割线 MN. 如果割线 MN 绕点 M 旋转，点 N 沿曲线 C 趋于点 M，割线 MN 趋于极限位置 MT，则直线 MT 称为曲线 C 在点 M 处的切线（图 2.1）.

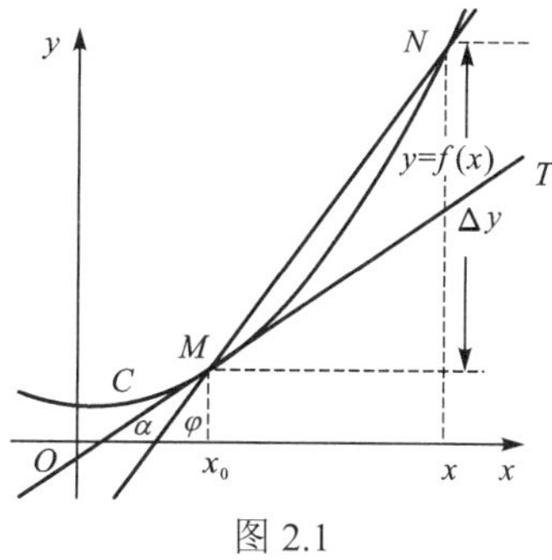

图 2.1

割线 MN 的斜率为

$$k_{MN}=\frac{y-y_0}{x-x_0}=\frac{f(x)-f(x_0)}{x-x_0}.$$

当点 N 趋于点 M，即 $x\to x_0$ 时，割线 MN 斜率的极限就是切线 MT 的斜率，即

$$k_{MT}=\lim_{x\to x_0}\frac{f(x)-f(x_0)}{x-x_0}.$$

因此过点 $M(x_0,y_0)$ 的切线方程为

$$y - y_0 = k_{MT}(x - x_0).$$

2. 直线运动的瞬时速度问题

物体做匀速直线运动时，其速度为物体在时刻 t_0 到 t 的位移差 $s(t)-s(t_0)$ 与相应的时间差 $t-t_0$ 的商，即

$$v = \frac{s(t)-s(t_0)}{t-t_0}.$$

如果物体做变速直线运动，则上面的公式不能用来求物体在某一时刻的瞬时速度. 但可先求出物体从时刻 t_0 到 t 的平均速度，然后假定 $t \to t_0$，求平均速度的极限，即

$$\lim_{t \to t_0} \frac{s(t)-s(t_0)}{t-t_0},$$

并以此极限作为物体在 t_0 时的瞬时速度.

以上讨论的两个具体问题，前者是一个几何学的问题，后者是一个运动学的问题，尽管实际背景不同，可是它们都可以归结为如下极限形式

$$\lim_{x \to x_0} \frac{f(x)-f(x_0)}{x-x_0}.$$

可先抛开这些量的具体意义，抽出它们在数量关系上的共性便得出函数的导数概念.

二、导数的定义

定义 2.1　设函数 $y=f(x)$ 在 $U(x_0)$ 内有定义. 如果极限

$$\lim_{x \to x_0} \frac{f(x)-f(x_0)}{x-x_0}$$

存在，则称该极限值为 $f(x)$ 在点 x_0 处的导数，记作

$$f'(x_0) = \lim_{x \to x_0} \frac{f(x)-f(x_0)}{x-x_0}, \tag{2.1}$$

此时也称函数 $f(x)$ 在点 x_0 可导.

函数 $f(x)$ 在点 x_0 处的导数还可记作

$$\left.\frac{\mathrm{d}y}{\mathrm{d}x}\right|_{x=x_0}; \quad \left.\frac{\mathrm{d}f(x)}{\mathrm{d}x}\right|_{x=x_0}; \quad y'|_{x=x_0}.$$

导数 $f'(x_0)$ 可以表示为下面的增量形式

$$f'(x_0) = \lim_{\Delta x \to 0} \frac{\Delta y}{\Delta x} = \lim_{\Delta x \to 0} \frac{f(x_0+\Delta x)-f(x_0)}{\Delta x}. \tag{2.2}$$

如果上述极限不存在，则称 $f(x)$ 在点 x_0 不可导. 当 $\lim\limits_{x \to x_0} \dfrac{f(x)-f(x_0)}{x-x_0} = \infty$ 时，通常说函数 $y=f(x)$ 在点 x_0 处的导数为无穷大.

我们将式（2.1）或式（2.2）的左、右极限

$$\lim_{x\to x_0^-}\frac{f(x)-f(x_0)}{x-x_0},\qquad \lim_{x\to x_0^+}\frac{f(x)-f(x_0)}{x-x_0}$$

分别称为函数 $f(x)$ 在 x_0 处的左导数和右导数，记作 $f'_-(x_0)$ 和 $f'_+(x_0)$，即

$$f'_-(x_0)=\lim_{x\to x_0^-}\frac{f(x)-f(x_0)}{x-x_0},\qquad f'_+(x_0)=\lim_{x\to x_0^+}\frac{f(x)-f(x_0)}{x-x_0},$$

或写成增量形式：

$$f'_-(x_0)=\lim_{\Delta x\to 0^-}\frac{f(x_0+\Delta x)-f(x_0)}{\Delta x},$$

$$f'_+(x_0)=\lim_{\Delta x\to 0^+}\frac{f(x_0+\Delta x)-f(x_0)}{\Delta x}.$$

定理 2.1　函数 $y=f(x)$ 在点 x_0 可导的充分必要条件是 $f'_-(x_0)$ 及 $f'_+(x_0)$ 存在且相等.

如果函数 $y=f(x)$ 在开区间 (a,b) 内的每一点处都可导，则称 $f(x)$ 在此开区间 (a,b) 内可导. 这时，对 $\forall x\in(a,b)$，对应着 $f(x)$ 的一个确定的导数值，这是一个新的函数关系，称该函数为原来函数 $y=f(x)$ 的导函数，记作 $f'(x)$，y'，$\dfrac{\mathrm{d}f(x)}{\mathrm{d}x}$ 或 $\dfrac{\mathrm{d}y}{\mathrm{d}x}$，此时

$$f'(x)=\lim_{\Delta x\to 0}\frac{f(x+\Delta x)-f(x)}{\Delta x}\qquad x\in(a,b).$$

显然，$f(x)$ 在点 $x_0\in(a,b)$ 的导数 $f'(x_0)$ 就是导函数 $f'(x)$ 在点 $x=x_0$ 处的函数值：$f'(x_0)=f'(x)\big|_{x=x_0}$.

例 2.1　函数 $f(x)=|x|$ 在点 $x=0$ 处是否可导？

解　因为

$$\frac{f(0+\Delta x)-f(0)}{\Delta x}=\frac{|\Delta x|-0}{\Delta x}=\frac{|\Delta x|}{\Delta x},$$

所以

$$f'_+(0)=\lim_{\Delta x\to 0^+}\frac{|\Delta x|}{\Delta x}=1,\qquad f'_-(0)=\lim_{\Delta x\to 0^-}\frac{|\Delta x|}{\Delta x}=-1.$$

因 $f'_+(0)\neq f'_-(0)$，故 $f(x)=|x|$ 在 $x=0$ 处不可导.

例 2.2　求常数函数 $f(x)=C$（C 为常数），$x\in(-\infty,+\infty)$ 的导数.

解
$$f'(x)=\lim_{\Delta x\to 0}\frac{f(x+\Delta x)-f(x)}{\Delta x}=\lim_{\Delta x\to 0}\frac{C-C}{\Delta x}=0,$$

即 $(C)'=0$. 通常说成：常数的导数等于零.

例 2.3　设 $y=x^n$，n 为正整数，求 y'.

解
$$\begin{aligned}y'&=\lim_{\Delta x\to 0}\frac{(x+\Delta x)^n-x^n}{\Delta x}\\&=\lim_{\Delta x\to 0}(nx^{n-1}+\mathrm{C}_n^2x^{n-2}(\Delta x)+\cdots+(\Delta x)^{n-1})\\&=nx^{n-1},\end{aligned}$$

即
$$(x^n)'=nx^{n-1}.$$

特别地，$n=1$ 时，有 $(x)'=1$.

例 2.4　设 $y=\sin x$, $x\in(-\infty,+\infty)$，求 y'.

解

$$\begin{aligned}y'&=\lim_{\Delta x\to 0}\frac{\sin(x+\Delta x)-\sin x}{\Delta x}\\&=\lim_{\Delta x\to 0}\frac{2\cos\frac{2x+\Delta x}{2}\sin\frac{\Delta x}{2}}{\Delta x}\\&=\lim_{\Delta x\to 0}\frac{2\cdot\frac{\Delta x}{2}\cos\frac{2x+\Delta x}{2}}{\Delta x}\\&=\cos x\end{aligned}$$

即

$$(\sin x)'=\cos x .$$

例 2.5　设 $y=\cos x$，$x\in(-\infty,+\infty)$，求 y'.

解

$$\begin{aligned}y'&=\lim_{\Delta x\to 0}\frac{\cos(x+\Delta x)-\cos x}{\Delta x}\\&=\lim_{\Delta x\to 0}\frac{-2\sin\left(x+\frac{\Delta x}{2}\right)\sin\frac{\Delta x}{2}}{\Delta x}\\&=\lim_{\Delta x\to 0}\frac{-2\cdot\frac{\Delta x}{2}\sin\left(x+\frac{\Delta x}{2}\right)}{\Delta x}\\&=-\sin x,\end{aligned}$$

即

$$(\cos x)'=-\sin x .$$

例 2.6　设 $y=\ln x$，$x\in(0,+\infty)$，求 y'.

解

$$y=\lim_{\Delta x\to 0}\frac{\ln(x+\Delta x)-\ln x}{\Delta x}=\lim_{\Delta x\to 0}\frac{\ln\left(1+\frac{\Delta x}{x}\right)}{\Delta x}=\frac{1}{x},$$

即

$$(\ln x)'=\frac{1}{x}.$$

例 2.7　设曲线 $y=\sin x$，求曲线在点 $\left(\frac{\pi}{3},\frac{\sqrt{3}}{2}\right)$ 处的切线方程、法线方程.

解　由引例和例 2.4 可知，切线斜率

$$k=y'\Big|_{x=\frac{\pi}{3}}=\cos x\Big|_{x=\frac{\pi}{3}}=\frac{1}{2},$$

故切线方程为

$$y-\frac{\sqrt{3}}{2}=\frac{1}{2}\left(x-\frac{\pi}{3}\right),$$

法线方程为

$$y-\frac{\sqrt{3}}{2}=-2\left(x-\frac{\pi}{3}\right).$$

例 2.8　求过点 $(2,0)$ 且与曲线 $y=x^2$ 相切的直线方程.

解　显然点 $(2,0)$ 不在曲线 $y=x^2$ 上. 由导数的几何意义可知，若设切点为 (x_0,y_0)，则 $y_0=x_0^2$，且所求切线的斜率为

$$k=(x^2)'\Big|_{x=x_0}=2x_0,$$

故所求切线方程为

$$y-x_0^2=2x_0(x-x_0).$$

又切线过点 $(2,0)$，所以有

$$-x_0^2=2x_0(2-x_0).$$

于是得 $x_0=0,\ y_0=x_0^2=0$ 或 $x_0=4,\ y_0=x_0^2=16$，从而所求切线方程为

$$y=0,$$

即

$$y-16=8(x-4).$$

例 2.9　在曲线 $y=\ln x$ 上求一点，使该点处的曲线的切线与直线 $y=3x-1$ 平行.

解　在 $y=\ln x$ 上的任一点 $M(x,y)$ 处切线的斜率为

$$k=y'=\frac{1}{x}.$$

而已知直线 $y=3x-1$ 的斜率 $k_1=3$. 令 $k=k_1$，即 $\frac{1}{x}=3$，解之得 $x=\frac{1}{3}$，代入曲线方程得

$$y=\ln\frac{1}{3}=-\ln 3.$$

故所求点为 $\left(\frac{1}{3},-\ln 3\right)$.

下面讨论可导与连续的关系.

定理 2.2　若 $y=f(x)$ 在点 x_0 可导，则 $f(x)$ 在点 x_0 必连续.

证　因为 $f(x)$ 在点 x_0 可导，记

$$\lim_{x\to x_0}\frac{f(x)-f(x_0)}{x-x_0}=f'(x_0)$$

存在. 则

$$\begin{aligned}\lim_{x\to x_0}[f(x)-f(x_0)]&=\lim_{x\to x_0}\frac{f(x)-f(x_0)}{x-x_0}(x-x_0)\\&=\lim_{x\to x_0}\frac{f(x)-f(x_0)}{x-x_0}\lim_{x\to x_0}(x-x_0).\\&=f'(x_0)\cdot 0=0\end{aligned}$$

即 $f(x)$ 在点 x_0 连续.

例 2.10　研究函数

$$f(x)=\begin{cases} x+1, & x>0, \\ \cos x, & x\leqslant 0 \end{cases}$$

在点 $x=0$ 处的连续性和可导性.

解　因为

$$\lim_{x\to 0^+} f(x)=\lim_{x\to 0}(x+1)=1=f(0), \quad \lim_{x\to 0^-} f(x)=\lim_{x\to 0^-}\cos x=1=f(0),$$

所以 $f(x)$ 在点 $x=0$ 处连续，但是

$$f'_-(0)=\lim_{x\to 0^-}\frac{f(x)-f(0)}{x-0}=\lim_{x\to 0^-}\frac{\cos x-1}{x}=0,$$

$$f'_+(0)=\lim_{x\to 0^+}\frac{f(x)-f(0)}{x-0}=\lim_{x\to 0^+}\frac{(x+1)-1}{x}=1,$$

即 $f'_+(0)\neq f'_-(0)$，故 $f(x)$ 在点 $x=0$ 处不可导.

此例说明“连续不一定可导”，连续只是可导的必要条件.

第二节　求 导 法 则

一、函数四则运算的求导法则

定理 2.3　设函数 $u=u(x), v=v(x)$ 在点 x 处可导，k_1, k_2 为常数，则下列各等式成立.

（1）$(k_1u(x)+k_2v(x))'=k_1u'(x)+k_2v'(x)$.

（2）$(u(x)v(x))'=u'(x)v(x)+u(x)v'(x)$.

（3）$\left(\dfrac{u(x)}{v(x)}\right)'=\dfrac{u'(x)v(x)-u(x)v'(x)}{v^2(x)}$ $(v(x)\neq 0)$.

证　仅证式（3）. 记 $g(x)=\dfrac{u(x)}{v(x)}$，且 $v(x)\neq 0$，则

$$\begin{aligned} g'(x)&=\lim_{\Delta x\to 0}\frac{1}{\Delta x}\left(\frac{u(x+\Delta x)}{v(x+\Delta x)}-\frac{u(x)}{v(x)}\right) \\ &=\lim_{\Delta x\to 0}\frac{1}{v(x)v(x+\Delta x)}\left(\frac{u(x+\Delta x)-u(x)}{\Delta x}v(x)-u(x)\frac{v(x+\Delta x)-v(x)}{\Delta x}\right) \\ &=\lim_{\Delta x\to 0}\frac{1}{v(x)v(x+\Delta x)}\left(v(x)\lim_{\Delta x\to 0}\frac{u(x+\Delta x)-u(x)}{\Delta x}-u(x)\lim_{\Delta x\to 0}\frac{v(x+\Delta x)-v(x)}{\Delta x}\right) \\ &=\frac{u'(x)v(x)-u(x)v'(x)}{v^2(x)}. \end{aligned}$$

定理 2.3 中的式（1）和式（2）均可推广至有限多个函数的情形. 读者不难自行完成.

例 2.11　设 $y=3x^5-2x^2+4$，求 y'.

解
$$\begin{aligned}y'&=(3x^5-2x^2+4)'\\&=(3x^5)'-(2x^2)'+(4)'\\&=15x^4-4x.\end{aligned}$$

例 2.12　设 $y=x^3\cos x$，求 y'.

解
$$\begin{aligned}y'&=(x^3\cos x)'\\&=(x^3)'\cos x+x^3(\cos x)'\\&=3x^2\cos x-x^3\sin x.\end{aligned}$$

例 2.13　设 $y=\tan x$，求 y'.

解
$$\begin{aligned}y'=(\tan x)'&=\left(\frac{\sin x}{\cos x}\right)'\\&=\frac{(\sin x)'\cos x-\sin x(\cos x)'}{\cos^2 x}\\&=\frac{\cos^2 x+\sin^2 x}{\cos^2 x}=\frac{1}{\cos^2 x},\end{aligned}$$

即
$$(\tan x)'=\frac{1}{\cos^2 x}=\sec^2 x=1+\tan^2 x.$$

类似可得
$$(\cot x)'=-\frac{1}{\sin^2 x}=-\csc^2 x=-(1+\cot^2 x).$$

例 2.14　设 $y=\sec x$，求 y'.

解　在定理 2.3 的式（3）中，取 $u(x)\equiv 1$，则有
$$\left(\frac{1}{v(x)}\right)'=-\frac{v'(x)}{v^2(x)}.$$

于是
$$\begin{aligned}y'=(\sec x)'&=\left(\frac{1}{\cos x}\right)'=-\frac{(\cos x)'}{\cos^2 x}\\&=\frac{\sin x}{\cos^2 x}=\sec x\tan x,\end{aligned}$$

即
$$(\sec x)'=\sec x\tan x.$$

类似地，可得
$$(\csc x)'=-\csc x\cot x.$$

例 2.15　设 $y=\log_a x$，求 y'.

解
$$y=\log_a x=\frac{\ln x}{\ln a},$$

因此

$$(\log_a x)' = \frac{1}{x\ln a}.$$

二、复合函数的求导法则

定理 2.4 （链导法）若 $u=\varphi(x)$ 在点 x 处可导，而 $y=f(u)$ 在相应点 $u=\varphi(x)$ 处可导，则复合函数 $y=f[\varphi(x)]$ 在点 x 处可导，且 $\frac{\mathrm{d}y}{\mathrm{d}x}=\frac{\mathrm{d}y}{\mathrm{d}u}\cdot\frac{\mathrm{d}u}{\mathrm{d}x}$，或记作

$$\frac{\mathrm{d}y}{\mathrm{d}x} = f'[\varphi(x)]\varphi'(x). \tag{2.3}$$

证 因为 $y=f(u)$ 在点 u 可导，因此

$$\lim_{\Delta u\to 0}\frac{\Delta y}{\Delta u} = f'(u)$$

存在，于是根据极限与无穷小的关系有

$$\frac{\Delta y}{\Delta u} = f'(u)+\alpha,$$

其中 α 是 $\Delta u\to 0$ 时的无穷小，故

$$\Delta y = f'(u)\Delta u + \alpha\Delta u,$$

从而

$$\begin{aligned}\lim_{\Delta x\to 0}\frac{\Delta y}{\Delta x} &= \lim_{\Delta x\to 0}\left(f'(u)\frac{\Delta u}{\Delta x}+\alpha\frac{\Delta u}{\Delta x}\right)\\ &= f'(u)\lim_{\Delta x\to 0}\frac{\Delta u}{\Delta x}+\lim_{\Delta x\to 0}\alpha\lim_{\Delta x\to 0}\frac{\Delta u}{\Delta x}.\end{aligned}$$

又因 $u=\varphi(x)$ 在点 x 处可导，故 $\varphi(x)$ 必在点 x 处连续，因此 $\Delta x\to 0$ 时必有 $\Delta u\to 0$．于是

$$\begin{aligned}\lim_{\Delta x\to 0}\frac{\Delta y}{\Delta x} &= f'(u)\varphi'(x)+\lim_{\Delta u\to 0}\alpha\lim_{\Delta x\to 0}\frac{\Delta u}{\Delta x}\\ &= f'(u)\varphi'(x) = f'(\varphi(x))\varphi'(x),\end{aligned}$$

而 $\lim\limits_{\Delta x\to 0}\frac{\Delta y}{\Delta x}=\left(f(\varphi(x))\right)'$，定理证毕.

例 2.16 设 $y=\sin x^2$，求 y'.

解 令 $u=x^2$，则 $y=\sin u$，从而

$$\frac{\mathrm{d}y}{\mathrm{d}x} = \frac{\mathrm{d}y}{\mathrm{d}u}\frac{\mathrm{d}u}{\mathrm{d}x} = 2x\cos u$$

即

$$y' = 2x\cos x^2.$$

注 读者可对复合函数的分解熟练后，就不必再写出中间变量，而可按下列各题的方式进行计算.

例 2.17 设 $y=\sin\frac{1}{1+x}$，求 y'.

解
$$y'=\cos\frac{1}{1+x}\left(\frac{1}{1+x}\right)'=-\frac{1}{(1+x)^2}\cos\frac{1}{1+x}.$$

例 2.18　设 $y=\ln\sin x$，求 y'.

解
$$y'=\frac{1}{\sin x}(\sin x)'=\cot x.$$

例 2.19　$y=x^{\mu}$ $(\mu\in\mathbf{R})$,求 y'.

解　因 $x^{\mu}=\mathrm{e}^{\mu\ln x}$，故
$$(x^{\mu})'=(\mathrm{e}^{\mu\ln x})'=\mathrm{e}^{\mu\ln x}\mu\frac{1}{x}=\mu x^{\mu-1}.$$

注　在复合函数求导时，要弄清楚复合层次，由外向内逐层求导，不重复不遗漏.

三、反函数的求导法则

定理 2.5　设函数 $x=\varphi(y)$ 在点 y 的某邻域内单调、可导，且 $\frac{\mathrm{d}x}{\mathrm{d}y}=\varphi'(y)\neq 0$，则其反函数 $y=f(x)$ 在点 x 某邻域内可导，且
$$f'(x)=\frac{1}{\varphi'(y)}.$$

简言之，反函数的导数是其直接函数导数的倒数.

例 2.20　设 $y=\arcsin x$，求 y'.

解　$y=\arcsin x$ 为 $x=\sin y$ 在 $y\in\left[-\frac{\pi}{2},\frac{\pi}{2}\right]$ 上的反函数，由定理 2.5 可知
$$y'=\frac{1}{(\sin y)'_y}=\frac{1}{\cos y}=\frac{1}{\sqrt{1-\sin^2 y}}=\frac{1}{\sqrt{1-x^2}},$$
其中：$(\sin y)'_y$ 表示求导是对变量 y 进行的.

由上式得
$$(\arcsin x)'=\frac{1}{\sqrt{1-x^2}}.$$

同理可得
$$(\arccos x)'=-\frac{1}{\sqrt{1-x^2}},\quad (\arctan x)'=\frac{1}{1+x^2},\quad (\operatorname{arccot} x)'=-\frac{1}{1+x^2}.$$

例 2.21　设 $y=\mathrm{e}^x$，求 y'.

解　$y=\mathrm{e}^x$ 为 $x=\ln y$ 的反函数，由定理 2.5 可知
$$y'=\frac{1}{(\ln y)'_y}=y=\mathrm{e}^x,$$
其中：$(\ln y)'_y$ 表示求导是对变量 y 进行的.

将例 2.21 与复合函数求导法则相结合，则有 $(a^x)'=(\mathrm{e}^{x\ln a})'=\mathrm{e}^{x\ln a}\ln a=a^x\ln a$.

上述求导法则以及一些基本初等函数的求导公式需熟练掌握，现将常用的求导公式归纳如下.

（1）$(C)'=0$；（2）$(x^{\mu})'=\mu\cdot x^{\mu-1}$；

（3）$(a^x)'=a^x\ln a$；（4）$(\mathrm{e}^x)'=\mathrm{e}^x$；

（5）$(\log_a x)'=\dfrac{1}{x\ln a}$；（6）$(\ln x)'=\dfrac{1}{x}$；

（7）$(\sin x)'=\cos x$；（8）$(\cos x)'=-\sin x$；

（9）$(\tan x)'=\dfrac{1}{\cos^2 x}=\sec^2 x$；（10）$(\cot x)'=-\dfrac{1}{\sin^2 x}=-\csc^2 x$；

（11）$(\sec x)'=\sec x\tan x$；（12）$(\csc x)'=-\csc x\cot x$；

（13）$(\arcsin x)'=\dfrac{1}{\sqrt{1-x^2}}$；（14）$(\arccos x)'=-\dfrac{1}{\sqrt{1-x^2}}$；

（15）$(\arctan x)'=\dfrac{1}{1+x^2}$；（16）$(\mathrm{arccot}x)'=-\dfrac{1}{1+x^2}$.

四、参数方程的求导法则

若方程 $x=\varphi(t)$ 和 $y=\psi(t)$ 确定 y 与 x 间的函数关系，则称此函数关系所表达的函数为由参数方程

$$\begin{cases}x=\varphi(t),\\ y=\psi(t)\end{cases}\quad t\in(\alpha,\beta) \tag{2.4}$$

所确定的函数. 下面讨论由参数方程所确定的函数的导数.

设 $t=\varphi^{-1}(x)$ 为 $x=\varphi(t)$ 的反函数，在 $t\in(\alpha,\beta)$ 中，函数 $x=\varphi(t)$，$y=\psi(t)$ 均可导，这时由复合函数的导数和反函数的导数公式，有

$$\begin{aligned}\frac{\mathrm{d}y}{\mathrm{d}x}&=(\psi(\varphi^{-1}(x))'=\psi'(\varphi^{-1}(x))(\varphi^{-1}(x))'\\&=\psi'(\varphi^{-1}(x))\frac{1}{\varphi'(t)}=\frac{\psi'(t)}{\varphi'(t)}\quad(\varphi'(t)\neq0).\end{aligned}$$

于是由参数方程（2.4）所确定的函数 $y=y(x)$ 的导数为

$$\frac{\mathrm{d}y}{\mathrm{d}x}=\frac{\frac{\mathrm{d}y}{\mathrm{d}t}}{\frac{\mathrm{d}x}{\mathrm{d}t}}=\frac{\psi'(t)}{\varphi'(t)}\quad(\varphi'(t)\neq0). \tag{2.5}$$

例 2.22 设 $\begin{cases}x=2t+\cos t,\\ y=\mathrm{e}^{2t},\end{cases}$ 求 $\dfrac{\mathrm{d}y}{\mathrm{d}x}$.

解

$$\frac{\mathrm{d}y}{\mathrm{d}x}=\frac{\frac{\mathrm{d}y}{\mathrm{d}t}}{\frac{\mathrm{d}x}{\mathrm{d}t}}=\frac{2\mathrm{e}^{2t}}{2-\sin t}.$$

例 2.23　求椭圆 $\begin{cases} x = a\cos t, \\ y = b\sin t \end{cases}$ 在 $t = \dfrac{\pi}{4}$ 处的切线方程和法线方程.

解
$$\frac{\mathrm{d}y}{\mathrm{d}x} = \frac{\dfrac{\mathrm{d}y}{\mathrm{d}t}}{\dfrac{\mathrm{d}x}{\mathrm{d}t}} = \frac{b\cos t}{-a\sin t} = -\frac{b}{a}\cot t,$$

所以在椭圆上对应于 $t = \dfrac{\pi}{4}$ 的点 $\left(\dfrac{a}{\sqrt{2}}, \dfrac{b}{\sqrt{2}}\right)$ 处的切线和法线的斜率分别为

$$k_{\text{切}} = \left.\frac{\mathrm{d}y}{\mathrm{d}x}\right|_{t=\frac{\pi}{4}} = -\frac{b}{a}\cot\frac{\pi}{4} = -\frac{b}{a},$$

$$k_{\text{法}} = \frac{a}{b}.$$

切线方程为

$$y - \frac{b}{\sqrt{2}} = -\frac{b}{a}\left(x - \frac{a}{\sqrt{2}}\right).$$

法线方程为

$$y - \frac{b}{\sqrt{2}} = \frac{a}{b}\left(x - \frac{a}{\sqrt{2}}\right).$$

五、隐函数的求导法则

如果在含变量 x 和 y 的关系式 $F(x,y)=0$ 中，当 x 取某区间 I 内的任一值时，相应地总有满足该方程的唯一的 y 值与之对应，那么方程 $F(x,y)=0$ 在该区间内确定一个隐函数 $y=y(x)$. 这时 $y(x)$ 不一定都能用关于 x 的表达式表示. 例如：方程 $\mathrm{e}^y + xy - \mathrm{e}^{-x} = 0$ 和 $y=\cos(x+y)$ 都能确定隐函数 $y=y(x)$. 如果 $F(x,y)=0$ 确定的隐函数 $y=y(x)$ 能用关于 x 的表达式表示，则称该隐函数可显化. 例如 $x^3+y^5-1=0$，解出 $y=\sqrt[5]{1-x^3}$，就把隐函数化成显函数.

若方程 $F(x,y)=0$ 确定了隐函数 $y=y(x)$，则将它代入方程中，得
$$F(x,y(x)) \equiv 0.$$
对上式两边关于 x 求导，并注意运用复合函数求导法则，可求出 $y'(x)$.

例 2.24　求方程 $2y=\sin(x+y)$ 所确定的隐函数 $y=y(x)$ 的导数.

解　将方程两边关于 x 求导，注意 y 是 x 的函数，得
$$2y' = \cos(x+y)(1+y'),$$
即
$$y' = \frac{\cos(x+y)}{2-\cos(x+y)}.$$

例 2.25　求由方程 $\mathrm{e}^y + x^2 y + \mathrm{e}^{-x} = 0$ 所确定的隐函数 $y=y(x)$ 的导数.

解　将方程两边关于 x 求导，得

$$e^y y' + 2xy + x^2 y' - e^{-x} = 0,$$

故

$$y' = \frac{e^{-x} - 2xy}{x^2 + e^y}.$$

在计算幂指函数的导数及某些乘幂、连乘积、带根号函数的导数时，可采用先取对数再求导的方法，简称对数求导法. 它的运算过程如下.

在 $y = f(x)(f(x) > 0)$ 的两边取对数，得

$$\ln y = \ln f(x),$$

上式两边对 x 求导，注意 y 是 x 的函数，得

$$\frac{y'}{y} = \left(\ln f(x)\right)',$$

即

$$y' = y(\ln f(x))' = f(x)(\ln f(x))'.$$

例 2.26　求 $y = \dfrac{(x^3+2)^2}{(x^2+1)\sqrt{x^4+1}}$ 的导数.

解　先在两边取对数，得

$$\ln y = 2\ln(x^3+2) - \ln(x^2+1) - \frac{1}{2}\ln(x^4+1).$$

上式两边对 x 求导，注意到 y 是 x 的函数，得

$$\frac{y'}{y} = \frac{6x^2}{x^3+2} - \frac{2x}{x^2+1} - \frac{2x^3}{x^4+1},$$

于是

$$y' = y\left(\frac{6x^2}{x^3+2} - \frac{2x}{x^2+1} - \frac{2x^3}{x^4+1}\right),$$

即

$$y' = \frac{(x^3+2)^2}{(x^4+1)(x^2+1)}\left(\frac{6x^2}{x^3+2} - \frac{4x^3}{x^4+1} - \frac{2x}{x^2+1}\right).$$

例 2.27　求 $y = x^{\sin x}(x > 0)$ 的导数.

解　两边取对数得 $\ln y = \sin x \ln x$. 两边对 x 求导，得

$$\frac{y'}{y} = \cos x \ln x + \frac{\sin x}{x},$$

于是

$$y' = x^{\sin x}\left(\cos x \ln x + \frac{\sin x}{x}\right).$$

注意，此题也可以按下面的方法处理

$$y = x^{\sin x} = e^{\sin x \ln x},\quad y' = e^{\sin x \ln x}\left(\sin x \ln x\right)' = x^{\sin x}\left(\cos x \ln x + \frac{\sin x}{x}\right).$$

第三节　函数的微分

一、微分的概念

定义 2.2　设函数 $y=f(x)$ 在 $U(x_0)$ 内有定义，若存在与 Δx 无关的常量 A，使

$$\Delta y = A\Delta x + o(\Delta x) \tag{2.6}$$

成立，则称函数 $y=f(x)$ 在点 x_0 处可微分（简称可微），线性部分 $A\Delta x$ 称为 $f(x)$ 在 x_0 处的微分，记作 $\mathrm{d}y = A\Delta x$ $(\Delta x = x - x_0)$.

定理 2.6　函数 $y=f(x)$ 在点 x_0 可微的充分必要条件是函数 $y=f(x)$ 在点 x_0 可导，且

$$\mathrm{d}y = f'(x_0)\Delta x .$$

证　（1）必要性. 已知 $y=f(x)$ 在点 x_0 可微，由可微定义有

$$\Delta y = A\Delta x + o(\Delta x) .$$

从而

$$\frac{\Delta y}{\Delta x} = A + \frac{o(\Delta x)}{\Delta x} = A + \alpha ,$$

其中 $\alpha \to 0\,(\Delta x \to 0)$，由极限和无穷小的关系及导数的定义知

$$\lim_{\Delta x \to 0}\frac{\Delta y}{\Delta x} = A = f'(x_0) .$$

（2）充分性. 已知 $y=f(x)$ 在点 x_0 可导，由导数定义

$$f'(x_0) = \lim_{\Delta x \to 0}\frac{\Delta y}{\Delta x} ,$$

由极限和无穷小的关系

$$f'(x_0) = \frac{\Delta y}{\Delta x} + \alpha ,\quad \alpha \to 0\,(\Delta x \to 0) .$$

即

$$\Delta y = f'(x_0)\Delta x - \alpha \cdot \Delta x = f'(x_0)\Delta x + o(\Delta x) ,$$

由可微的定义知 $y=f(x)$ 在点 x_0 可微.

函数 $y=f(x)$ 在任意点 x 的微分，称为函数的微分，记作

$$\mathrm{d}y = f'(x)\Delta x . \tag{2.7}$$

例 2.28　设 $y=x$，求 $\mathrm{d}y$.

解　因为 $y'=(x)'=1$，所以 $\mathrm{d}y = 1\times\Delta x = \Delta x$.

为方便起见，我们规定：自变量的增量称为自变量的微分，记作 $\mathrm{d}x=\Delta x$. 于是式(2.7)可记作

$$\mathrm{d}y = f'(x)\mathrm{d}x . \tag{2.8}$$

例 2.29　求 $y=\sin x$ 当 $x=\dfrac{\pi}{4}$，$\mathrm{d}x=0.1$ 时的微分.

解 $$\mathrm{d}y=(\sin x)'\mathrm{d}x=\cos x\mathrm{d}x.$$

当 $x=\frac{\pi}{4}$， $\mathrm{d}x=0.1$ 时，有

$$\mathrm{d}y=\cos\frac{\pi}{4}\times 0.1=\frac{0.1}{\sqrt{2}}\approx 0.0707.$$

在几何上，函数 $y=f(x)$ 在 x_0 处的微分 $\mathrm{d}y=f'(x_0)\mathrm{d}x$ 表示 $y=f(x)$ 所对应的曲线在点 $M(x_0,f(x_0))$ 处切线 MT 的纵坐标相应于 Δx 的改变量 PQ（图 2.2），因此 $\mathrm{d}y=\tan\alpha\Delta x$.

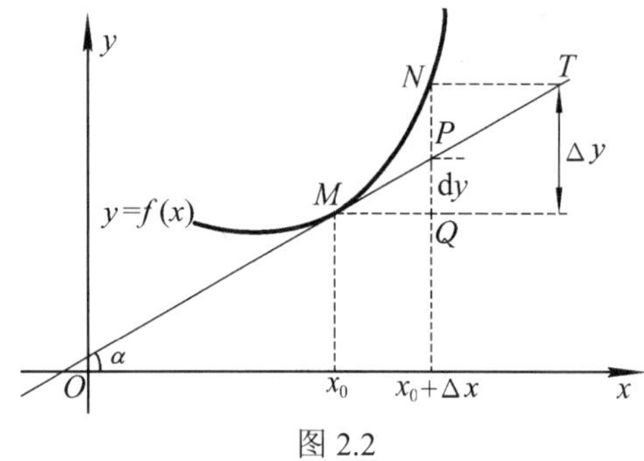

图 2.2

二、微分的运算公式

1. 函数四则运算的微分

设 $u=u(x),v=v(x)$ 在点 x 处均可微，则有

$$\mathrm{d}(Cu)=C\mathrm{d}u\ (C\text{ 为常数}),$$
$$\mathrm{d}(u+v)=\mathrm{d}u+\mathrm{d}v,$$
$$\mathrm{d}(uv)=u\mathrm{d}v+v\mathrm{d}u,$$
$$\mathrm{d}\left(\frac{u}{v}\right)=\frac{v\mathrm{d}u-u\mathrm{d}v}{v^2}, v\neq 0.$$

这些公式由微分的定义及相应的求导公式可证.

2. 复合函数的微分

若 $y=f(u)$ 及 $u=\varphi(x)$ 均可导，则复合函数 $y=f\left(\varphi(x)\right)$ 对 x 的微分为

$$\mathrm{d}y=f'(u)\varphi'(x)\mathrm{d}x. \tag{2.9}$$

注意 $\mathrm{d}u=\varphi'(x)\mathrm{d}x$，则函数 $y=f(u)$ 对 u 的微分为

$$\mathrm{d}y=f'(u)\mathrm{d}u. \tag{2.10}$$

对比式（2.8）与式（2.10）可知，无论 u 是自变量还是中间变量，微分形式 $\mathrm{d}y=f'(u)\mathrm{d}u$ 保持不变. 此性质称为一阶微分的形式不变性. 由此性质，可以把导数记号 $\frac{\mathrm{d}y}{\mathrm{d}x}$，$\frac{\mathrm{d}y}{\mathrm{d}u}$ 理解为两个变量的微分之商，因此导数有时也称为微商. 用微商来理解复合函数的导数及求复合函数的导数方便些.

例 2.30　设 $y=\sqrt{a^2+x^2}$，利用微分形式不变性求 $\mathrm{d}y$.

解　记 $u=a^2+x^2$，则 $y=\sqrt{u}$，于是

$$\mathrm{d}y=y'_u\mathrm{d}u=\frac{1}{2\sqrt{u}}\mathrm{d}u.$$

又

$$\mathrm{d}u=u'\mathrm{d}x=2x\mathrm{d}x,$$

故

$$\mathrm{d}y=\frac{1}{2\sqrt{a^2+x^2}}2x\mathrm{d}x=\frac{x}{\sqrt{a^2+x^2}}\mathrm{d}x.$$

由基本初等函数的导数公式可以得到对应的微分公式，为便于对照，列表 2.1 如下.

表 2.1

导数公式	微分公式
$(C)'=0$	$\mathrm{d}(C)=0$
$(x^\mu)'=\mu\cdot x^{\mu-1}$	$\mathrm{d}(x^\mu)=\mu\cdot x^{\mu-1}\mathrm{d}x$
$(a^x)'=a^x\ln a$	$\mathrm{d}(a^x)=a^x\ln a\mathrm{d}x$
$(\mathrm{e}^x)'=\mathrm{e}^x$	$\mathrm{d}(a^x)=a^x\ln a\mathrm{d}x$
$(\log_a x)'=\frac{1}{x\ln a}$	$\mathrm{d}(\log_a x)=\frac{1}{x\ln a}\mathrm{d}x$
$(\ln x)'=\frac{1}{x}$	$\mathrm{d}(\ln x)=\frac{1}{x}\mathrm{d}x$
$(\sin x)'=\cos x$	$\mathrm{d}(\sin x)=\cos x\mathrm{d}x$
$(\cos x)'=-\sin x$	$\mathrm{d}(\cos x)=-\sin x\mathrm{d}x$
$(\tan x)'=\sec^2 x$	$\mathrm{d}(\tan x)=\sec^2 x\mathrm{d}x$
$(\cot x)'=-\csc^2 x$	$\mathrm{d}(\cot x)=-\csc^2 x\mathrm{d}x$
$(\sec x)'=\sec x\tan x$	$\mathrm{d}(\sec x)=\sec x\tan x\mathrm{d}x$
$(\csc x)'=-\csc x\cot x$	$\mathrm{d}(\csc x)=-\csc x\cot x\mathrm{d}x$
$(\arcsin x)'=\frac{1}{\sqrt{1-x^2}}$	$\mathrm{d}(\arcsin x)=\frac{1}{\sqrt{1-x^2}}\mathrm{d}x$
$(\arccos x)'=-\frac{1}{\sqrt{1-x^2}}$	$\mathrm{d}(\arccos x)=-\frac{1}{\sqrt{1-x^2}}\mathrm{d}x$
$(\arctan x)'=\frac{1}{1+x^2}$	$\mathrm{d}(\arctan x)=\frac{1}{1+x^2}\mathrm{d}x$
$(\mathrm{arccot}\,x)'=-\frac{1}{1+x^2}$	$\mathrm{d}(\mathrm{arccot}\,x)=-\frac{1}{1+x^2}\mathrm{d}x$

第四节　高阶导数

一、高阶导数的概念

若函数 $y=f(x)$ 在 $U(x)$ 内可导，其导函数为 $f'(x)$，且极限

$$\lim_{\Delta x\to 0}\frac{f'(x+\Delta x)-f'(x)}{\Delta x}$$

存在，则称该极限值为函数 $f(x)$ 在点 x 处的二阶导数，记作

$$f''(x) \text{ 或 } \frac{\mathrm{d}^2 y}{\mathrm{d}x^2} \text{ 或 } y''.$$

函数 $y=f(x)$ 的二阶导数 $f''(x)$ 仍是 x 的函数，如果它可导，则 $f''(x)$ 的导数称为原函数 $f(x)$ 的三阶导数，记作

$$f'''(x) \text{ 或 } \frac{\mathrm{d}^3 y}{\mathrm{d}x^3} \text{ 或 } y'''.$$

一般地，函数 $y=f(x)$ 的 $n-1$ 阶导数仍是 x 的函数，如果它可导，则它的导数称为原来函数 $f(x)$ 的 n 阶导数，记作

$$f^{(n)}(x) \text{ 或 } \frac{\mathrm{d}^n y}{\mathrm{d}x^n} \text{ 或 } y^{(n)}.$$

通常四阶和四阶以上的导数都采用这套记号．一阶、二阶和三阶导数则采用 y'，y''，y''' 的记号．

由以上叙述可知，求一个函数的高阶导数，原则上是没有什么困难的，只需运用求一阶导数的法则按下列公式计算

$$y^{(n)}=(y^{(n-1)})' \quad (n=1,2,\cdots)$$

或写成

$$\frac{\mathrm{d}^n y}{\mathrm{d}x^n}=\frac{\mathrm{d}}{\mathrm{d}x}\left(\frac{\mathrm{d}^{n-1} y}{\mathrm{d}x^{n-1}}\right), \qquad f^{(n)}(x)=(f^{(n-1)}(x))'.$$

二、高阶导数举例

例 2.31　设 $y=x^n$，n 为正整数，求它的各阶导数．

解

$$\begin{aligned}
y'&=(x^n)'=nx^{n-1},\\
y''&=(nx^{n-1})'=n(n-1)x^{n-2},\\
&\cdots\cdots\\
y^{(k)}&=n(n-1)\cdots(n-k+1)x^{n-k},\\
&\cdots\cdots\\
y^{(n)}&=n\times(n-1)\times\cdots\times 3\times 2\times 1=n!,\\
y^{(n+1)}&=(y^{(n)})'=(n!)'=0.
\end{aligned}$$

显然，$y=x^n$ 的 $n+1$ 阶以上的各阶导数均为 0.

例 2.32　设 $y=\sin x$，求它的 n 阶导数 $y^{(n)}$.

解

$$y'=\cos x=\sin\left(x+\frac{\pi}{2}\right),$$

$$y''=(y')'=\cos\left(x+\frac{\pi}{2}\right)=\sin\left(x+2\times\frac{\pi}{2}\right),$$

设

$$y^{(k)}=\sin\left(x+k\frac{\pi}{2}\right),$$

则

$$y^{(k+1)}=(y^{(k)})'=\cos\left(x+k\frac{\pi}{2}\right)=\sin\left(x+(k+1)\frac{\pi}{2}\right).$$

由数学归纳法，知

$$(\sin x)^{(n)}=\sin\left(x+\frac{n}{2}\pi\right)\quad(n=1,2,\cdots)$$

由此式可得到 $y=\cos x$ 的高阶导数公式：

$$(\cos x)^{(n)}=(-\sin x)^{(n-1)}=-\sin\left(x+\frac{n-1}{2}\pi\right)=\cos\left(x+\frac{n}{2}\pi\right),$$

即

$$(\cos x)^{(n)}=\cos\left(x+\frac{n}{2}\pi\right)\quad(n=1,2,\cdots)$$

例 2.33　设 $y=\dfrac{1}{1+x}$，求 $y^{(n)}$.

解

$$y'=\left(\frac{1}{1+x}\right)'=-\frac{1}{(1+x)^2},$$

$$y''=(y')'=\left(-\frac{1}{(1+x)^2}\right)'=\frac{2}{(1+x)^3},$$

$$y'''=(y'')'=\left(\frac{2}{(1+x)^3}\right)'=-\frac{3!}{(1+x)^4},$$

由数学归纳法得

$$\left(\frac{1}{1+x}\right)^{(n)}=(-1)^n\frac{n!}{(1+x)^{n+1}}\quad(n=1,2,\cdots)$$

由此可见

$$\left(\ln(1+x)\right)^{(n)}=\left(\frac{1}{1+x}\right)^{(n-1)}=(-1)^{n-1}\frac{(n-1)!}{(1+x)^n}\quad(n=1,2,\cdots)$$

例 2.34　设 $y=a^x(a>0)$，求 $y^{(n)}$.

解

$$y'=(a^x)'=a^x\ln a,$$

$$y''=(a^x\ln a)'=a^x\ln^2 a.$$

设 $y^{(k)}=a^x\ln^k a$，则

$$y^{(k+1)}=(a^x\ln^k a)'=a^x\ln^{k+1} a.$$

故

$$(a^x)^{(n)}=a^x\ln^n a\quad (n=1,2,\cdots)$$

特别地，有

$$(\mathrm{e}^x)^{(n)}=\mathrm{e}^x\quad (n=1,2,\cdots)$$

习 题 二

1. 设 $s=\dfrac{1}{2}gt^2$，求 $\dfrac{\mathrm{d}s}{\mathrm{d}t}\Big|_{t=2}$.

2.（1）设 $f(x)=\dfrac{1}{x}$，求 $f'(x_0)(x_0\neq 0)$；

（2）设 $f(x)=x(x-1)(x-2)\cdots(x-10)$，求 $f'(0)$.

3. 试求过点 $(3,8)$ 且与曲线 $y=x^2$ 相切的直线方程.

4. 求下列函数的导数：

（1）$y=x\sqrt{x}$；（2）$y=\ln\sqrt{x}$.

5. 求下列函数在 x_0 处的左、右导数，从而证明函数在 x_0 处不可导：

（1）$y=\begin{cases}\sin x, & x\geqslant 0,\\ x^3, & x<0,\end{cases}$ $x_0=0$；（2）$y=\begin{cases}\dfrac{x}{1+\mathrm{e}^{\frac{1}{x}}}, & x\neq 0,\\ 0, & x=0,\end{cases}$ $x_0=0$；

（3）$y=\begin{cases}\sqrt{x}, & x\geqslant 1,\\ x^2, & x<1,\end{cases}$ $x_0=1$.

6. 已知 $y=\begin{cases}\sin x, & x<0,\\ x, & x\geqslant 0,\end{cases}$ 求 $f'(x)$.

7. 设函数

$$y=\begin{cases}x^2, & x\leqslant 1,\\ ax+b, & x>1,\end{cases}$$

为了使函数 $f(x)$ 在 $x=1$ 点处可导，a,b 应取什么值？

8. 证明：双曲线 $xy=a^2$ 上任一点处的切线与两坐标轴构成的三角形的面积都等于 $2a^2$.

9. 求下列函数的导数：

（1）$s=\ln t^3+\sin\dfrac{\pi}{3}$；（2）$y=\sqrt{x}\ln x$；

（3）$y = x^2 \sin x$；（4）$y = x\mathrm{e}^x$；

（5）$y = \dfrac{\ln x}{x}$；（6）$y = \mathrm{e}^x \sin x$；

（7）$y = x\arcsin x$；（8）$y = \dfrac{1}{1+x+x^2}$.

10. 求下列函数在给定点处的导数：

（1）$y = x\sin x + \dfrac{1}{2}\cos x$，求 $\left.\dfrac{\mathrm{d}y}{\mathrm{d}x}\right|_{x=\frac{\pi}{4}}$；（2）$f(x) = \dfrac{3}{5-x} + \dfrac{x^2}{5}$，求 $f'(0), f'(2)$.

11. 求下列函数的导数：

（1）$y = \sin \mathrm{e}^x$；（2）$y = \arctan x^2$；

（3）$y = \mathrm{e}^{\sqrt{2x+1}}$；（4）$y = (1+x^2)\ln(x+\sqrt{1+x^2})$；

（5）$y = x^2 \sin\dfrac{1}{x}$；（6）$y = \cos^2 ax^3$（a 为常数）；

（7）$y = \arccos\dfrac{1}{x}$；（8）$y = \left(\arcsin\dfrac{x}{2}\right)^2$；

12. $y = \arccos\dfrac{x-3}{3} - 2\sqrt{\dfrac{6-x}{x}}$，求 $y'|_{x=3}$.

13. 试求曲线 $y = \mathrm{e}^{-x}\sqrt[3]{x+1}$ 在点 $(0,1)$ 及点 $(-1,0)$ 处的切线方程和法线方程.

14. 设 $f(x)$ 可导，求下列函数 y 的导数 $\dfrac{\mathrm{d}y}{\mathrm{d}x}$：

（1）$y = f(x^2)$；（2）$y = f(\sin^2 x) + f^2(x)$.

15. 求下列隐函数的导数：

（1）$x^3 + y^3 - 3axy = 0$；（2）$x = y\ln(xy)$；

（3）$x\mathrm{e}^y + y\mathrm{e}^x = 10$.

16. 用对数求导法求下列函数的导数：

（1）$y = \dfrac{\sqrt{x+2}(3-x)^4}{(x+1)^5}$；（2）$y = (\sin x)^{\cos x}$.

17. 求下列参数方程所确定的函数的导数 $\dfrac{\mathrm{d}y}{\mathrm{d}x}$：

（1）$\begin{cases} x = a\cos bt + b\sin at, \\ y = a\sin bt - b\cos at, \end{cases}$（$a,b$ 为常数）；（2）$\begin{cases} x = \theta(1-\sin\theta), \\ y = \theta\cos\theta. \end{cases}$

18. 已知 $\begin{cases} x = \mathrm{e}^t \sin t, \\ y = \mathrm{e}^t \cos t, \end{cases}$ 求当 $t = \dfrac{\pi}{3}$ 时 $\dfrac{\mathrm{d}y}{\mathrm{d}x}$ 的值.

19. 设 $f(x) = |x-a|\varphi(x)$，其中 a 为常数，$\varphi(x)$ 为连续函数，讨论 $f(x)$ 在 $x = a$ 处的可导性.

20. 若 $f\left(\dfrac{1}{x}\right) = \mathrm{e}^{x+\frac{1}{x}}$，求 $f'(x)$.

21. 若 $f'\left(\frac{\pi}{3}\right), y=f\left(\arccos\frac{1}{x}\right)$，求 $\frac{\mathrm{d}y}{\mathrm{d}x}\Big|_{x=2}$.

22. 求函数 $y=\frac{1}{2}\ln\frac{1+x}{1-x}$ 的反函数 $x=\varphi(y)$ 的导数.

23. 已知函数 $y=f(x)$ 的导数 $f'(x)=\frac{2x+1}{(1+x+x^2)^2}$，且 $f(-1)=1$，求 $y=f(x)$ 的反函数 $x=\varphi(y)$ 的导数 $\varphi'(1)$.

24. 在括号内填入适当的函数，使等式成立：

（1）$\mathrm{d}(\quad)=\cos t\mathrm{d}t$；　　（2）$\mathrm{d}(\quad)=\sin wx\mathrm{d}x$；

（3）$\mathrm{d}(\quad)=\frac{1}{1+x}\mathrm{d}x$；　　（4）$\mathrm{d}(\quad)=\mathrm{e}^{-2x}\mathrm{d}x$；

（5）$\mathrm{d}(\quad)=\frac{1}{\sqrt{x}}\mathrm{d}x$；　　（6）$\mathrm{d}(\quad)=\sec^2 3x\mathrm{d}x$；

（7）$\mathrm{d}(\quad)=\frac{\ln x}{x}\mathrm{d}x$；　　（8）$\mathrm{d}(\quad)=\frac{x}{\sqrt{1-x^2}}\mathrm{d}x$.

25. 根据下面所给的值，求函数 $y=x^2+1$ 的 $\Delta y,\mathrm{d}y$ 及 $\Delta y-\mathrm{d}y$：

（1）当 $x=1, \Delta x=0.1$ 时；

（2）当 $x=1, \Delta x=0.01$ 时.

26. 求下列函数的微分：

（1）$y=x\mathrm{e}^{-x}$；　　（2）$y=\frac{\ln x}{x}$；

（3）$y=\cos\sqrt{x}$；　　（4）$y=5^{\ln\tan x}$；

（5）$y=8x^x-6\mathrm{e}^{2x}$；　　（6）$y=\sqrt{\arcsin x}+(\arctan x)^2$.

27. 求由下列方程确定的隐函数 $y=y(x)$ 的微分 $\mathrm{d}y$：

（1）$y=1+x\mathrm{e}^y$；　　（2）$\frac{x^2}{a^2}+\frac{y^2}{b^2}=1$；

（3）$y=x+\frac{1}{2}\sin y$；　　（4）$y^2-x=\arccos y$.

28. 求自由落体运动 $s(t)=\frac{1}{2}gt^2$ 的加速度.

29. 求 n 次多项式 $y=a_0x^n+a_1x^{n-1}+\cdots+a_{n-1}x+a_n$ 的 n 阶导数.

30. 设 $f(x)=\ln(1+x^2)$，求 $f'(x), f''(x)$.

31. 验证函数 $y=\mathrm{e}^x\sin x$ 满足关系式 $y''-2y'+2y=0$.

32. 下列函数的高阶导数：

（1）$y=\mathrm{e}^x\sin x$，求 $y^{(4)}$；　　（2）$y=x^2\mathrm{e}^{2x}$，求 $y^{(6)}$；

（3）设 $y=x^2\sin x$，求 $y^{(80)}$.

33. 已知 $f''(x)$ 存在，求 $\dfrac{\mathrm{d}^2y}{\mathrm{d}x^2}$：

（1） $y=f(x^2)$；　　（2） $y=\ln f(x)$.

34. 下列函数在指定点的高阶导数：

（1） $f(x)=\dfrac{x}{\sqrt{1+x^2}}$，求 $f''(0)$；　　（2） $f(x)=\mathrm{e}^{2x-1}$，求 $f''(0),f'''(0)$；

（3） $f(x)=(x+10)^6$，求 $f^{(5)}(0),f^{(6)}(0)$.

35. 设 $\lim\limits_{x\to1}\dfrac{x^2+mx+n}{x-1}=5$，求常数 m,n 的值.

第三章 一元函数微分学的应用

本章将以导数为工具来研究函数及曲线的某些性态，如单调性、极值等. 此外简单介绍导数在经济学中的应用.

第一节 微分中值定理

本节介绍微分学中几个重要的中值定理，它们是导数应用的理论基础.

定理 3.1 ［罗尔（Rolle）中值定理］若 $f(x)$ 在 $[a,b]$ 上连续，在 (a,b) 内可导，且 $f(a)=f(b)$，则 $\exists\xi\in(a,b)$ 使得 $f'(\xi)=0$.

证 由 $f(x)$ 在 $[a,b]$ 上连续知 $f(x)$ 在 $[a,b]$ 上必取得最大值 M 与最小值 m.

若 $M>m$，则 M 与 m 中至少有一个不等于 $f(x)$ 在区间端点的值. 不妨设 $M\neq f(a)$. 由罗尔中值定理，$\exists\xi\in(a,b)$ 使 $f(\xi)=M$. 又

$$f'_+(\xi)=\lim_{\Delta x\to 0^+}\frac{f(\xi+\Delta x)-f(\xi)}{\Delta x}\leqslant 0,$$

$$f'_-(\xi)=\lim_{\Delta x\to 0^-}\frac{f(\xi+\Delta x)-f(\xi)}{\Delta x}\geqslant 0,$$

故

$$f'(\xi)=0.$$

若 $M=m$，则 $f(x)$ 在 $[a,b]$ 上为常数，故 (a,b) 内任一点都可成为 ξ，使

$$f'(\xi)=0.$$

罗尔中值定理的几何意义：若 $y=f(x)$ 满足定理的条件，则其图象在 $[a,b]$ 上对应的曲线弧 AB 上一定存在一点具有水平切线，如图 3.1 所示.

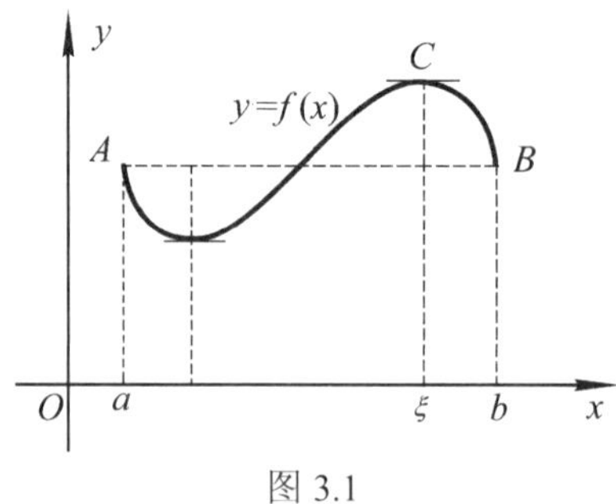

图 3.1

定理 3.2 ［拉格朗日（Lagrange）中值定理］若 $f(x)$ 在 $[a,b]$ 上连续，在 (a,b) 内可导，则 $\exists\xi\in(a,b)$ 使得

$$f(b)-f(a)=f'(\xi)(b-a)\,. \tag{3.1}$$

证　考虑辅助函数$\varphi(x)=f(x)-\lambda x$（其中$\lambda$待定），为了使$\varphi(x)$满足定理 3.1 的条件，令$\varphi(a)=\varphi(b)$得

$$\lambda=\frac{f(b)-f(a)}{b-a},$$

即

$$\varphi(x)=f(x)-\frac{f(b)-f(a)}{b-a}x\,.$$

于是由定理 3.1，$\exists\xi\in(a,b)$使$\varphi'(x)=0$，即

$$f(b)-f(a)=f'(\xi)(b-a)\,.$$

如图 3.2 所示，连接曲线弧$\overparen{AB}$两端的弦$\overline{AB}$，其斜率为$\dfrac{f(b)-f(a)}{b-a}$. 定理的几何意义：满足定理条件的曲线弧$\overparen{AB}$上一定存在一点具有平行于弦$\overline{AB}$的切线.

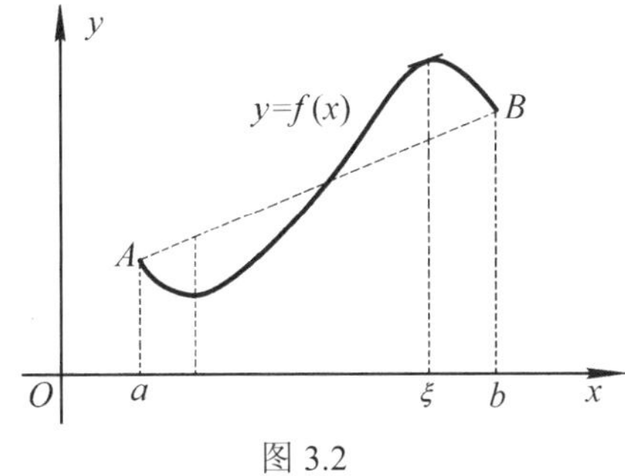

图 3.2

显然，罗尔中值定理是拉格朗日中值定理的特殊情形.

式（3.1）称为拉格朗日中值公式，显然，当$b<a$时，式（3.1）也成立.

设x和$x+\Delta x$是(a,b)内的两点，其中Δx可正可负，于是在以x及$x+\Delta x$为端点的闭区间上有

$$f(x+\Delta x)-f(x)=f'(\xi)\Delta x\,,$$

其中：ξ为x与$x+\Delta x$之间的某值，记$\xi=x+\theta\Delta x, 0<\theta<1$，则

$$f(x+\Delta x)-f(x)=f'(x+\theta\Delta x)\Delta x \quad (0<\theta<1)\,. \tag{3.2}$$

式（3.2）称为**有限增量公式**.

推论 3.1　若函数$f(x)$在区间I上的导数恒为零，则$f(x)$在区间I上为一常数.

证　对$\forall x_1,x_2\in I$，且$x_1<x_2$，在$[x_1,x_2]$上应用定理 3.2，得

$$f(x_2)-f(x_1)=f'(\xi)(x_2-x_1)\,,\ \xi\in(x_1,x_2)\,.$$

由于$f'(\xi)=0$，故$f(x_1)=f(x_2)$. 由x_1,x_2的任意性可知，函数$f(x)$在区间I上为一常数.

在第二章第一节知道“常数的导数为零”，推论 3.1 就是其逆命题. 由推论 3.1 立即可得以下结论.

推论 3.2　若$\forall x\in I, f'(x)=g'(x)$，则在区间$I$上$f(x)=g(x)+C$（$C$为常数）.

例 3.1　求证$\arcsin x+\arccos x=\dfrac{\pi}{2}, x\in[-1,1]$.

证　令 $f(x)=\arcsin x+\arccos x$，则

$$f'(x)=\frac{1}{\sqrt{1-x^2}}-\frac{1}{\sqrt{1-x^2}}=0,\quad x\in(-1,1).$$

由推论 3.1 得 $f(x)=C$，$x\in(-1,1)$. 又因 $f(0)=\frac{\pi}{2},f(\pm1)=\frac{\pi}{2}$. 故

$$f(x)=\arcsin x+\arccos x=\frac{\pi}{2},\quad x\in[-1,1].$$

例 3.2　证明：不等式 $\arctan x_2-\arctan x_1\leqslant x_2-x_1\ (x_1<x_2)$.

证　设 $f(x)=\arctan x$，在 $[x_1,x_2]$ 上利用拉格朗日中值定理，得

$$\arctan x_2-\arctan x_1=\frac{1}{1+\xi^2}(x_2-x_1)\quad(x_1<\xi<x_2).$$

因为 $\frac{1}{1+\xi^2}\leqslant 1$，所以

$$\arctan x_2-\arctan x_1\leqslant x_2-x_1\quad(x_1<x_2).$$

例 3.3　设函数 $f(x)=x(x-2)(x-4)(x-6)$，说明方程 $f'(x)=0$ 在 $(-\infty,+\infty)$ 内有几个实根，并指出它们所属区间.

解　因为 $f'(x)$ 是三次多项式，所以方程 $f'(x)=0$ 在 $(-\infty,+\infty)$ 内最多有 3 个实根.

又因 $f(0)=f(2)=f(4)=f(6)=0$，$f(x)$ 在区间 $[0,2],[2,4],[4,6]$ 上满足罗尔中值定理的条件.故 $\xi_1\in(0,2),\xi_2\in(2,4),\xi_3\in(4,6)$，使 $f'(\xi_1)=0,f'(\xi_2)=0,f'(\xi_3)=0$. 即方程 $f'(x)=0$ 在 $(-\infty,+\infty)$ 内有 3 个实根，分别属于区间 $(0,2),(2,4),(4,6)$.

例 3.4　若 $f(x)>0$ 在 $[a,b]$ 上连续，在 (a,b) 内可导，则 $\exists\xi\in(a,b)$，使得

$$\ln\frac{f(b)}{f(a)}=\frac{f'(\xi)}{f(\xi)}(b-a).$$

证　原式即

$$\ln f(b)-\ln f(a)=\frac{f'(\xi)}{f(\xi)}(b-a).$$

令 $\varphi(x)=\ln f(x)$，有 $\varphi'(x)=\frac{f'(x)}{f(x)}$.

显然 $\varphi(x)$ 在 $[a,b]$ 上满足拉格朗日中值定理的条件，在 $[a,b]$ 上应用定理可得所证.

定理 3.3　[柯西（Cauchy）中值定理]若函数 $f(x)$ 与 $g(x)$ 在 $[a,b]$ 上连续，在 (a,b) 内可导，且 $g'(x)\neq 0$，则 $\exists\xi\in(a,b)$ 使得

$$\frac{f(b)-f(a)}{g(b)-g(a)}=\frac{f'(\xi)}{g'(\xi)}.$$

证略.

显而易见，若取 $g(x)\equiv x$，则定理 3.3 成为定理 3.2，因此定理 3.3 是定理 3.1、定理 3.2 的推广，它是这三个中值定理中最一般的形式.

例 3.5　设函数 $f(x)$ 在 $[x_1,x_2]$ 上连续，在 (x_1,x_2) 内可导，且 $x_1x_2>0$，证明：在 (x_1,x_2) 内至少有一点 ξ，使得

$$\frac{x_1 f(x_2)-x_2 f(x_1)}{x_1-x_2}=f(\xi)-\xi f'(\xi).$$

证　原式可写成

$$\frac{\dfrac{f(x_2)}{x_2}-\dfrac{f(x_1)}{x_1}}{\dfrac{1}{x_2}-\dfrac{1}{x_1}}=f(\xi)-\xi f'(\xi).$$

令 $\varphi(x)=\dfrac{f(x)}{x},\psi(x)=\dfrac{1}{x}$，它们在 $[x_1,x_2]$ 上满足柯西中值定理的条件，且有

$$\frac{\varphi'(x)}{\psi'(x)}=f(x)-xf'(x).$$

应用柯西中值定理即得所证.

第二节　洛必达法则

由第二章我们知道在某一极限过程中，$f(x)$ 和 $g(x)$ 都是无穷小或都是无穷大时，$\dfrac{f(x)}{g(x)}$ 的极限可能存在，也可能不存在. 通常称这种极限为不定式（或待定型），并分别简记作 $\dfrac{0}{0}$ 或 $\dfrac{\infty}{\infty}$.

洛必达（L′Hospital）法则是处理不定式极限的重要工具，是计算 $\dfrac{0}{0}$ 型、$\dfrac{\infty}{\infty}$ 型极限的简单而有效的法则. 该法则的理论依据是柯西中值定理.

一、$\dfrac{0}{0}$ 型不定式的极限

定理 3.4　设 $f(x)$ 和 $g(x)$ 满足:

（1）$\lim\limits_{x\to x_0} f(x)=0,\lim\limits_{x\to x_0} g(x)=0$；

（2）在 $\overset{\circ}{U}(x_0)$ 内可导，且 $g'(x)\neq 0$；

（3）$\lim\limits_{x\to x_0}\dfrac{f'(x)}{g'(x)}$ 存在（或为 ∞），

则

$$\lim_{x\to x_0}\frac{f(x)}{g(x)}=\lim_{x\to x_0}\frac{f'(x)}{g'(x)}.$$

证　由于极限 $\lim\limits_{x\to x_0}\dfrac{f(x)}{g(x)}$ 与 $f(x)$ 和 $g(x)$ 在 $x=x_0$ 处有无定义没有关系，不妨设 $f(x_0)=g(x_0)=0$. 这样，由条件（1）、条件（2）知 $f(x)$ 和 $g(x)$ 在 $U(x_0)$ 连续. 设 $x\in U(x_0)$，则在 $[x,x_0]$ 或 $[x_0,x]$ 上，柯西中值定理的条件得到满足，于是有

$$\frac{f(x)}{g(x)}=\frac{f(x)-f(x_0)}{g(x)-g(x_0)}=\frac{f'(\xi)}{g'(\xi)},$$

其中：ξ 介于 x 与 x_0 之间. 故当 $x\to x_0$ 时，有 $\xi\to x_0$，上式两端取极限，再由条件（3）得到

$$\lim_{x\to x_0}\frac{f(x)}{g(x)}=\lim_{\xi\to x_0}\frac{f'(\xi)}{g'(\xi)}=\lim_{x\to x_0}\frac{f'(x)}{g'(x)}.$$

这种在一定条件下通过分子分母分别求导再求极限来确定不定式的值的方法称为洛必达法则.

注　对于当 $x\to\infty$ 时的 $\frac{0}{0}$ 型不定式，洛必达法则也成立.

推论 3.3　$f(x)$ 和 $g(x)$ 满足：

（1）$\lim\limits_{x\to\infty}f(x)=0,\lim\limits_{x\to\infty}g(x)=0$；

（2）当 $|x|>X$ 时可导，且 $g'(x)\neq 0$；

（3）$\lim\limits_{x\to\infty}\frac{f'(x)}{g'(x)}$ 存在（或为 ∞），

则

$$\lim_{x\to\infty}\frac{f(x)}{g(x)}=\lim_{x\to\infty}\frac{f'(x)}{g'(x)}.$$

证　令 $t=\frac{1}{x}$，则 $x\to\infty$ 时 $t\to 0$，从而

$$\lim_{t\to 0}f\left(\frac{1}{t}\right)=\lim_{x\to\infty}f(x)=0,\quad \lim_{x\to\infty}g\left(\frac{1}{t}\right)=\lim_{x\to\infty}g(x)=0.$$

由定理 3.4，得

$$\lim_{x\to\infty}\frac{f(x)}{g(x)}=\lim_{t\to 0}\frac{f\left(\frac{1}{t}\right)}{g\left(\frac{1}{t}\right)}=\lim_{t\to 0}\frac{f'\left(\frac{1}{t}\right)\left(-\frac{1}{t^2}\right)}{g'\left(\frac{1}{t}\right)\left(-\frac{1}{t^2}\right)}=\lim_{x\to\infty}\frac{f'(x)}{g'(x)}.$$

显然，若 $\lim\limits_{x\to\infty}\frac{f'(x)}{g'(x)}$ 仍为 $\frac{0}{0}$ 型不定式，且 $f'(x),g'(x)$ 满足定理条件，则可继续使用洛必达法则而得到

$$\lim_{x\to\infty}\frac{f(x)}{g(x)}=\lim_{x\to\infty}\frac{f'(x)}{g'(x)}=\lim_{x\to\infty}\frac{f''(x)}{g''(x)},$$

且可依此类推.

例 3.6　求 $\lim\limits_{x\to 2}\frac{x^3-12x+16}{x^3-2x^2-4x+8}$.

解

$$\begin{aligned}\lim_{x\to 2}\frac{x^3-12x+16}{x^3-2x^2-4x+8}&=\lim_{x\to 2}\frac{3x^2-12}{3x^2-4x-4}\\&=\lim_{x\to 2}\frac{6x}{6x-4}\\&=\frac{3}{2}.\end{aligned}$$

例 3.7 求 $\lim\limits_{x\to+\infty}\dfrac{\dfrac{\pi}{2}-\arctan x}{\dfrac{1}{x}}$.

解

$$\lim_{x\to+\infty}\frac{\dfrac{\pi}{2}-\arctan x}{\dfrac{1}{x}}=\lim_{x\to+\infty}\frac{-\dfrac{1}{1+x^2}}{-\dfrac{1}{x^2}}=\lim_{x\to+\infty}\frac{x^2}{1+x^2}=1.$$

二、$\dfrac{\infty}{\infty}$型不定式的极限

定理 3.5 设 $f(x),g(x)$ 满足：

（1）$\lim\limits_{x\to x_0}f(x)=\infty,\lim\limits_{x\to x_0}g(x)=\infty$；

（2）在 $\mathring{U}(x_0)$ 内可导，且 $g'(x)\neq 0$；

（3）$\lim\limits_{x\to x_0}\dfrac{f'(x)}{g'(x)}$ 存在（或为 ∞），

则

$$\lim_{x\to x_0}\frac{f(x)}{g(x)}=\lim_{x\to x_0}\frac{f'(x)}{g'(x)}.$$

证略.

推论 3.4 若 $f(x),g(x)$ 满足：

（1）$\lim\limits_{x\to\infty}f(x)=\infty,\lim\limits_{x\to\infty}g(x)=\infty$；

（2）当 $|x|>X$ 时可导，且 $g'(x)\neq 0$；

（3）$\lim\limits_{x\to\infty}\dfrac{f'(x)}{g'(x)}$ 存在（或为 ∞），

则

$$\lim_{x\to\infty}\frac{f(x)}{g(x)}=\lim_{x\to\infty}\frac{f'(x)}{g'(x)}.$$

例 3.8 求 $\lim\limits_{x\to+\infty}\dfrac{\ln x}{x^a}\ (a>0)$.

解

$$\lim_{x\to+\infty}\frac{\ln x}{x^a}=\lim_{x\to+\infty}\frac{\dfrac{1}{x}}{ax^{a-1}}=\lim_{x\to+\infty}\frac{1}{ax^a}=0.$$

例 3.9 求 $\lim\limits_{x\to+\infty}\dfrac{x^n}{e^x}$.

解

$$\lim_{x\to+\infty}\frac{x^n}{e^x}=\lim_{x\to+\infty}\frac{nx^{n-1}}{e^x}.$$

其中：右端仍是 $\dfrac{\infty}{\infty}$ 型不定式，这时继续使用洛必达法则直到第 n 次有

$$\lim_{x\to+\infty}\frac{x^n}{e^x}=\lim_{x\to+\infty}\frac{nx^{n-1}}{e^x}=\cdots$$

$$\overset{n次}{=\!=}\lim_{x\to+\infty}\frac{n(n-1)\cdots(n-n+1)x^{n-n}}{e^x}=\lim_{x\to+\infty}\frac{n!}{e^x}=0.$$

故

$$\lim_{x\to+\infty}\frac{x^n}{e^x}=0.$$

例 3.10　求 $\lim\limits_{x\to\frac{\pi}{2}}\dfrac{\tan x}{\tan 3x}$.

解

$$\lim_{x\to\frac{\pi}{2}}\frac{\tan x}{\tan 3x}=\lim_{x\to\frac{\pi}{2}}\frac{\frac{1}{\cos^2 x}}{\frac{3}{\cos^2 3x}}=\lim_{x\to\frac{\pi}{2}}\frac{\cos^2 3x}{3\cos^2 x}$$

$$=\lim_{x\to\frac{\pi}{2}}\frac{-6\cos 3x\sin 3x}{-6\cos x\sin x}=\lim_{x\to\frac{\pi}{2}}\frac{\sin 6x}{\sin 2x}$$

$$=\lim_{x\to\frac{\pi}{2}}\frac{6\cos 6x}{2\cos 2x}=\frac{-6}{-2}=3.$$

使用洛必达法则时要注意验证定理条件，不可妄用，否则会导致错误结果. 例如，在例 3.6 中，$\lim\limits_{x\to2}\dfrac{6x}{6x-4}$ 已不是不定式，故不能再使用洛必达法则. 另外，由于本节定理是求不定式的一种方法，当定理条件成立时，所求极限存在（或为 ∞），但当定理条件不成立时，所求极限也可能存在，例如：

$$\lim_{x\to\infty}\frac{x+\sin x}{x-\sin x}=\lim_{x\to\infty}\frac{1+\frac{\sin x}{x}}{1-\frac{\sin x}{x}}=1,$$

但

$$\lim_{x\to\infty}\frac{(x+\sin x)'}{(x-\sin x)'}=\lim_{x\to\infty}\frac{1+\cos x}{1-\cos x}\text{ 不存在.}$$

三、其他不定式的极限

对于函数极限的其他一些不定式，例如 $0\cdot\infty$，$\infty-\infty$，0^0，1^∞ 和 ∞^0 型等，处理它们的总原则是设法将其转换为 $\dfrac{0}{0}$ 型或 $\dfrac{\infty}{\infty}$ 型，再应用洛必达法则.

例 3.11　求 $\lim\limits_{x\to0^+}x\ln x$.

解　$\lim\limits_{x\to0^+}x\ln x=\lim\limits_{x\to0^+}\dfrac{\ln x}{x^{-1}}=\lim\limits_{x\to0^+}\dfrac{\frac{1}{x}}{-x^{-2}}=-\lim\limits_{x\to0^+}x=0$.

例 3.12　求 $\lim\limits_{x\to\frac{\pi}{2}}(\sec x-\tan x)$.

解　$\lim\limits_{x\to\frac{\pi}{2}}(\sec x-\tan x)=\lim\limits_{x\to\frac{\pi}{2}}\dfrac{1-\sin x}{\cos x}=\lim\limits_{x\to\frac{\pi}{2}}\dfrac{-\cos x}{-\sin x}=\lim\limits_{x\to\frac{\pi}{2}}\cot x=0$.

例 3.13　求 $\lim\limits_{x\to0^+}x^{\sin x}$.

解　设 $y=x^{\sin x}$，则 $\ln y=\sin x\ln x$，

$$\lim_{x\to0^+}\ln y=\lim_{x\to0^+}(\sin x\cdot\ln x)=\lim_{x\to0^+}\frac{\ln x}{\dfrac{1}{\sin x}}=\lim_{x\to0^+}\frac{\dfrac{1}{x}}{-\dfrac{\cos x}{\sin^2 x}}$$

$$=-\lim_{x\to0^+}\frac{1}{\cos x}\lim_{x\to0^+}\frac{\sin^2 x}{x}=0.$$

由 $y=\mathrm{e}^{\ln y}$ 有 $\lim\limits_{x\to0^+}y=\lim\limits_{x\to0^+}\mathrm{e}^{\ln y}=\mathrm{e}^{\lim\limits_{x\to0^+}\mathrm{e}^{\ln y}}$，所以

$$\lim_{x\to0^+}x^{\sin x}=\mathrm{e}^0=1.$$

此题另外一种解法为

$$\lim_{x\to0^+}x^{\sin x}=\lim_{x\to0^+}\mathrm{e}^{\sin x\ln x}=\mathrm{e}^{\lim\limits_{x\to0^+}\sin x\ln x}=\mathrm{e}^{\lim\limits_{x\to0^+}x\ln x}=\mathrm{e}^0=1.$$

例 3.14　求 $\lim\limits_{x\to0^+}\left(1+\dfrac{2}{x}\right)^x$.

解　设 $y=\left(1+\dfrac{2}{x}\right)^x$，则 $\ln y=x\ln\left(1+\dfrac{2}{x}\right)$.

而

$$\lim_{x\to0^+}\ln y=\lim_{x\to0^+}\frac{\ln\left(1+\dfrac{2}{x}\right)}{x^{-1}}=\lim_{x\to0^+}\frac{\ln(x+2)-\ln x}{x^{-1}}$$

$$=\lim_{x\to0^+}\frac{(x+2)^{-1}-x^{-1}}{-x^{-2}}=\lim_{x\to0^+}\left(x-\frac{x^2}{x+2}\right)=0,$$

故

$$\lim_{x\to0^+}\left(1+\frac{2}{x}\right)^x=\mathrm{e}^0=1.$$

洛必达法则是求不定式的一种有效方法，但不是万能的. 我们要学会善于根据具体问题采取不同的方法求解，最好能与其他求极限的方法结合使用. 例如等价无穷小代换，恒等变形等，这样可以使运算简捷.

例 3.15　求 $\lim\limits_{x\to0}\dfrac{x-\tan x}{x^2\cdot\sin x}$.

解　先进行等价无穷小的代换. 由 $\sin x\sim x(x\to0)$，则有

$$\lim_{x\to0}\frac{x-\tan x}{x^2\cdot\sin x}=\lim_{x\to0}\frac{x-\tan x}{x^3}=\lim_{x\to0}\frac{1-\sec^2 x}{3x^2}$$

$$=\lim_{x\to 0}\frac{2\sec^2 x\tan x}{6x}=-\frac{1}{3}\lim_{x\to 0}\frac{1}{\cos^2 x}\lim_{x\to 0}\frac{\tan x}{x}$$
$$=-\frac{1}{3}\lim_{x\to 0}\frac{\tan x}{x}=-\frac{1}{3}.$$

第三节　函数的单调性与极值

一、函数单调性的判别

函数的单调增加或减少，在几何上表现为图形的升降. 当图形（从左向右看）上升时，其切线（如果存在）与x轴正向的夹角成锐角，即斜率非负；反之，当图形下降时，切线与x轴正向的夹角为钝角，即斜率非正. 因此，函数的单调性与导数密切相关.

定理 3.6　设函数$f(x)$在$[a,b]$上连续，在(a,b)内可导.

（1）若$\forall x\in(a,b)$，有$f'(x)\geqslant 0$，则函数$f(x)$在$[a,b]$上单调增加.

（2）若$\forall x\in(a,b)$，有$f'(x)\leqslant 0$，则函数$f(x)$在$[a,b]$上单调减少.

证　$\forall x_1,x_2\in[a,b]$，不妨设$x_1<x_2$，由拉格朗日中值定理，有

$$f(x_2)-f(x_1)=f'(\xi)(x_2-x_1),\ \xi\in(x_1,x_2).$$

由$f'(x)\geqslant 0$（或$f'(x)\leqslant 0$）得$f'(\xi)\geqslant 0$（或$f'(\xi)\leqslant 0$），故$f(x_2)\geqslant f(x_1)$（或$f(x_2)\leqslant f(x_1)$），即函数$f(x)$在$[a,b]$上单调增加（减少），定理获证.

例 3.16　证明：函数$y=\sin x$在$\left[-\frac{\pi}{2},\frac{\pi}{2}\right]$上单调增加.

证　因函数$y=\sin x$在$\left[-\frac{\pi}{2},\frac{\pi}{2}\right]$上连续，$(\sin x)'=\cos x>0,x\in\left(-\frac{\pi}{2},\frac{\pi}{2}\right)$. 所以函数$y=\sin x$在$\left[-\frac{\pi}{2},\frac{\pi}{2}\right]$上单调增加.

若在(a,b)内除有限个点使得导函数$f'(x)=0$外，其他点处满足定理条件，则定理 3.6 的结论依然成立. 如函数$y=x^3$在$(-\infty,+\infty)$内其导函数$y'=3x^2\geqslant 0$，但仅在$x=0$时，$y'=0$. 因此$y=x^3$在$(-\infty,+\infty)$内是单调增加的（图 3.3）.

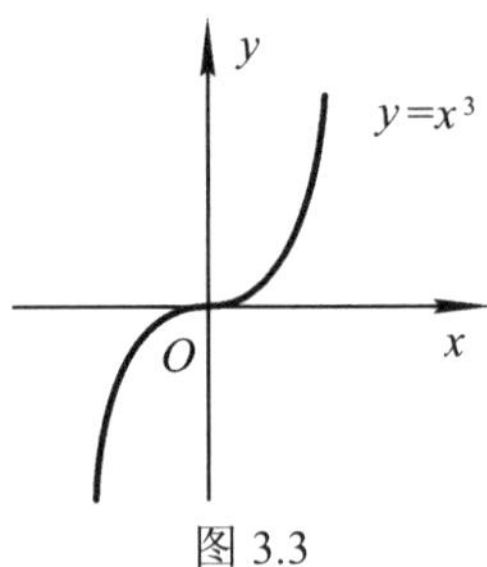

图 3.3

例 3.17　讨论函数 $f(x)=\mathrm{e}^{-x^2}$ 的单调性.

解　函数 $f(x)$ 的定义域为 $(-\infty,+\infty)$，且在整个定义域内连续. $f'(x)=-2x\mathrm{e}^{-x^2}$，当 $x\in(-\infty,0)$ 时，$f'(x)>0$；当 $x\in(0,+\infty)$ 时，$f'(x)<0$，故函数 $f(x)$ 在 $(-\infty,0)$ 内单调增加，在 $(0,+\infty)$ 内单调减少，如图 3.4 所示.

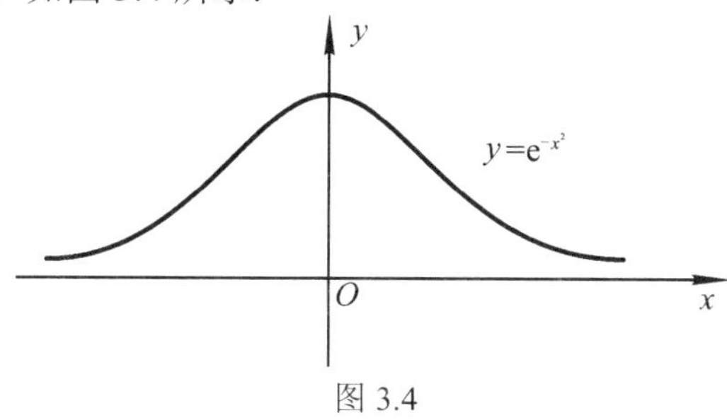

图 3.4

例 3.18　证明：当 $x>0$ 时，有 $x>\ln(1+x)$.

证　令 $f(x)=x-\ln(1+x)$，则 $f(x)\in C([0,+\infty))$. 又

$$f'(x)=\frac{x}{1+x}>0,\quad x\in(0,+\infty),$$

故 $f(x)$ 在 $[0,+\infty)$ 单调增加，从而 $f(x)>f(0)=0$ 因此，当 $x>0$ 时，

$$x>\ln(1+x).$$

二、函数的极值

在例 3.17 中函数单调区间的分界点 $x=0$ 具有特别意义：$f(x)$ 在 $x=0$ 的左侧附近单调增加，在 $x=0$ 右侧附近单调减少.从而存在某邻域 $U(0)$，对 $\forall x\in\overset{\circ}{U}(0)$ 总有 $f(x)<f(0)$，这就是下面有关函数极值的概念.

定义 3.1　设函数 $f(x)$ 在 $U(x_0)$ 内有定义，若 $\forall x\in\overset{\circ}{U}(x_0)$，有

$$f(x)<f(x_0)\ (\text{或 } f(x)>f(x_0)),$$

则称函数 $f(x)$ 在 x_0 点取得极大值（极小值） $f(x_0)$，点 x_0 称为极大（极小）值点.

由定义 3.1 可知，极值是一个局部性概念，是将一点函数值与邻域内其他点的函数值比较大小而产生的. 因此，对于一个定义在区间 (a,b) 内的函数，可能会有多个极值，且某一点取得的极大值可能会比另一点取得的极小值还要小，如图 3.5 所示. 另外，从图形上看，在函数的极值点处，有着共同的特征：对应曲线的切线（如果存在）都是水平的. 事实上，有下面的定理.

定理 3.7　[费马（Fermat）定理]设函数 $f(x)$ 在某区间 I 内有定义，在该区间内的点 x_0 处取极值，且 $f'(x_0)$ 存在，则必有 $f'(x_0)=0$.

证　不妨设 $f(x_0)$ 为极大值，则由定义 3.1，$\forall x\in\overset{\circ}{U}(x_0)$，当 $x<x_0$ 时，有

$$\frac{f(x)-f(x_0)}{x-x_0}>0,$$

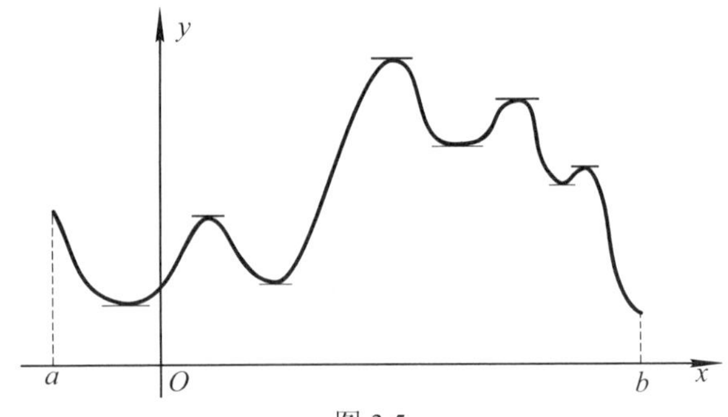

图 3.5

故
$$f'_-(x_0)=\lim_{x\to x_0^-}\frac{f(x)-f(x_0)}{x-x_0}\geqslant 0;$$

当 $x>x_0$ 时，有
$$\frac{f(x)-f(x_0)}{x-x_0}<0,$$
故
$$f'_+(x_0)=\lim_{x\to x_0^+}\frac{f(x)-f(x_0)}{x-x_0}\leqslant 0.$$
从而得到
$$f'(x_0)=0.$$

$f'(x)$ 的零点，通常称为 $f(x)$ 的**驻点**. 定理 3.7 给出可导函数取得极值的必要条件：可导函数的极值点必是驻点. 但此条件并不充分，例如 $x=0$ 是函数 $y=x^3$ 的驻点，却不是其极值点.

另外，连续函数在其导数不存在的点处也可能取到极值. 例如 $y=|x|$ 在 $x=0$ 处取到极小值，尽管 $y=|x|$ 在 $x=0$ 处导数不存在.

因此，对连续函数来说，驻点和导数不存在的点都有可能是极值点，那么如何确认它们是否是真正的极值点呢?

定理 3.8　设 $f(x)$ 在 x_0 处连续，在 $\mathring{U}(x_0)$ 内可导.

（1）若 $\forall x\in(x_0-\delta,x_0)$ 时，$f'(x)>0$，而 $\forall x\in(x_0,x_0+\delta)$，$f'(x)<0$，则 $f(x)$ 在 x_0 取得极大值.

（2）若 $\forall x\in(x_0-\delta,x_0)$ 时，$f'(x)<0$，而 $\forall x\in(x_0,x_0+\delta)$，$f'(x)>0$，则 $f(x)$ 在 x_0 取得极小值.

证　只证（1）.由拉格朗日中值定理，$\forall x\in(x_0-\delta,x_0)$，有
$$f(x)-f(x_0)=f'(\xi_1)(x-x_0),\quad x<\xi_1<x_0.$$
由 $f'(x)>0$，得 $f'(\xi_1)>0$，故 $f(x)<f(x_0)$.

同理，$\forall x\in(x_0,x_0+\delta)$，有
$$f(x)-f(x_0)=f'(\xi_2)(x-x_0),\quad x_0<\xi_2<x.$$
由 $f'(x)<0$，得 $f'(\zeta_2)<0$，故 $f(x)<f(x_0)$. 从而 $f(x)$ 在 x_0 取极大值.

由以上证明过程可知，如果 $f'(x)$ 在 $\mathring{U}(x_0)$ 内符号不变，则 $f(x)$ 在 x_0 就不取得极值.

例 3.19　求 $f(x)=x^3-3x^2-9x+5$ 的极值.

解　$f'(x)=3x^2-6x-9=3(x+1)(x-3)$.

令 $f'(x)=0$，得驻点 $x_1=-1,x_2=3$. 当 $x\in(-\infty,-1)$ 时，

$$f'(x)>0;$$

当 $x\in(-1,3)$ 时，

$$f'(x)<0;$$

当 $x\in(3,+\infty)$ 时，

$$f'(x)>0.$$

故得 $f(x)$ 的极大值为 $f(-1)=10$，极小值为 $f(3)=-22$.

例 3.20　求函数 $f(x)=\sqrt[3]{x^2}$ 的极值.

解　$f(x)=\sqrt[3]{x^2}$ 连续，$f'(x)=\dfrac{2}{3\sqrt[3]{x}}(x\neq 0)$, $x=0$ 是函数一阶导数不存在的点.

当 $x<0$ 时，$f'(x)<0$；当 $x>0$ 时，$f'(x)>0$. 故 $f(x)$ 在 $x=0$ 处取得极小值 $f(0)=0$.

第四节　函数的最大（小）值及其应用

若函数 $f(x)$ 在 $[a,b]$ 上连续，由闭区间连续函数的最值定理知 $f(x)$ 在 $[a,b]$ 上必取得最大值和最小值. 若最值在 (a,b) 内取得，则它只能出现在驻点或导数不存在的点；此外，最值点也可能出现在区间的端点. 于是，当函数 $f(x)$ 在 (a,b) 内仅有有限个驻点和导数不存在的点时，函数 $f(x)$ 在 $[a,b]$ 上的最值可以用以下方法求得.

（1）求出函数 $f(x)$ 在 (a,b) 内的驻点和导数不存在的点.

（2）计算驻点和倒数不存在点处的函数值，以及区间端点的函数值 $f(a)$、$f(b)$.

（3）比较上述（2）中各函数值的大小，最大者即为函数 $f(x)$ 在 $[a,b]$ 上的最大值，最小者即为函数 $f(x)$ 在 $[a,b]$ 上的最小值.

例 3.21　求 $f(x)=x^4-8x^2+2$ 在区间 $[-1,3]$ 上的最大值和最小值.

解　由 $f'(x)=4x(x-2)(x+2)=0$，得驻点 $x_1=0,x_2=2,x_3=-2$（$x_3\notin[-1,3]$ 舍去）计算出 $f(-1)=5,f(0)=2,f(2)=-14,f(3)=11$.

故在 $[-1,3]$，$f_{\max}=f(3)=11,f_{\min}=f(2)=-14$.

下面两个结论在解决具体问题时经常使用：

（1）若 $f(x)$ 在 $[a,b]$ 上连续，且在 (a,b) 内只有唯一一个极值点，则当 $f(x_0)$ 为极大（小）值时，它就是 $f(x)$ 在 $[a,b]$ 上的最大（小）值.

（2）若 $f(x)$ 在 $[a,b]$ 上单调增加，则 $f(a)$ 为最小值，$f(b)$ 为最大值；若 $f(x)$ 在 $[a,b]$ 上单调减少，则 $f(a)$ 为最大值，$f(b)$ 为最小值.

在工农业生产、工程设计、经济管理等许多实践中，经常会遇到诸如在一定条件下怎样使产量最高、用料最省、效益最大、成本最低等一系列“最优化”问题. 这类问题有些能够归结为求某个函数（称为目标函数）的最值或是最值点（称为最优解）.

例 3.22　要制造一个容积为 V_0 的带盖圆柱形桶，问桶的半径 r 和桶高 h 应如何确定，

才能使所用材料最省?

解　首先建立目标函数. 如要材料最省，就是要使圆桶表面积 S 最小.

由 $V_0=\pi r^2 h$ 得 $h=\dfrac{V_0}{\pi r^2}$，故

$$S=2\pi r^2+2\pi h=2\pi r^2+\frac{2V_0}{r}\quad (r>0).$$

令 $S'=4\pi r-\dfrac{2V_0}{r^2}=0$，得驻点 $r_0=\sqrt[3]{\dfrac{V_0}{2\pi}}$.

又因在 $(0,+\infty)$ 内 S 只有唯一一个极值点，故这极值点也就是要求的最小值点. 从而当 $r=\sqrt[3]{\dfrac{V_0}{2\pi}},h=2\sqrt[3]{\dfrac{V_0}{2\pi}}=2r$ 时，圆桶表面积最小，从而用料最省.

实际中，这种高度等于底面直径的圆桶常被采用，例如储油罐、化学反应容器、各种包装等.

例 3.23　如图 3.6 所示，某工厂 C 到铁路线 A 处的垂直距离 $CA=20$ km，须从距离 A 为 150 km 的 B 处运来原料，现在要在 AB 上选一点 D 修建一条直线公路与工厂 C 连接. 已知铁路与公路每吨公里运费之比为 3∶5，问 D 应选在何处，方能使运费最省?

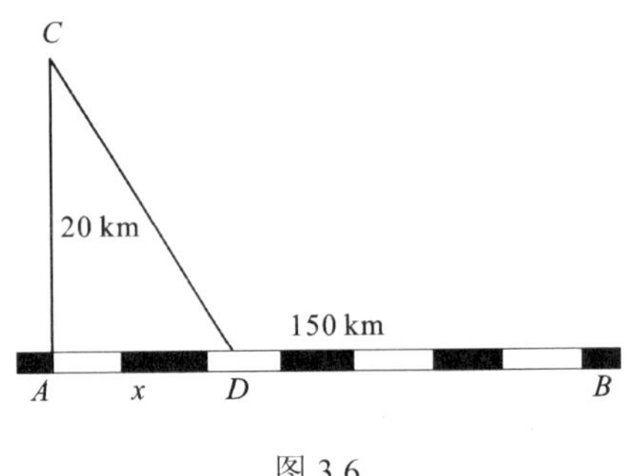

图 3.6

解　设 $AD=x$，则 $DB=150-x,DC=\sqrt{x^2+20^2}$，设铁路每吨公里运费为 $3k(k>0)$，则公路上的每吨公里运费为 $5k$. 于是从 B 到 C 的每吨原料的总运费为

$$y=3k(150-x)+5k\sqrt{x^2+20^2},\quad x\in(0,150).$$

这是目标函数，我们要求其最小值点. 令

$$y'=k\left(-3+\frac{5x}{\sqrt{x^2+400}}\right)=0,$$

得 $x=\pm 15$. 在 $(0,150)$ 中 y 只有唯一驻点 $x=15$. 又因为 $\forall x\in(0,150)$，有

$$y''=\frac{2000k}{(x^2+400)^{3/2}}>0,$$

故在 $x=15$ 处，y 取最小值. 于是 D 点应选在距 A 点 15 km 处，此时全程运费最省.

第五节　函数图形的描绘

一、曲线的凹凸性、拐点

前面讨论了函数的单调性，但即便在某区间上单调性相同的函数，其性态可能会存在显著的差异. 例如，$y=\sqrt{x}$ 与 $y=x^2$ 在 $[0,+\infty)$ 上都是单调增加的，从图形上看，对应曲线弯曲的方向截然不同，如图 3.7 所示.

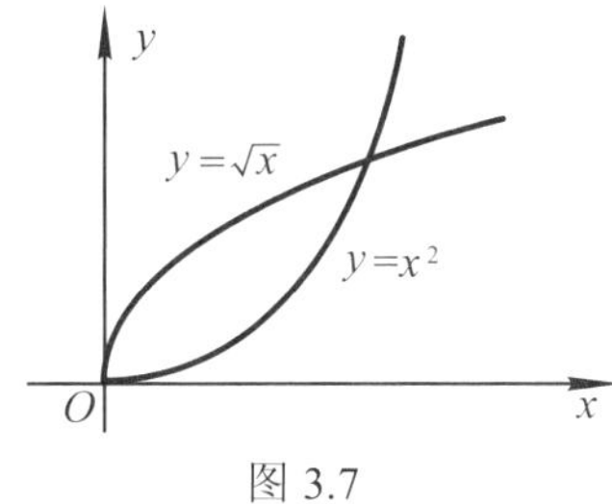

图 3.7

考虑更一般的情形，图 3.6 和图 3.7 所示的曲线弧，其弯曲方向不同，即曲线的凹凸性不同. 图 3.8 所示的曲线弧上，如果任取两点，则连接这两点间的弦总位于这两点间的弧段的上方；而图 3.9 所示的曲线弧则正好相反，连接这两点间的弦总位于这两点间的弧段的下方. 因此，可以用弦与曲线弧上相应点（即具有相同横坐标的点）的位置关系来区分曲线的弯曲方向.

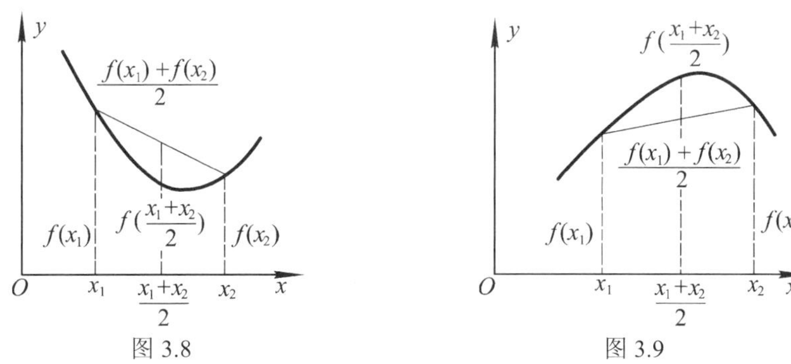

图 3.8　　图 3.9

定义 3.2　设 $f(x)$ 在区间 I 上连续，如果对 I 上任意两点 x_1,x_2，恒有

$$f\left(\frac{x_1+x_2}{2}\right)<\frac{f(x_1)+f(x_2)}{2},$$

那么称 $f(x)$ 在 I 上的图形是（向上）凹的（或凹弧）；如果恒有

$$f\left(\frac{x_1+x_2}{2}\right)>\frac{f(x_1)+f(x_2)}{2},$$

那么称 $f(x)$ 在 I 上的图形是（向上）凸的（或凸弧）.

如果函数 $f(x)$ 在 I 内具有二阶导数，那么可以利用二阶导数的符号来判定曲线的凹凸性，这就是曲线凹凸性的判定定理. 在此，仅就 I 为闭区间的情形来叙述定理，当 I 不是闭区间时，定理类同.

定理 3.9　设 $f(x)$ 在 $[a,b]$ 上连续，在 (a,b) 内具有一阶和二阶导数，那么

（1）若在 (a,b) 内 $f''(x)>0$，则 $f(x)$ 在 $[a,b]$ 上的图形是凹的；

（2）若在 (a,b) 内 $f''(x)<0$，则 $f(x)$ 在 $[a,b]$ 上的图形是凸的.

证略.

例 3.24　判断曲线 $y=\ln x$ 的凹凸性.

解　因 $y'=\dfrac{1}{x}, y''=-\dfrac{1}{x^2}, y=\ln x$ 的二阶导数在区间 $(0,+\infty)$ 内处处为负，故曲线 $y=\ln x$ 在区间 $(0,+\infty)$ 内是凸的.

例 3.25　判断曲线 $y=x^3$ 的凹凸性.

解　$y'=3x^2, y''=6x$.

当 $x<0$ 时，$y''=6x<0$，曲线是凸的；

当 $x>0$ 时，$y''=6x>0$，曲线是凹的.

例 3.25 中，点 $(0,0)$ 是曲线由凸变凹的分界点，称为曲线的拐点. 一般地，连续曲线 $y=f(x)$ 上凹弧与凸弧的分界点称为曲线的**拐点**.

如果 $f(x)$ 在区间 (a,b) 内具有二阶导数，可以按下列步骤来判定曲线 $y=f(x)$ 的拐点.

（1）求 $f''(x)$；

（2）令 $f''(x)=0$，求出这方程在区间 (a,b) 内的实根；

（3）对于（2）中求出的每一个实根 x_0，检查 $f''(x)$ 在 x_0 左、右两侧附近的符号，如果 $f''(x)$ 在 x_0 的左、右两侧附近分别保持符号不变，当两侧的符号相反时，点 $(x_0, f(x_0))$ 是拐点，当两侧的符号相同时，点 $(x_0, f(x_0))$ 不是拐点.

例 3.26　求曲线 $y=3x^4-4x^3+1$ 的拐点及凹、凸的区间.

解　函数 $y=3x^4-4x^3+1$ 的定义域为 $(-\infty,+\infty)$.

$$y'=12x^3-12x^2,\quad y''=36x^2-24x=36x\left(x-\frac{2}{3}\right).$$

解方程 $y''=0$，得 $x_1=0, x_2=\dfrac{2}{3}$.

$x_1=0, x_2=\dfrac{2}{3}$ 把函数的定义域 $y=3x^4-4x^3+1$ 分成三个部分区间：

$$(-\infty,0),\quad \left(0,\frac{2}{3}\right),\quad \left(\frac{2}{3},+\infty\right)$$

在 $(-\infty,0)$ 内，$y''>0$，则在区间 $(-\infty,0)$ 上曲线是凹的. 在 $\left(0,\dfrac{2}{3}\right)$ 内，$y''<0$，则在区

间$\left(0,\dfrac{2}{3}\right)$上曲线是凸的. 在$\left(\dfrac{2}{3},+\infty\right)$内$y''>0$，则在区间$\left(\dfrac{2}{3},+\infty\right)$上曲线是凹的.

当$x=0$时，$y=1$，点$(0,1)$是曲线的一个拐点；当$x=\dfrac{2}{3}$时，$y=\dfrac{11}{27}$，点$\left(\dfrac{2}{3},\dfrac{11}{27}\right)$也是曲线的拐点.

二、曲线的渐近线

一般地，如果曲线上的一点沿该曲线趋向于无穷远时，曲线与某定直线的距离趋向于零，则称该定直线位曲线的渐近线.

1. 水平渐近线

如果$\lim\limits_{x\to+\infty}f(x)=A$或$\lim\limits_{x\to-\infty}f(x)=A$，则称直线$y=A$为曲线$y=f(x)$的水平渐近线.

2. 铅直渐近线

如果$\lim\limits_{x\to x_0^+}f(x)=\infty$或$\lim\limits_{x\to x_0-}f(x)=\infty$，则称直线$x=x_0$为曲线$y=f(x)$的铅直渐近线.

3. 斜渐近线

如果$\lim\limits_{x\to+\infty}\dfrac{f(x)}{x}=a\ (a\neq0)$，$\lim\limits_{x\to+\infty}\big(f(x)-ax\big)=b$，则称$y=ax+b$为曲线$y=f(x)$的斜渐近线.

类似地，如果$\lim\limits_{x\to-\infty}\dfrac{f(x)}{x}=a\ (a\neq0)$，$\lim\limits_{x\to-\infty}\big(f(x)-ax\big)=b$，则称$y=ax+b$为曲线$y=f(x)$的斜渐近线.

注 当$a=0$时，说明没有斜渐近线，但此时也不一定有水平渐近线. 如$y=\sqrt{x}$，$\lim\limits_{x\to\infty}\dfrac{f(x)}{x}=0$，显然$y=\sqrt{x}$没有水平渐近线.

例 3.27 求函数$y=x+\dfrac{1}{x}$的渐近线.

解 由于$\lim\limits_{x\to\infty}\left(x+\dfrac{1}{x}\right)$不存在，所以没有水平渐近线；$\lim\limits_{x\to0}\left(x+\dfrac{1}{x}\right)=\infty$，所以有垂直渐近线$x=0$；$\lim\limits_{x\to\infty}\dfrac{f(x)}{x}=1$，$\lim\limits_{x\to\infty}[f(x)-x]=0$，所以有斜渐近线$y=x$.

三、函数图形的描绘举例

我们已经讨论过函数的单调性、极值、曲线的凹凸性、曲线的渐近线等内容，可利用这些信息大致描绘函数的图形. 一般步骤为：

（1）确定函数 $y=f(x)$ 的定义域，判断函数是否具有周期性、奇偶性等；

（2）找出函数的间断点，求出函数的一阶导数 $f'(x)$ 和二阶导数 $f''(x)$ 及其零点，并确定 $f'(x)$ 和 $f''(x)$ 不存在的点，这些点把定义域分成若干个部分区间；

（3）确定曲线 $y=f(x)$ 的渐近线；

（4）确定在每个部分区间上 $f'(x)$ 和 $f''(x)$ 的符号，由此判断函数的单调性、极值、曲线的凹凸性和拐点并列表讨论；

（5）算出上述特殊点的函数值，适当补充一些点，连接这些点画出函数的图形.

例 3.28　作函数 $y=x+\dfrac{1}{x}$ 的图形.

解　定义域为 $(-\infty,0)\cup(0,+\infty)$.

$$y'=1-\frac{1}{x^2}=\frac{(x-1)(x+1)}{x^2},\qquad y''=2\frac{1}{x^3}.$$

令 $f'(x)=0$ 得 $x_1=-1,\ x_2=1$，间断点为 $x_3=0$.

由例 3.27 知，曲线有铅直渐近线 $x=0$，斜渐近线 $y=x$.

依据表 3.1，可作出函数的图形如图 3.10 所示.

表 3.1

x	$(-\infty,-1)$	-1	$(-1,0)$	0	$(0,1)$	1	$(1,+\infty)$
$f'(x)$	+	0	−	不存在	−	0	+
$f''(x)$	−	−	−	不存在	+	+	+
$f(x)$	单增，凸弧	极大值−2	单减，凸弧	间断点	单减，凹弧	极小值 2	单增，凹弧

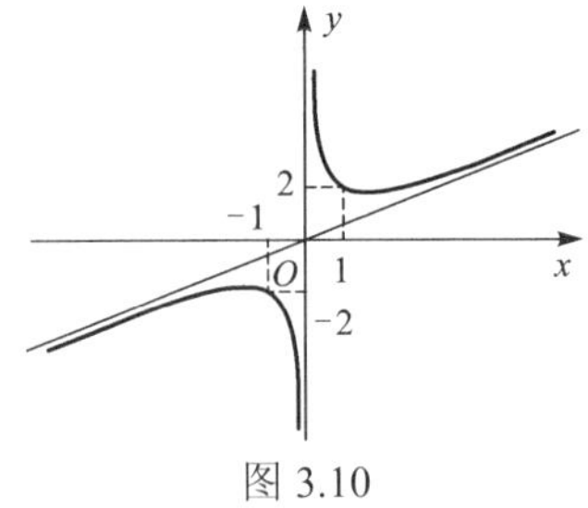

图 3.10

第六节　微分学在经济学中的应用举例

一、边际函数

“边际”是经济学中的关键术语，常常是指“新增”的意思. 例如，边际效应是指消费新增 1 单位商品时所带来的新增效应；边际成本是在所考虑的产量水平上再增加生产 1 单位产品所需成本；边际收入是指在所考虑的销量水平上再增加 1 个单位产品销量所带来的收入. 经济学中此类边际问题还有很多.

下面以边际成本为例，引出经济学中边际函数的数学定义.

设生产数量为 x 的某种产品的总成本为 $C(x)$，一般地，它是 x 的增函数. 产量从 x 变为 $x+1$ 时，总成本增加量为

$$\Delta C(x)=C(x+1)-C(x)=\frac{C(x+1)-C(x)}{(x+1)-x}.$$

它也是产量从 x 变为 $x+1$ 时，成本的平均变化率.

由微分学中关于导数的定义知，导数即当自变量的增量趋于零时平均变化率的极限. 当自变量从 x 变为 $x+\Delta x$ 时，只要 Δx 改变不大，则函数在 x 处的瞬时变化率与函数在 x 与 $x+\Delta x$ 上的平均变化率相差不大. 因此经济学里将 $C(x)$ 视为连续函数，把边际成本定义为成本关于产量的瞬时变化率. 一般地，经济学上称某函数的导数为其**边际函数**. 如

$$\text{边际成本}=C'(x).$$

类似地，若销售 x 个单位产品产生的收入为 $R(x)$，则

$$\text{边际收入}=R'(x).$$

设利润函数用 $L(x)$ 表示，则有

$$L(x)=R(x)-C(x).$$

因此边际利润为

$$L'(x)=R'(x)-C'(x).$$

令 $L'(x)=0$，得 $R'(x)=C'(x)$. 如果 $L(x)$ 有极值，则在 $R'(x)=C'(x)$ 时取得. 因此当边际成本等于边际收入时，利润取得极大（极小）值.

例 3.29　设函数 $y=x^3$，求边际函数在 $x=10$ 的值.

解　$y'=3x^2\big|_{x=10}=300$. 这表明在 $x=10$ 时，自变量增加（减少）一个单位，函数值增加（减少）将近 300 个单位.

二、函数的弹性

我们首先讨论需求的价格弹性. 人们对于某些商品的需求量与该商品的价格有关. 当商品价格下降时，需求量将增大；当商品的价格上升时，需求量会减少. 为了衡量某种商品的价格发生变动时，该商品的需求量变动的大小，经济学里把需求量变动的百分比除以价格变动的百分比定义为需求的价格弹性，简称**价格弹性**.

设商品的需求 Q 为价格 p 的函数，即 $Q=f(p)$，则价格弹性为

$$\frac{\Delta Q}{Q}:\frac{\Delta p}{p}=\frac{p}{Q}\frac{\Delta Q}{\Delta p}.$$

若 Q 是 p 的可微函数，则当 $\Delta p\to 0$ 时，有

$$\lim_{\Delta p\to 0}\left[\frac{\Delta Q}{Q}\Big/\frac{\Delta p}{p}\right]=\frac{p}{Q}\lim_{\Delta p\to 0}\frac{\Delta Q}{\Delta p}=\frac{p}{Q}\frac{\mathrm{d}Q}{\mathrm{d}p}.$$

故商品的价格弹性为 $\frac{p}{Q}\frac{\mathrm{d}Q}{\mathrm{d}p}$，记作 $\frac{EQ}{Ep}$，其含义为价格变动百分之一所引起的需求变动百分比.

例 3.30　设某地区城市人口对服装的需求函数为

$$Q = ap^{-0.54},$$

其中 $a>0$ 为常数，p 为价格，则服装的需求价格弹性为

$$\frac{EQ}{Ep} = \frac{p}{Q}\frac{\mathrm{d}Q}{\mathrm{d}p} = \frac{p}{Q}\cdot ap^{-0.54-1}\cdot(-0.54) = -0.54,$$

说明服装价格提高（或降低）1%，则对服装的需求减少（或提高）0.54%.

需求价格弹性为负值时，需求量的变化与价格的变化是反向的. 为了方便，记 $E=\left|\frac{EQ}{Ep}\right|$，称 $E>1$ 的需求为弹性需求，表示该需求对价格变动比较敏感；称 $E<1$ 的需求为非弹性需求，表示该需求对价格变动不太敏感. 一般地，生活必需品，需求的价格弹性小，而奢侈品的需求价格弹性通常比较大.

例 3.31　求下列幂函数的弹性.

（1）$y = ax^b$；

（2）$y = ax^2+bx+c(a>0,b\neq 0)$.

解　（1）$\frac{Ey}{Ex} = \frac{x}{ax^b}abx^{b-1} = b$；

（2）$\frac{Ey}{Ex} = \frac{x}{ax^2+bx+c}(2ax+b) = \frac{2ax^2+bx}{ax^2+bx+c}$.

三、增长率

在许多宏观经济问题的研究中，所考察的对象一般是随时间的推移而不断变化的，如国民收入、人口、对外贸易额、投资总额等. 我们希望了解这些量在单位时间内相对于过去的变化率. 例如，人口增长率、国民收入增长率、投资增长率等.

设某经济变量 y 是时间 t 的函数：$y=f(t)$. 单位时间内 $f(t)$ 的增长量占基数 $f(t)$ 的百分比

$$\frac{f(t+\Delta t)-f(t)}{\Delta t}\Big/ f(t)$$

称为 $f(t)$ 从 t 到 $t+\Delta t$ 的**平均增长率**.

若 $f(t)$ 视为 t 的可微函数，则有

$$\lim_{\Delta t\to 0}\frac{1}{f(t)}\cdot\frac{f(t+\Delta t)-f(t)}{\Delta t} = \frac{1}{f(t)}\lim_{\Delta t\to 0}\frac{f(t+\Delta t)-f(t)}{\Delta t} = \frac{f'(t)}{f(t)}.$$

其中：$\frac{f'(t)}{f(t)}$ 为 $f(t)$ 在时刻 t 的瞬时增长率，简称增长率，记作 γ_f.

由导数的运算法则知，函数的增长率有两条重要的运算法则：

（1）积的增长率等于各因子增长率的和；

（2）商的增长率等于分子与分母的增长率之差.

事实上，设 $y(t)=u(t)\cdot v(t)$ ，则由

$$\frac{\mathrm{d}y}{\mathrm{d}t}=u\frac{\mathrm{d}v}{\mathrm{d}t}+v\frac{\mathrm{d}u}{\mathrm{d}t}$$

可得

$$\gamma_f=\frac{1}{y}\frac{\mathrm{d}y}{\mathrm{d}t}=\frac{1}{v}\frac{\mathrm{d}v}{\mathrm{d}t}+\frac{1}{u}\frac{\mathrm{d}u}{\mathrm{d}t}=\gamma_u-\gamma_v .$$

同理可推出，若 $y(t)=\dfrac{u(t)}{v(t)}$，则 $\gamma_y=\gamma_u-\gamma_v$.

例 3.32　设国民收入 Y 的增长率是 γ_Y ，人口 H 的增长率是 γ_H ，则人均国民收入 $\dfrac{Y}{H}$ 的增长率是 $\gamma_Y-\gamma_H$.

例 3.33　求函数：（1） $y=ax+b$ ；（2） $y=a\mathrm{e}^{bx}$ 的增长率.

解　（1） $\gamma_y=\dfrac{y'}{y}=\dfrac{a}{ax+b}$ ；

（2） $\gamma_y=\dfrac{ab\mathrm{e}^{bx}}{a\mathrm{e}^{bx}}=b$.

由（1）知，当 $x\to+\infty$ 时， $\gamma_y\to 0$ ，即线性函数的增长率随自变量的不断增大而不断减小直至趋于零. 由（2）知指数函数的增长率恒等于常数.

习　题　三

1. 验证函数 $f(x)=\ln\sin x$ ，x 在 $\left[\dfrac{\pi}{6},\dfrac{5\pi}{6}\right]$ 上满足罗尔中值定理的条件，并求出相应的 ξ ，使 $f'(\xi)=0$.

2. 指出函数 $f(x)$ 在区间 $[0,1]$ 上是否满足罗尔中值定理的三个条件? 有没有满足定理结论中的 ξ ?其中 $f(x)=\begin{cases}x^2, & 0\leqslant x<1,\\ 0, & x=1.\end{cases}$

3. 函数 $f(x)=(x-2)(x-1)x(x+1)(x+2)$ 的导函数有几个零点? 这些零点各位于哪个区间内?

4. 验证拉格朗日中值定理对函数 $f(x)=x^3+2x$ 在区间 $[0,1]$ 上的正确性.

5. （1）证明不等式 $\dfrac{x}{1+x}<\ln(1+x)<x(x>0)$ ；

（2）设 $b>a>0,\ n>1$ ，证明： $na^{n-1}(b-a)<b^n-a^n<nb^{n-1}(b-a)$ ；

（3）设 $b>a>0$ ，证明： $\dfrac{b-a}{b}<\ln\dfrac{b}{a}<\dfrac{b-a}{a}$ ；

（4）设 $x>0$，证明：$1+\frac{1}{2}x>\sqrt{1+x}$.

6. 如果 $f(x)$ 的导函数 $f'(x)$ 在 $[a,b]$ 上连续，在 (a,b) 内可导，且有

$$f'(a)\geqslant 0,\quad f''(x)>0,$$

证明 $f(b)>f(a)$.

7. 已知函数 $f(x)$ 在 $[a,b]$ 上连续，在 (a,b) 内可导，且 $f(a)=f(b)=0$. 试证：在 (a,b) 内至少存在一点 ξ，使得

$$f(\xi)+f'(\xi)=0,\quad \xi\in(a,b).$$

8. 证明恒等式：

$$2\arctan x+\arcsin\frac{2x}{1+x^2}=\pi\quad(x\geqslant 1).$$

9. 对函数 $f(x)=\sin x$ 及 $g(x)=x+\cos x$ 在 $\left[0,\frac{\pi}{2}\right]$ 上验证柯西中值定理的正确性.

10. 求下列极限：

（1）$\lim\limits_{x\to\pi}\frac{\sin 3x}{\tan 5x}$；

（2）$\lim\limits_{x\to\frac{\pi}{2}}\frac{\ln\sin x}{(\pi-2x)^2}$；

（3）$\lim\limits_{x\to 0}\frac{\mathrm{e}^x-x-1}{x(\mathrm{e}^x-1)}$；

（4）$\lim\limits_{x\to a}\frac{\sin x-\sin a}{x-a}$；

（5）$\lim\limits_{x\to a}\frac{x^m-a^m}{x^n-a^n}$；

（6）$\lim\limits_{x\to+\infty}\frac{\ln\left(1+\frac{1}{x}\right)}{\operatorname{arccot} x}$；

（7）$\lim\limits_{x\to 0^+}\frac{\ln x}{\cot x}$；

（8）$\lim\limits_{x\to 0^+}\sin x\ln x$.

11. 设 $f(x)$ 具有二阶连续导数，且 $f(0)=0$，试证：

$$g(x)=\begin{cases}\dfrac{f(x)}{x}, x\neq 0,\\ f'(0), x=0\end{cases}\text{可导，且导函数连续.}$$

12. 求极限 $\lim\limits_{x\to\infty}\frac{x-\sin x}{x+\sin x}$，同时说明本题为什么不适合用洛必达法则求解.

13. 设 $f(x)$ 二阶可导，求 $\lim\limits_{h\to 0}\frac{f(x+h)-2f(x)+f(x-h)}{h^2}$.

14. 确定下列函数的单调区间：

（1）$y=2x^3-6x^2-18x-7$；

（2）$y=2x+\frac{8}{x}(x>0)$.

15. 证明下列不等式：

（1）当 $0<x<\frac{\pi}{2}$ 时，$\sin x+\tan x>2x$；

（2）当 $x>0$ 时，$\mathrm{e}^x>1+x+\frac{x^2}{2}$.

16. 试证方程 $\sin x = x$ 只有一个实根.

17. 求下列函数的极值：

（1）$y = x^2 - 2x + 3$；　（2）$y = 2x^3 - 3x^2$；

（3）$y = \dfrac{\ln x}{x}$；　（4）$y = x - \ln(1+x)$；

（5）$y = xe^{-x}$；　（6）$y = x + \sqrt{1-x}$.

18. 试证：若函数 $y = ax^3 + bx^2 + cx + d$ 满足条件 $b^2 - 3ac < 0$，则该函数没有极值.

19. 试问 a 为何值时，函数 $f(x) = a\sin x + \dfrac{1}{3}\sin 3x$ 在 $x = \dfrac{\pi}{3}$ 处取得极值?它是极大值还是极小值?并求此极值.

20. 求下列函数的最大值、最小值：

（1）$f(x) = x^2 - \dfrac{54}{x}, x \in (-\infty, 0)$；

（2）$f(x) = x + \sqrt{1-x}, x \in [-5, 1]$；

（3）$y = x^4 - 8x^2 + 2, -1 \leqslant x \leqslant 3$.

21. 设 a 为非零常数，b 为正常数，求 $y = ax^2 + bx$ 在以 0 和 $\dfrac{b}{a}$ 为端点的闭区间上的最大值和最小值.

22. 在半径为 r 的球中内接一正圆柱体，使其体积为最大，求此圆柱体的高.

23. 某铁路隧道的截面拟建成矩形加半圆形的形状（图 3.11），设截面积为 $a\ \mathrm{m}^2$，问底宽 x 为多少时，才能使所用建造材料最省?

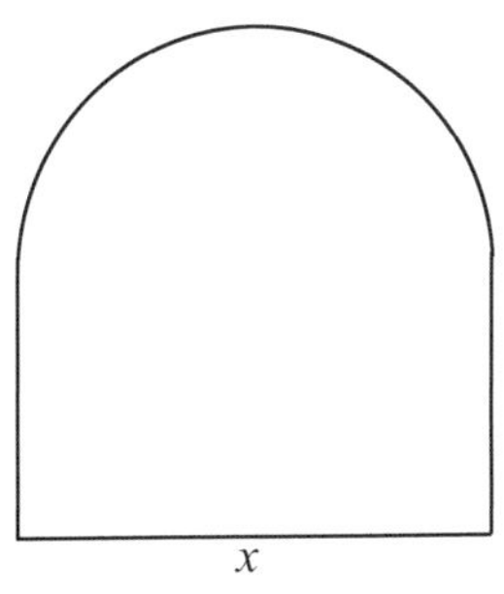

图 3.11

24. 判定下列曲线的凹凸性：

（1）$y = 4x - x^2$；　（2）$y = \sin x,\ x \in (0, 2\pi)$；

（3）$y = x + \dfrac{1}{x}(x > 0)$；　（4）$y = x\arctan x$.

25. 求下列函数图形的拐点及凹或凸的区间：

（1）$y = x^3 - 5x^2 + 3x + 5$；　（2）$y = xe^{-x}$；

26. 试问 a,b 为何值时，点 $(1,3)$ 为曲线 $y=ax^3+bx^2$ 的拐点?

27. 设总收入和总成本分别由以下两式给出:

$$R(q)=5q-0.003q^2,\quad C(q)=300+1.1q,$$

其中 q 为产量，$0<q<1000$，求:（1）边际成本;（2）获得最大利润时的产量;（3）怎样的生产量使盈亏平衡.

28. 设生产 q 件产品的总成本 $C(q)$ 由下式给出:

$$C(q)=0.01q^3-0.6q^2+13q,$$

（1）设每件产品的价格为 7 元，企业的最大利润是多少?

（2）当固定生产水平为 34 件时，若每件价格每提高 1 元时少卖出 2 件，问是否应该提高价格? 如果是，价格应该提高多少?

29. 求下列初等函数的边际函数、弹性和增长率:

（1）$y=ax+b$；　（2）$y=a\mathrm{e}^{bx}$；　（3）$y=x^a$.

其中 $a,b\in\mathbf{R},a\neq 0$.

30. 设某种商品的需求弹性为 0.8，则当价格分别提高 10%，20%时，需求量将如何变化?

31. 国民收入的年增长率为 7.1%，若人口的增长率为 1.2%，则人均收入年增长率为多少?

第四章　一元函数的积分学

一元函数的积分，包括定积分和不定积分，是一元函数微积分学的另一基本组成部分. 本章介绍一元函数积分的概念、性质和运算.

第一节　定积分的概念

为了引入定积分的概念，先讨论平面图形的面积计算这一实际问题.

在初等数学中，我们已掌握圆、三角形、梯形等规则几何图形面积的计算方法，但一般平面图形的面积如何进行计算呢? 根据面积的可加性，求平面图形的面积问题可以归结为求下述曲边梯形的面积问题.

一、曲边梯形的面积

设 $y=f(x)$ 在区间 $[a,b]$ 上非负、连续. 由直线 $x=a, x=b, y=0$ 及曲线 $y=f(x)$ 所围成的图形 $ABCD$，如图 4.1 所示，称为**曲边梯形**，其中曲线弧段 $DC=\{(x,f(x))\big|x\in[a,b]\}$ 称为**曲边**.

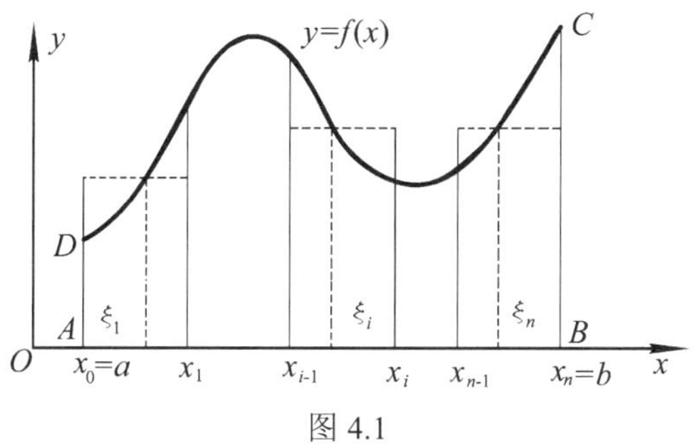

图 4.1

注意到，一方面曲边梯形在底边 $\overline{AB}$ 各点处的高 $f(x)$ 是变化的量，另一方面若 $f(x)$ 在 $[a,b]$ 上连续，则在很小的一段区间上 $f(x)$ 变化很小，且当区间长度无限缩小时，$f(x)$ 的变化也无限减小，这说明总体上高是变化的，但局部上高又近似于不变，因此可采用下面方法计算该曲边梯形的面积.

（1）分割：取分点 $x_i\in[a,b](i=0,1,2,\cdots,n)$，$a=x_0<x_1<x_2<\cdots<x_{i-1}<x_i<\cdots<x_n=b$，将底边对应区间 $[a,b]$ 分成 n 个小区间 $[x_{i-1},x_i]$，其长度依次记作 $\Delta x_i=x_i-x_{i-1}(i=1,2,\cdots,n)$，

相应地，整个大曲边梯形被分割成 n 个小曲边梯形.

（2）近似：在 $[x_{i-1},x_i]$ 上任取一点 ξ_i，并以 $[x_{i-1},x_i]$ 为底，以 $f(\xi_i)$ 为高的矩形近似代替第 i $(i=1,2,\cdots,n)$ 个小曲边梯形，得第 i 个小曲边梯形面积的近似值 $\Delta A_i \approx f(\xi_i)\Delta x_i$.

（3）求和：整个大曲边梯形面积等于各小曲边梯形面积之和，即

$$A=\sum_{i=1}^{n}\Delta A_i \approx \sum_{i=1}^{n}(\xi_i)\Delta x_i .$$

（4）取极限：当区间分划越细，则其精度越高，记 $\lambda=\max\limits_{1\leqslant i\leqslant n}\{\Delta x_i\}$，令 $\lambda\to 0$，此时可以保证所有小区间的长度都无限缩小，对上述（3）中的和式取极限，得到曲边梯形的面积

$$A=\lim_{\lambda\to 0}\sum_{i=1}^{n}f(\xi_i)\Delta x_i .$$

在实践中还有许多其他量都可以借助上面的四个步骤得到相似的结果. 于是，我们给出定积分的概念.

二、定积分的概念

定义 4.1　设函数 $f(x)$ 在区间 $[a,b]$ 上有界，取 $n+1$ 个分点：

$$a=x_0<x_1<x_2<\cdots<x_{i-1}<x_i<\cdots<x_{n-1}<x_n=b,$$

将 $[a,b]$ 分成 n 个小区间 $[x_{i-1},x_i]$，其长度记作 $\Delta x_i=x_i-x_{i-1}(i=1,2,\cdots,n)$，并令 $\lambda=\max\limits_{1\leqslant i\leqslant n}\{\Delta x_i\}$，若 $\forall \xi_i\in[x_{i-1},x_i](i=1,2,\cdots,n)$，极限

$$\lim_{\lambda\to 0}\sum_{i=1}^{n}f(\xi_i)\Delta x_i$$

存在，且该极限值与对区间 $[a,b]$ 的分划及 ξ_i 的取法无关，则称 $f(x)$ 在 $[a,b]$ 上可积，且称该极限值为 $f(x)$ 在 $[a,b]$ 上的定积分，记作 $\int_a^b f(x)\mathrm{d}x$，其中，$f(x)$ 称为被积函数，x 称 $\int_a^b f(x)\mathrm{d}x$ 为积分变量，a 和 b 分别称为积分下限和上限，$[a,b]$ 称为积分区间，$\sum\limits_{i=1}^{n}f(\xi_i)\Delta x_i$ 通常称为积分和.

由定积分的定义易知：

（1）当被积函数在积分区间上恒等于 1 时，其积分值即为积分区间长度，即

$$\int_a^b f(x)\mathrm{d}x=b-a ;$$

（2）定积分的值只与被积函数及积分区间有关，而与积分变量的记号无关，即

$$\int_a^b f(x)\mathrm{d}x=\int_a^b f(t)\mathrm{d}t=\int_a^b f(u)\mathrm{d}u .$$

由定义 4.1 可知，图 4.1 中曲边梯形的面积可记作 $\int_a^b f(x)\mathrm{d}x$. 从而可知，若 $f(x)\in C([a,b])$，则当在区间 $[a,b]$ 上 $f(x)\geqslant 0$ 时，$\int_a^b f(x)\mathrm{d}x$ 在几何上表示由曲线

$y=f(x)$、直线 $x=a$ 和 $x=b$ 及 x 轴所围成的曲边梯形的面积. 此外，若在区间 $[a,b]$ 上 $f(x)\leqslant 0$，则由曲线 $y=f(x)$、直线 $x=a$ 和 $x=b$ 及 x 轴所围成的曲边梯形位于 x 轴下方，此时由定义 4.1 可知，$\int_a^b f(x)\mathrm{d}x$ 在几何上表示该曲边梯形面积的负值. 进一步，若 $f(x)$ 在 $[a,b]$ 上变号，则 $\int_a^b f(x)\mathrm{d}x$ 便等于由曲线 $y=f(x)$、直线 $x=a$ 和 $x=b$ 及 x 轴所围图形中 x 轴上方的图形面积之和减去 x 轴下方的图形面积之和. 总之，若 $f(x)\in C([a,b])$，则定积分 $\int_a^b f(x)\mathrm{d}x$ 的几何意义是表示由曲线 $y=f(x)$、直线 $x=a$ 和 $x=b$ 及 x 轴所围成的各部分图形面积的代数和，其中位于 x 轴上方的图形面积取正号，位于 x 轴下方的图形面积取负号.

定积分的定义要求对于区间 $[a,b]$ 的任意分划及 $\forall \xi_i\in[x_{i-1},x_i](i=1,2,\cdots,n)$，极限 $\lim\limits_{\lambda\to 0}\sum\limits_{i=1}^{n}f(\xi_i)\Delta x_i$ 存在且相等，才能说明函数 $f(x)$ 在 $[a,b]$ 上可积. 直接借助定积分的定义验证函数在区间 $[a,b]$ 上是否可积往往比较困难，我们希望寻找其他的方法来判断函数在区间 $[a,b]$ 上是否可积，事实上可以有下面的结论：

（1）若 $f(x)\in C([a,b])$，则函数 $f(x)$ 在 $[a,b]$ 上可积；

（2）若 $f(x)$ 为 $[a,b]$ 上的单调有界函数，则函数 $f(x)$ 在 $[a,b]$ 上可积；

（3）若 $f(x)$ 在 $[a,b]$ 上仅有有限个第一类间断点，则函数 $f(x)$ 在 $[a,b]$ 上可积.

因此，当函数 $f(x)$ 属于上面三类可积函数之一时，我们就有可能通过做特殊划分及取特定的 $\xi_i\in[x_{i-1},x_i](i=1,2,\cdots,n)$ 去构造积分和而求得定积分 $\int_a^b f(x)\mathrm{d}x$ 的值.

例 4.1　利用定义 4.1 计算定积分 $\int_0^1 x^2\mathrm{d}x$.

解　因为被积函数 $f(x)=x^2$ 在积分区间 $[0,1]$ 上连续，而连续函数是可积的，所以积分与区间 $[0,1]$ 的分划及点 ξ_i 的取法无关.因此，为了便于计算，不妨把区间 $[0,1]$ 等分成 n 份，分点为 $x_i=\frac{i}{n}(i=1,2,\cdots,n-1)$. 这样，每个小区间 $[x_{i-1},x_i]$ 的长度 $\Delta x_i=\frac{1}{n}(i=1,2,\cdots,n)$. 取 $\xi_i=x_i(i=1,2,\cdots,n)$，得

$$
\begin{aligned}
\sum_{i=1}^{n}f(\xi_i)\Delta x_i&=\sum_{i=1}^{n}\xi_i^2\Delta x_i=\sum_{i=1}^{n}x_i^2\Delta x_i\\
&=\sum_{i=1}^{n}\left(\frac{i}{n}\right)^2\cdot\frac{1}{n}=\frac{1}{n^3}\sum_{i=1}^{n}i^2\\
&=\frac{1}{n^3}\cdot\frac{1}{6}n(n+1)(2n+1)\\
&=\frac{1}{6}\cdot\left(1+\frac{1}{n}\right)\left(2+\frac{1}{n}\right).
\end{aligned}
$$

当 $\lambda\to 0$ 即 $n\to\infty$ 时，对上式取极限，由定积分的定义，即得所要计算的积分为

$$\int_0^1 x^2 \mathrm{d}x = \lim_{\lambda \to 0} \sum_{i=1}^{n} \xi_i^2 \Delta x_i$$
$$= \lim_{n \to \infty} \frac{1}{6}\left(1+\frac{1}{n}\right)\left(2+\frac{1}{n}\right)$$
$$= \frac{1}{3}.$$

三、定积分的性质

在定积分 $\int_a^b f(x)\mathrm{d}x$ 的定义中，总是假设 $a<b$，为了今后使用方便，特做如下规定：

（1）当 $a=b$ 时，$\int_a^b f(x)\mathrm{d}x = 0$；

（2）当 $a>b$ 时，$\int_a^b f(x)\mathrm{d}x = -\int_b^a f(x)\mathrm{d}x$.

由规定（2）可知，交换定积分的上下限时，定积分绝对值不变而符号相反.

假定各性质中所列出的定积分都是存在的，则有如下性质.

性质 4.1　对任何常数 α,β 有

$$\int_a^b [\alpha f(x) + \beta g(x)]\mathrm{d}x = \alpha \int_a^b f(x)\mathrm{d}x + \beta \int_a^b g(x)\mathrm{d}x.$$

证　由于

$$\lim_{\lambda \to 0} \sum_{i=1}^{n} [\alpha f(\xi_i) + \beta g(\xi_i)]\Delta x_i = \alpha \lim_{\lambda \to 0} \sum_{i=1}^{n} f(\xi_i)\Delta x_i + \beta \lim_{\lambda \to 0} \sum_{i=1}^{n} g(\xi_i)\Delta x_i.$$

所以

$$\int_a^b [\alpha f(x) + \beta g(x)]\mathrm{d}x = \alpha \int_a^b f(x)\mathrm{d}x + \beta \int_a^b g(x)\mathrm{d}x.$$

性质 4.2　若 $a<c<b$，则

$$\int_a^b f(x)\mathrm{d}x = \int_a^c f(x)\mathrm{d}x + \int_c^b f(x)\mathrm{d}x.$$

证　由于可积，且 $a<c<b$，故可选取区间 $[a,b]$ 的划分，使 c 成为分点，即

$$a = x_0 < x_1 < \cdots < x_{i_0} = c < x_{i_0+1} < \cdots < x_n = b,$$

于是

$$\sum_{i=1}^{n} f(\xi_i)\Delta x_i = \sum_{i=1}^{i_0} f(\xi_i)\Delta x_i + \sum_{i=i_0+1}^{n} f(\xi_i)\Delta x_i.$$

令 $\lambda \to 0$，得

$$\int_a^b f(x)\mathrm{d}x = \int_a^c f(x)\mathrm{d}x + \int_c^b f(x)\mathrm{d}x.$$

此性质称为定积分对积分区间的可加性，按照定积分的规定可以看出性质 4.2 中的条件“$a<c<b$”可去掉，只要 $f(x)$ 在所给区间上是可积的. 请读者自行思考.

性质 4.3　若 $\forall x \in [a,b]$ 有 $f(x) \geqslant 0$，则

$$\int_a^b f(x)\mathrm{d}x \geqslant 0 \quad (b>a).$$

证　由已知条件及极限性质有

$$\int_a^b f(x)\mathrm{d}x = \lim_{\lambda\to 0}\sum_{i=1}^{n} f(\xi_i)\Delta x_i \geqslant 0.$$

推论 4.1　若 $\forall x\in[a,b]$ 有 $f(x)\geqslant g(x)$，则

$$\int_a^b f(x)\mathrm{d}x \geqslant \int_a^b g(x)\mathrm{d}x \quad (b>a).$$

证　令 $F(x)=f(x)-g(x)$，则 $\forall x\in[a,b]$ 有 $F(x)\geqslant 0$，由性质 4.3 即得 $\int_a^b F(x)\mathrm{d}x\geqslant 0$，再由性质 4.1 可得

$$\int_a^b f(x)\mathrm{d}x \geqslant \int_a^b g(x)\mathrm{d}x.$$

推论 4.2　$\left|\int_a^b f(x)\mathrm{d}x\right| \leqslant \int_a^b |f(x)|\mathrm{d}x \ \ (b>a)$.

证　由于 $\forall x\in[a,b]$，有

$$-|f(x)|\leqslant f(x)\leqslant |f(x)|.$$

再由推论 4.1，有

$$-\int_a^b |f(x)|\mathrm{d}x \leqslant \int_a^b f(x)\mathrm{d}x \leqslant \int_a^b |f(x)|\mathrm{d}x,$$

所以

$$\left|\int_a^b f(x)\mathrm{d}x\right| \leqslant \int_a^b |f(x)|\mathrm{d}x.$$

推论 4.3　（估值不等式定理）设 m,M 为常数. 若 $\forall x\in[a,b]$ 有 $m\leqslant f(x)\leqslant M$，则

$$m(b-a)\leqslant \int_a^b f(x)\mathrm{d}x \leqslant M(b-a).$$

证　由于 $m\leqslant f(x)\leqslant M$，根据推论 4.1，得

$$m(b-a)=\int_a^b m\mathrm{d}x \leqslant \int_a^b f(x)\mathrm{d}x \leqslant \int_a^b M\mathrm{d}x = M(b-a).$$

性质 4.4　（积分中值定理）设 $f(x)\in C([a,b])$，则 $\exists\xi\in[a,b]$，使得

$$\int_a^b f(x)\mathrm{d}x = f(\xi)(b-a).$$

例 4.2　证明不等式：$2\leqslant \int_0^2 (1+x^2)\mathrm{d}x \leqslant 10$.

证　当 $x\in[0,2]$ 时，有

$$\min_{x\in[0,2]} f(x)=1, \quad \max_{x\in[0,2]} f(x)=5,$$

所以

$$\int_0^2 1\mathrm{d}x \leqslant \int_0^2 (1+x^2)\mathrm{d}x \leqslant \int_0^2 5\mathrm{d}x,$$

即

$$2\leqslant \int_0^2 (1+x^3)\mathrm{d}x \leqslant 10.$$

第二节　原函数与微积分学基本定理

在 4.1 节介绍了定积分的定义和性质，但并未给出一个有效的计算方法. 当被积函数较复杂时，难以利用定义直接计算. 为此，本节开始将介绍一些求定积分的有效方法.

一、原函数和变上限积分

定义 4.2　设函数 $F(x)$ 在某区间 I 上可导，且 $\forall x\in I$ 有 $F'(x)=f(x)$，则称 $F(x)$ 为函数 $f(x)$ 在区间 I 上的一个原函数.

例如，$\forall x\in(-\infty,+\infty),(\sin x)'=\cos x$，因此 $\sin x$ 是 $\cos x$ 在 $(-\infty,+\infty)$ 上的一个原函数. 显然，一个函数的原函数并不唯一. 事实上，若 $F(x)$ 为 $f(x)$ 在区间 I 上的原函数，则 $F(x)+C$（C 为任意常数）也是 $f(x)$ 的原函数.

定理 4.1　设 $F(x)$ 是 $f(x)$ 在区间 I 上的一个原函数，则 $F(x)+C$（C 为任意常数）为 $f(x)$ 的全体原函数.

证　对任意常数 C，$(F(x)+C)'=F'(x)+C'=f(x)$，故 $F(x)+C$ 为 $f(x)$ 的原函数. 另一方面，若 $\varPhi(x)$ 为 $f(x)$ 的任一原函数，则

$$[\varPhi(x)-F(x)]'=f(x)-f(x)=0.$$

从而，$\forall x\in I$ 有

$$\varPhi(x)-F(x)=C_0 \text{（} C_0 \text{ 为某一常数），}$$

即

$$\varPhi(x)=F(x)+C_0,\quad x\in I.$$

故定理 4.1 得证.

定义 4.3　若 $f(x)\in C([a,b])$，则称积分

$$\int_a^x f(t)\mathrm{d}t \quad (x\in[a,b]) \tag{4.1}$$

为 $f(x)$ 在区间 $[a,b]$ 上的积分上限函数；称积分

$$\int_x^b f(t)\mathrm{d}t \quad (x\in[a,b]) \tag{4.2}$$

为 $f(x)$ 在区间 $[a,b]$ 上的积分下限函数.

积分上（下）限函数具有许多好的性质，它是将微分与积分联系起来的纽带. 由于 $\int_x^b f(t)\mathrm{d}t=-\int_b^x f(t)\mathrm{d}t\ (x\in[a,b])$，所以我们仅讨论积分上限函数的一些性质. 对积分下限函数，不难利用此关系式给出其相应性质.

现将积分上限函数（4.1）与积分下限函数（4.2）统称为变限积分.

定理 4.2　记 $\varPhi(x)=\int_a^x f(t)\mathrm{d}t$，若 $f(x)$ 在 $[a,b]$ 上可积，则

$$\varPhi(x)=\int_a^x f(t)\mathrm{d}t\in C([a,b]).$$

证　由 $f(x)$ 在 $[a,b]$ 上可积知 $\exists M>0$，使 $\forall x\in[a,b]$ 有 $|f(x)|\leqslant M$. 从而 $\forall x$ 及

$x+\Delta x\in[a,b]$，有

$$\left|\varPhi(x+\Delta x)-\varPhi(x)\right|=\left|\int_a^{x+\Delta x}f(t)\mathrm{d}t-\int_a^x f(t)\mathrm{d}t\right|$$
$$=\left|\int_x^{x+\Delta x}f(t)\mathrm{d}t\right|\leqslant\left|\int_x^{x+\Delta x}|f(t)|\mathrm{d}t\right|\leqslant M|\Delta x|\to 0\ (\text{当 }\Delta x\to 0\text{ 时}),$$

因此

$$\lim_{\Delta x\to 0}[\varPhi(x+\Delta x)-\varPhi(x)]=0,$$

即 $\varPhi(x)\in C([a,b])$.

定理 4.3 若 $f(x)\in C([a,b])$，则 $\varPhi(x)=\int_a^x f(t)\mathrm{d}t$ 可导，且 $\varPhi'(x)=f(x)$.

证 $$\varPhi(x+\Delta x)-\varPhi(x)=\int_a^{x+\Delta x}f(t)\mathrm{d}t-\int_a^x f(t)\mathrm{d}t=\int_x^{x+\Delta x}f(t)\mathrm{d}t,$$

由积分中值定理

$$\varPhi(x+\Delta x)-\varPhi(x)=f(\xi)\Delta x\quad(\xi\text{ 介于 }x\text{ 与 }x+\Delta x\text{ 之间}),$$

故

$$\varPhi'(x)=\lim_{\Delta x\to 0}\frac{\varPhi(x+\Delta x)-\varPhi(x)}{\Delta x}=\lim_{\Delta x\to 0}\frac{f(\xi)\Delta x}{\Delta x}=\lim_{\xi\to x}f(\xi)=f(x).$$

定理 4.3 揭示了导数与积分间的联系，且由此可知，$[a,b]$上的任何连续函数 $f(x)$ 均存在原函数 $\varPhi(x)=\int_a^x f(t)\mathrm{d}t$. 因此进一步有如下推论.

推论 4.4 若 $f(x)\in C([a,b])$，则 $\varPhi(x)=\int_a^x f(t)\mathrm{d}t$ 是 $f(x)$ 的一个原函数.

变限积分（函数）除式（4.1）和式（4.2）外，更一般地还有下面的变限复合函数：

$$\int_a^{u(x)}f(t)\mathrm{d}t,\quad\int_{v(x)}^b f(t)\mathrm{d}t,\quad\int_{v(x)}^{u(x)}f(t)\mathrm{d}t.$$

若 $f(t)$ 在区间 $[a,b]$ 上连续，$u(x),v(x)$ 在 $[\alpha,\beta]$ 上可导，且 $\forall x\in[\alpha,\beta]$，有 $u(x),v(x)\in[a,b]$，则由复合函数求导法则可得

$$\frac{\mathrm{d}}{\mathrm{d}x}\int_{v(x)}^{u(x)}f(t)\mathrm{d}t=f(u(x))u'(x)-f(v(x))v'(x).$$

例 4.3 计算下列导数.

（1）$\dfrac{\mathrm{d}}{\mathrm{d}x}\int_0^{\sin x}f(t)\mathrm{d}t$；　　（2）$\dfrac{\mathrm{d}}{\mathrm{d}x}\int_{x^2}^{x^3}\mathrm{e}^{-t}\mathrm{d}t$.

解 （1）$$\frac{\mathrm{d}}{\mathrm{d}x}\int_0^{\sin x}f(t)\mathrm{d}t=f(\sin x)\cdot(\sin x)'$$
$$=f(\sin x)\cdot\cos x.$$

（2）$$\frac{\mathrm{d}}{\mathrm{d}x}\int_{x^2}^{x^3}\mathrm{e}^{-t}\mathrm{d}t=\mathrm{e}^{-x^3}\cdot(x^3)'-\mathrm{e}^{-x^2}\cdot(x^2)'=3x^2\mathrm{e}^{-x^3}-2x\mathrm{e}^{-x^2}.$$

例 4.4 计算下列极限.

（1）$\displaystyle\lim_{x\to 0}\frac{\int_0^x\sin t^2\mathrm{d}t}{\ln(1+x^3)}$；　　（2）$\displaystyle\lim_{x\to\infty}\frac{\left(\int_0^x\mathrm{e}^{t^2}\mathrm{d}t\right)^2}{\int_0^x\mathrm{e}^{2t^2}\mathrm{d}t}$.

解　利用洛必达法则有

（1）$\lim\limits_{x\to 0}\dfrac{\int_0^x \sin t^2 \mathrm{d}t}{\ln(1+x^3)}=\lim\limits_{x\to 0}\dfrac{\int_0^x \sin t^2 \mathrm{d}t}{x^3}=\lim\limits_{x\to 0}\dfrac{\sin x^2}{3x^2}=\dfrac{1}{3}$.

（2）$\lim\limits_{x\to\infty}\dfrac{\left(\int_0^x \mathrm{e}^{t^2}\mathrm{d}t\right)^2}{\int_0^x \mathrm{e}^{2t^2}\mathrm{d}t}=\lim\limits_{x\to\infty}\dfrac{2\int_0^x \mathrm{e}^{t^2}\mathrm{d}t\cdot \mathrm{e}^{x^2}}{\mathrm{e}^{2x^2}}=\lim\limits_{x\to\infty}\dfrac{2\int_0^x \mathrm{e}^{t^2}\mathrm{d}t}{\mathrm{e}^{x^2}}$

$$=\lim_{x\to\infty}\frac{2\mathrm{e}^{x^2}}{2x\mathrm{e}^{x^2}}=\lim_{x\to\infty}\frac{1}{x}=0.$$

二、微积分学基本定理

定理 4.4　设 $f(x)\in C([a,b])$，$F(x)$ 是 $f(x)$ 在 $[a,b]$ 上的一个原函数，则

$$\int_a^b f(x)\mathrm{d}x=F(b)-F(a). \tag{4.3}$$

证　因 $F(x)$ 是 $f(x)$ 在 $[a,b]$ 上的原函数，由推论 4.2 知，存在常数 C，使对 $\forall x\in[a,b]$ 有

$$F(x)=\int_a^x f(t)\mathrm{d}t+C,$$

而

$$F(a)=\int_a^x f(t)\mathrm{d}t+C=C,$$

因此

$$F(x)=\int_a^x f(t)\mathrm{d}t+F(a),$$

即

$$\int_a^x f(t)\mathrm{d}t=F(x)-F(a),\quad \forall x\in[a,b],$$

将 $x=b$ 代入上式即得式（4.3）.

定理 4.4 称为**微积分学基本定理**. 式（4.3）称为微积分学基本公式，也称为**牛顿-莱布尼茨公式**（Newton-Leibniz formula），常将其简写为

$$\int_a^b f(x)\mathrm{d}x=F(x)\Big|_a^b.$$

例 4.5　求 $\int_0^1 x^2\mathrm{d}x$.

解　由于 $\left(\dfrac{1}{3}x^3\right)'=x^2$，即 $\dfrac{1}{3}x^3$ 是 x^2 的一个原函数，由定理 4.4，得

$$\int_0^1 x^2\mathrm{d}x=\frac{1}{3}x^3\Big|_0^1=\frac{1}{3}.$$

例 4.6　求 $\int_0^\pi \sin x\mathrm{d}x$.

解　因 $(-\cos x)' = \sin x$，故

$$\int_0^{\pi} \sin x \mathrm{d}x = (-\cos x)\Big|_0^{\pi} = 2 .$$

例 4.7　求 $\int_0^1 \frac{x}{\sqrt{1+x^2}} \mathrm{d}x$.

解　因 $(\sqrt{1+x^2})' = \frac{x}{\sqrt{1+x^2}}$，故

$$\int_0^1 \frac{x}{\sqrt{1+x^2}} \mathrm{d}x = \sqrt{1+x^2}\Big|_0^1 = \sqrt{2} - 1 .$$

例 4.8　求 $\int_0^{\pi} \sqrt{1+\cos 2x} \mathrm{d}x$.

解

$$\begin{aligned}\int_0^{\pi} \sqrt{1+\cos 2x} \mathrm{d}x &= \sqrt{2} \int_0^{\pi} |\cos x| \mathrm{d}x \\ &= \sqrt{2}\left[\int_0^{\frac{\pi}{2}} \cos x \mathrm{d}x + \int_{\frac{\pi}{2}}^{\pi} (-\cos x) \mathrm{d}x\right] \\ &= \left[\sqrt{2} \sin x\Big|_0^{\frac{\pi}{2}} - \sin x\Big|_{\frac{\pi}{2}}^{\pi}\right] \\ &= 2\sqrt{2} .\end{aligned}$$

第三节　不定积分与原函数求法

由微积分学的基本公式可知，定积分的值等于被积函数的原函数在积分上限、积分下限处的函数值的差. 显然，要利用该公式，关键是找出被积函数的原函数，但如果被积函数较复杂，它的原函数可能不那么容易找出. 为此本节介绍一些求函数的原函数的方法.

一、不定积分的概念和性质

定义 4.4　设函数 $f(x)$ 在区间 I 上有定义，称 $f(x)$ 在区间 I 上的原函数的全体为 $f(x)$ 在 I 上的不定积分，记作 $\int f(x)\mathrm{d}x$，其中记号“$\int$”称为积分号，$f(x)$ 称为被积函数，x 称为积分变量.

由不定积分的定义及 4.2 节中定理 4.1，可得如下定理.

定理 4.5　设 $F(x)$ 是 $f(x)$ 在区间 I 上的一个原函数，则

$$\int f(x)\mathrm{d}x = F(x) + C \quad (C \text{ 为任意常数}).$$

通常，把 $f(x)$ 在区间 I 上的原函数的图形称为 $f(x)$ 的积分曲线，由定理 4.5 知，$\int f(x)\mathrm{d}x$ 在几何上表示横坐标相同（设为 $x_0 \in I$）的点处切线都平行（切线斜率均等于 $f(x_0)$）的一族曲线（图 4.2）.

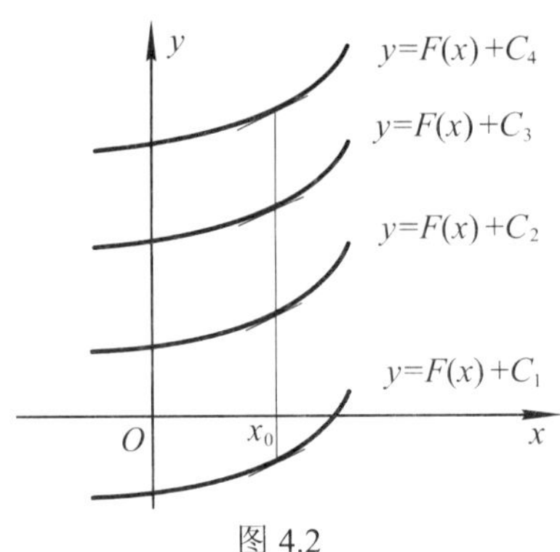

图 4.2

由不定积分的定义知，不定积分有下列性质：

（1） $\int[\alpha f(x)+\beta g(x)]\mathrm{d}x=\alpha\int f(x)\mathrm{d}x+\beta\int g(x)\mathrm{d}x$，其中 α,β 为常数；

（2） $\dfrac{\mathrm{d}}{\mathrm{d}x}\int f(x)\mathrm{d}x=f(x)$；

（3） $\int f'(x)\mathrm{d}x=f(x)+C$ （C 为任意常数）.

由性质（2）和（3）可看出，不定积分是微分运算的逆运算，因此由常用函数的导数公式可以得到相应的积分公式. 将这些常用函数的积分公式列成一个表，通常称为**基本积分表**，其中 C 是积分常数（注：在本章后面的讨论中同样如此）. 下面给出一些基本积分公式：

① $\int k\mathrm{d}x=kx+C$ （k 为常数）；

② $\int x^a\mathrm{d}x=\dfrac{1}{a+1}x^{a+1}+C(a\neq-1)$；

③ $\int\dfrac{1}{x}\mathrm{d}x=\ln|x|+C\left(x\neq0\right)$；

④ $\int\mathrm{e}^x\mathrm{d}x=\mathrm{e}^x+C$；

⑤ $\int a^x\mathrm{d}x=\dfrac{1}{\ln a}a^x+C(a>0\text{且}a\neq1)$；

⑥ $\int\cos x\mathrm{d}x=\sin x+C$；

⑦ $\int\sin x\mathrm{d}x=-\cos x+C$；

⑧ $\int\sec^2x\mathrm{d}x=\tan x+C$；

⑨ $\int\csc^2x\mathrm{d}x=-\cot x+C$；

⑩ $\int\sec x\tan x\mathrm{d}x=\sec x+C$；

⑪ $\int\csc x\cot x\mathrm{d}x=-\csc x+C$；

⑫ $\int\dfrac{1}{\sqrt{1-x^2}}\mathrm{d}x=\arcsin x+C$；

⑬ $\int\frac{1}{1+x^2}\mathrm{d}x=\arctan x+C$；

⑭ $\int \mathrm{sh}\,x\mathrm{d}x=\mathrm{ch}\,x+C$；

⑮ $\int \mathrm{ch}\,x\mathrm{d}x=\mathrm{sh}\,x+C$.

上述这些不定积分的性质及基本积分公式是求不定积分的基础.

下面举例说明基本积分公式的用法.

例 4.9　求 $\int\frac{\mathrm{d}x}{x\sqrt{x}}$.

解
$$\int\frac{\mathrm{d}x}{x\sqrt{x}}=\int x^{-\frac{3}{2}}\mathrm{d}x=\frac{x^{-\frac{3}{2}+1}}{-\frac{3}{2}+1}+C=-2x^{-\frac{1}{2}}+C=-\frac{2}{\sqrt{x}}+C.$$

例 4.10　求 $\int\frac{(x+1)^3}{x^2}\mathrm{d}x$.

解
$$\begin{aligned}\int\frac{(x+1)^3}{x^2}\mathrm{d}x&=\int\frac{x^3+3x^2+3x+1}{x^2}\mathrm{d}x\\&=\int\left(x+3+\frac{3}{x}+\frac{1}{x^2}\right)\mathrm{d}x\\&=\int x\mathrm{d}x+3\int\mathrm{d}x+3\int\frac{\mathrm{d}x}{x}+\int\frac{\mathrm{d}x}{x^2}\\&=\frac{x^2}{2}+3x+3\ln|x|-\frac{1}{x}+C.\end{aligned}$$

例 4.11　求 $\int(\mathrm{e}^x-3\cos x)\mathrm{d}x$.

解
$$\begin{aligned}\int(\mathrm{e}^x-3\cos x)\mathrm{d}x&=\int\mathrm{e}^x\mathrm{d}x-3\int\cos x\mathrm{d}x\\&=\mathrm{e}^x-3\sin x+C.\end{aligned}$$

例 4.12　求 $\int\frac{1+x+x^2}{x(1+x^2)}\mathrm{d}x$.

解
$$\begin{aligned}\int\frac{1+x+x^2}{x(1+x^2)}\mathrm{d}x&=\int\frac{x+(1+x^2)}{x(1+x^2)}\mathrm{d}x=\int\left(\frac{1}{1+x^2}+\frac{1}{x}\right)\mathrm{d}x\\&=\int\frac{1}{1+x^2}\mathrm{d}x+\int\frac{1}{x}\mathrm{d}x\\&=\arctan x+\ln|x|+C.\end{aligned}$$

例 4.13　求 $\int\frac{x^4}{1+x^2}\mathrm{d}x$.

解
$$\begin{aligned}\int\frac{x^4}{1+x^2}\mathrm{d}x&=\int\frac{x^4-1+1}{1+x^2}\mathrm{d}x=\int\frac{(x^2+1)(x^2-1)+1}{1+x^2}\mathrm{d}x\\&=\int\left(x^2-1+\frac{1}{1+x^2}\right)\mathrm{d}x=\int x^2\mathrm{d}x-\int\mathrm{d}x+\int\frac{1}{1+x^2}\mathrm{d}x\end{aligned}$$

$$=\frac{x^3}{3}-x+\arctan x+C.$$

例 4.14 求 $\int\tan^2 x\mathrm{d}x$.

解
$$\begin{aligned}\int\tan^2 x\mathrm{d}x&=\int(\sec^2 x-1)\mathrm{d}x=\int\sec^2 x\mathrm{d}x-\int\mathrm{d}x\\&=\tan x-x+C.\end{aligned}$$

例 4.15 求 $\int\sin^2\frac{x}{2}\mathrm{d}x$.

解
$$\begin{aligned}\int\sin^2\frac{x}{2}\mathrm{d}x&=\int\frac{1}{2}(1-\cos x)\mathrm{d}x=\frac{1}{2}\int(1-\cos x)\mathrm{d}x\\&=\frac{1}{2}\left(\int\mathrm{d}x-\int\cos x\mathrm{d}x\right)=\frac{1}{2}(x-\sin x)+C.\end{aligned}$$

二、求不定积分的方法

直接利用基本积分公式和积分性质可计算出的不定积分是非常有限的，下面介绍几种求不定积分的有效方法.

1. 换元法

定理 4.6 设 $F(u)$ 是 $f(u)$ 在区间 I 上的一个原函数，$u=\varphi(x)$ 在区间 J 上可导，且 $\varphi(x)\subset I$，则在区间 J 上有

$$\int f(\varphi(x))\varphi'(x)\mathrm{d}x=F\left(\varphi(x)\right)+C.\tag{4.4}$$

证 由复合函数的求导法有

$$[F(\varphi(x))]'=F'(u)\varphi'(x)=f(u)\varphi'(x)=f(\varphi(x))\varphi'(x),$$

故 $F(\varphi(x))$ 是 $f(\varphi(x))\varphi'(x)$ 的一个原函数，从而

$$\int f(\varphi(x))\varphi'(x)\mathrm{d}x=F(\varphi(x))+C.$$

通过上述这种换元而求得不定积分的方法称为**第一类换元法**.

为了利用公式（4.4）求积分 $\int g(x)\mathrm{d}x$，必须将 $g(x)$ 凑成 $f(\varphi(x))\varphi'(x)$ 的形式，然后作代换 $u=\varphi(x)$，于是 $\int g(x)\mathrm{d}x=\int f(u)\mathrm{d}u$，如果能求得 $f(u)$ 的原函数 $F(u)$，则代回原来的变量 x，就可求得积分 $\int g(x)\mathrm{d}x=F(\psi(x))+C$. 因此，也称这种方法为凑微分法.

例 4.16 求 $\int x\mathrm{e}^{x^2}\mathrm{d}x$.

解
$$\begin{aligned}\int x\mathrm{e}^{x^2}\mathrm{d}x&=\frac{1}{2}\int\mathrm{e}^{x^2}\mathrm{d}x^2\xlongequal{令u=x^2}\frac{1}{2}\int\mathrm{e}^u\mathrm{d}u\\&=\frac{1}{2}\mathrm{e}^u+C=\frac{1}{2}\mathrm{e}^{x^2}+C.\end{aligned}$$

例 4.17 求 $\int\frac{1}{\sqrt{a^2-x^2}}\mathrm{d}x\,(a>0)$.

解

$$\int\frac{1}{\sqrt{a^2-x^2}}\mathrm{d}x=\int\frac{\mathrm{d}\left(\frac{x}{a}\right)}{\sqrt{1-\left(\frac{x}{a}\right)^2}}\xlongequal{令u=\frac{x}{a}}\int\frac{\mathrm{d}u}{\sqrt{1-u^2}}$$

$$=\arcsin u+C=\arcsin\frac{x}{a}+C.$$

注　当读者对该方法比较熟悉后，则不必明显写出中间变量 $u=\varphi(x)$.

例 4.18　求 $\int\frac{1}{a^2-x^2}\mathrm{d}x$ （ $a\neq 0$ 为常数）.

解

$$\begin{aligned}\int\frac{1}{a^2-x^2}\mathrm{d}x&=\frac{1}{2a}\int\left(\frac{1}{a+x}+\frac{1}{a-x}\right)\mathrm{d}x\\&=\frac{1}{2a}\left[\int\frac{\mathrm{d}(a+x)}{a+x}-\int\frac{\mathrm{d}(a-x)}{a-x}\right]\\&=\frac{1}{2a}\left[\ln|a+x|-\ln|a-x|\right]+C\\&=\frac{1}{2a}\ln\left|\frac{a+x}{a-x}\right|+C.\end{aligned}$$

例 4.19　求 $\int\tan x\mathrm{d}x$.

解

$$\begin{aligned}\int\tan x\mathrm{d}x&=\int\frac{\sin x}{\cos x}\mathrm{d}x=-\int\frac{1}{\cos x}\mathrm{d}(\cos x)\\&=-\ln|\cos x|+C.\end{aligned}$$

类似地，可得

$$\int\cot x\mathrm{d}x=\ln|\sin x|+C.$$

例 4.20　求 $\int\cos^2 x\mathrm{d}x$.

解

$$\begin{aligned}\int\cos^2 x\mathrm{d}x&=\int\frac{1+\cos 2x}{2}\mathrm{d}x=\frac{1}{2}\left(\int\mathrm{d}x+\int\cos 2x\mathrm{d}x\right)\\&=\frac{1}{2}\int\mathrm{d}x+\frac{1}{4}\int\cos 2x\mathrm{d}(2x)=\frac{x}{2}+\frac{\sin 2x}{4}+C.\end{aligned}$$

类似地，可得

$$\int\sin^2 x\mathrm{d}x=\frac{x}{2}-\frac{\sin 2x}{4}+C.$$

例 4.21　求 $\int\sin^3 x\mathrm{d}x$.

解

$$\begin{aligned}\int\sin^3 x\mathrm{d}x&=\int(1-\cos^2 x)\sin x\mathrm{d}x\\&=\int-(1-\cos^2 x)\mathrm{d}(\cos x)\\&=\int(-1+\cos^2 x)\mathrm{d}(\cos x)\\&=-\cos x+\frac{1}{3}\cos^3 x+C.\end{aligned}$$

例 4.22　求 $\int \csc x \mathrm{d}x$.

解
$$\int \csc x \mathrm{d}x = \int \frac{\mathrm{d}x}{\sin x} = \int \frac{\mathrm{d}x}{2\sin\frac{x}{2}\cos\frac{x}{2}}$$
$$= \int \frac{\mathrm{d}\left(\frac{x}{2}\right)}{\tan\frac{x}{2}\cos^2\frac{x}{2}} = \int \frac{\mathrm{d}\left(\tan\frac{x}{2}\right)}{\tan\frac{x}{2}}$$
$$= \ln\left|\tan\frac{x}{2}\right| + C.$$

因为
$$\tan\frac{x}{2} = \frac{\sin\frac{x}{2}}{\cos\frac{x}{2}} = \frac{2\sin^2\frac{x}{2}}{\sin x} = \frac{1-\cos x}{\sin x} = \csc x - \cot x,$$
所以上述不定积分又可表示为
$$\int \csc x \mathrm{d}x = \ln|\csc x - \cot x| + C.$$

例 4.23　求 $\int \cos 3x \cos 2x \mathrm{d}x$.

解　利用三角函数中的积化和差公式
$$\cos A \cos B = \frac{1}{2}[\cos(A-B) + \cos(A+B)]$$
得
$$\cos 3x \cos 2x = \frac{1}{2}(\cos x + \cos 5x),$$
于是
$$\int \cos 3x \cos 2x \mathrm{d}x = \frac{1}{2}\int (\cos x + \cos 5x)\mathrm{d}x$$
$$= \frac{1}{2}\left[\int \cos x \mathrm{d}x + \frac{1}{5}\cos 5x \mathrm{d}(5x)\right]$$
$$= \frac{1}{2}\sin x + \frac{1}{10}\sin 5x + C.$$

定理 4.7　若函数 $f(x)$ 在区间 I 上连续，又有函数 $x=\varphi(t)$ 在区间 J 上严格单调、可导，且 $\varphi'(t) \neq 0, \varphi(J) \subset I$，若 $f[\varphi(t)]\cdot\varphi'(t)$ 在区间 J 上有原函数 $F(t)$，则在 I 上有
$$\int f(x)\mathrm{d}x = F[\varphi^{-1}(x)] + C, \tag{4.5}$$
其中：$\varphi^{-1}(x)$ 是 $\varphi(t)$ 的反函数.

证　由 $\varphi(t)$ 满足的条件知 $\varphi^{-1}(x)$ 存在，且在 I 上严格单调、可导，因此，由复合函数求导法及反函数的求导法有

$$[F(\varphi^{-1}(x))]' = F'(t)\cdot[\varphi^{-1}(x)]' = f(\varphi(t))\varphi'(t)\cdot\frac{1}{\varphi'(t)} = f(\varphi(t)) = f(x),$$

故

$$\int f(x)\mathrm{d}x = F(\varphi^{-1}(x)) + C .$$

通过上述这种换元而求得不定积分的方法称为**第二类换元法**.

例 4.24　求 $\int\sqrt{a^2-x^2}\mathrm{d}x(a>0)$.

解　被积函数为无理式，应设法去掉根号，令 $x=a\sin t, t\in\left[-\frac{\pi}{2},\frac{\pi}{2}\right]$，则它是 t 的严格单调连续可微函数，且 $\mathrm{d}x = a\cos t\mathrm{d}t, \sqrt{a^2-x^2}=a\cos t$，因而

$$\begin{aligned}\int\sqrt{a^2-x^2}\mathrm{d}x &= \int a\cos t\cdot a\cos t\mathrm{d}t = \int a^2\cos^2 t\mathrm{d}t\\ &= a^2\int\frac{1+\cos 2t}{2}\mathrm{d}t = a^2\left(\frac{t}{2}+\frac{1}{4}\sin 2t\right)+C\\ &= \frac{a^2 t}{2}+\frac{a^2}{2}\sin t\cos t + C\\ &= \frac{a^2}{2}\arcsin\frac{x}{a}+\frac{1}{2}x\sqrt{a^2-x^2}+C.\end{aligned}$$

其中最后一个等式是由 $x=a\sin t,\sqrt{a^2-x^2}=a\cos t$ 得到.

例 4.25　求 $\int\frac{1}{\sqrt{x^2+a^2}}\mathrm{d}x(a>0)$.

解　令 $x=a\tan t, t\in\left(-\frac{\pi}{2},\frac{\pi}{2}\right)$，则 $\mathrm{d}x=a\sec^2 t\mathrm{d}t,\sqrt{x^2+a^2}=a\sec t$，因而

$$\begin{aligned}\int\frac{1}{\sqrt{x^2+a^2}}\mathrm{d}x &= \int\frac{1}{a\sec t}\cdot a\sec^2 t\mathrm{d}t = \int\sec t\mathrm{d}t\\ &= \ln|\sec t+\tan t|+C_1\\ &= \ln\left|\frac{\sqrt{x^2+a^2}}{a}+\frac{x}{a}\right|+C_1\\ &= \ln\left|\sqrt{x^2+a^2}+x\right|+C,\end{aligned}$$

其中：$C=C_1-\ln a$.

例 4.26　求 $\int\frac{1}{\sqrt{x^2-a^2}}\mathrm{d}x(a>0)$.

解　令 $x=a\sec t, t\in\left(0,\frac{\pi}{2}\right)$，可求得被积函数在 $x>a$ 上的不定积分，这时 $\mathrm{d}x=a\sec t\tan t\mathrm{d}t,\sqrt{x^2-a^2}=a\tan t$，故

$$\begin{aligned}\int\frac{1}{\sqrt{x^2-a^2}}\mathrm{d}x &= \int\frac{1}{a\tan t}\cdot a\sec t\tan t\mathrm{d}t = \int\sec t\mathrm{d}t\\ &= \ln|\sec t+\tan t|+C_1\end{aligned}$$

$$=\ln\left|\frac{\sqrt{x^2-a^2}}{a}+\frac{x}{a}\right|+C_1$$

$$=\ln\left|\sqrt{x^2-a^2}+x\right|+C,$$

其中：$C=C_1-\ln a$. 至于当 $x<-a$ 时，可令 $x=a\sec t\left(\pi<t<\frac{3\pi}{2}\right)$，类似地，可得相同形式的结果（读者可试一试），因此不论哪种情况均有

$$\int\frac{1}{\sqrt{x^2-a^2}}\mathrm{d}x=\ln|\sqrt{x^2-a^2}+x|+C.$$

以上三例所作变换均利用三角恒等式，称为三角代换，目的是将被积函数中的无理因式化为三角函数的有理因式. 通常，若被积函数含有 $\sqrt{a^2-x^2}$ 时，可作代换 $x=a\sin t$；若含有 $\sqrt{x^2+a^2}$，可作代换 $x=a\tan t$；若含有 $\sqrt{x^2-a^2}$，可作代换 $x=a\sec t$. 有时也可利用双曲函数作代换，如例 4.25 中也可令 $x=a\,\mathrm{sh}\,t$ 而得相同结果. 此外，有时计算某些积分时需约简因子 $x^\mu(\mu\in\mathbf{N})$，此时往往可作倒代换 $x=\frac{1}{t}$.

例 4.27　求 $\int\frac{\sqrt{a^2-x^2}}{x^4}\mathrm{d}x$.

解　设 $x=\frac{1}{t}$，那么 $\mathrm{d}x=-\frac{\mathrm{d}t}{t^2}$，于是

$$\int\frac{\sqrt{a^2-x^2}}{x^4}\mathrm{d}x=\int\frac{\sqrt{a^2-\frac{1}{t^2}}\cdot\left(-\frac{\mathrm{d}t}{t^2}\right)}{\frac{1}{t^4}}$$

$$=-\int(a^2t^2-1)^{\frac{1}{2}}|t|\mathrm{d}t.$$

当 $x>0$ 时，有

$$\int\frac{\sqrt{a^2-x^2}}{x^4}\mathrm{d}x=-\frac{1}{2a^2}\int(a^2t^2-1)^{\frac{1}{2}}\mathrm{d}(a^2t^2-1)$$

$$=-\frac{(a^2t^2-1)^{\frac{3}{2}}}{3a^2}+C$$

$$=-\frac{(a^2-x^2)^{\frac{3}{2}}}{3a^2x^3}+C.$$

当 $x<0$ 时，有相同的结果.

2. 分部积分法

定理 4.8　设 $u(x),v(x)$ 在区间 I 上可导，且 $u'(x)v(x)$ 在 I 上有原函数，则有

$$\int u(x)v'(x)\mathrm{d}x=u(x)v(x)-\int u'(x)v(x)\mathrm{d}x.\tag{4.6}$$

证　因 $u=u(x)$和$v=v(x)$ 在 I 上可导，故 uv 是 $(uv)'$ 在 I 上的原函数，而

$$(uv)' = u'v + uv',$$

或

$$uv' = (uv)' - u'v.$$

从而，若 $u'v$ 在 I 上有原函数，则由不定积分性质知 uv' 在 I 上也有原函数，且

$$\int uv'\mathrm{d}x = \int (uv)'\mathrm{d}x - \int u'v\mathrm{d}x = uv - \int u'v\mathrm{d}x.$$

式（4.6）称为**分部积分公式**，常简写成

$$\int u\mathrm{d}v = uv - \int v\mathrm{d}u,$$

其中：u,v 的选取以 $\int v\mathrm{d}u$ 比 $\int u\mathrm{d}v$ 易求为原则.利用该公式求不定积分的方法称为分部积分法.

例 4.28　求 $\int x\mathrm{e}^x\mathrm{d}x$.

解　若在式（4.6）中取 $u = \mathrm{e}^x, v = \frac{1}{2}x^2$，则

$$\int x\mathrm{e}^x\mathrm{d}x = \int \mathrm{e}^x\mathrm{d}\left(\frac{1}{2}x^2\right) = \frac{1}{2}x^2\mathrm{e}^x - \int \frac{1}{2}x^2\mathrm{d}(\mathrm{e}^x).$$

而式右端积分 $\int \frac{1}{2}x^2\mathrm{d}(\mathrm{e}^x) = \int \frac{1}{2}x^2\mathrm{e}^x\mathrm{d}x$ 比左端积分 $\int x\mathrm{e}^x\mathrm{d}x$ 更难求，因此改取 $u = x, v = \mathrm{e}^x$，则

$$\int x\mathrm{e}^x\mathrm{d}x = \int x\mathrm{d}\mathrm{e}^x = x\mathrm{e}^x - \int \mathrm{e}^x\mathrm{d}x = x\mathrm{e}^x - \mathrm{e}^x + C.$$

例 4.29　求 $\int x\cos x\mathrm{d}x$.

解　在式（4.6）中取 $u = x, v = \sin x$，则

$$\begin{aligned}\int x\cos x\mathrm{d}x &= \int x\mathrm{d}\sin x = x\sin x - \int \sin x\mathrm{d}x \\ &= x\sin x + \cos x + C.\end{aligned}$$

以上两例题说明，如果被积函数是幂函数和正（余）弦函数或幂函数和指数函数的乘积，可考虑用分部积分法，且在分部积分公式（4.6）中取幂函数为 u.

例 4.30　求 $\int \ln x\mathrm{d}x$.

解　在式（4.6）中取 $u = \ln x, v = x$，则

$$\int \ln x\mathrm{d}x = x\ln x - \int x\mathrm{d}(\ln x) = x\ln x - \int \mathrm{d}x = x\ln x - x + C.$$

例 4.31　求 $\int x\arctan x\mathrm{d}x$.

解　在式（4.6）中取 $u = \arctan x, v = \frac{1}{2}x^2$，则

$$\begin{aligned}\int x\arctan x\mathrm{d}x &= \int \arctan x\mathrm{d}\left(\frac{1}{2}x^2\right) \\ &= \frac{1}{2}x^2\arctan x - \int \frac{1}{2}x^2\mathrm{d}(\arctan x)\end{aligned}$$

$$=\frac{1}{2}x^2\arctan x-\frac{1}{2}\int\frac{x^2}{1+x^2}\mathrm{d}(x)$$
$$=\frac{1}{2}x^2\arctan x-\frac{1}{2}\int\left(1-\frac{1}{1+x^2}\right)\mathrm{d}x$$
$$=\frac{1}{2}x^2\arctan x-\frac{1}{2}x+\frac{1}{2}\arctan x+C.$$

以上两例题说明，如果被积函数是幂函数和对数函数或幂函数和反三角函数的乘积，可考虑用分部积分法，并在式（4.6）中取对数函数或反三角函数部分为 u.

当我们对分部积分法较熟悉后，可不必明显写出公式中的 u,v，只需做到“心中有数”. 此外，在利用公式时，有时计算过程中会重新出现所求积分，此时可得到一个关于所求积分的代数方程，解出该方程中的不定积分即得所求.

例 4.32 求 $I=\int \mathrm{e}^x\cos x\mathrm{d}x$.

解
$$I=\int \mathrm{e}^x\cos x\mathrm{d}x=\mathrm{e}^x\cos x-\int \mathrm{e}^x\mathrm{d}\cos x$$
$$=\mathrm{e}^x\cos x+\int \mathrm{e}^x\sin x\mathrm{d}x=\mathrm{e}^x\cos x+\int\sin x\mathrm{d}\mathrm{e}^x$$
$$=\mathrm{e}^x\cos x+\mathrm{e}^x\sin x-\int \mathrm{e}^x\mathrm{d}\sin x=\mathrm{e}^x\left(\cos x+\sin x\right)-I,$$

故
$$I=\int \mathrm{e}^x\cos x\mathrm{d}x=\frac{1}{2}\mathrm{e}^x(\cos x+\sin x)+C.$$

注意，上式右端已不包含积分项，所以必须加上任意常数 C.

例 4.33 求 $I=\int\sqrt{x^2-a^2}\mathrm{d}x\left(a>0\right)$.

解
$$I=\int\sqrt{x^2-a^2}\mathrm{d}x=x\sqrt{x^2-a^2}-\int x\mathrm{d}\sqrt{x^2-a^2}$$
$$=x\sqrt{x^2-a^2}-\int\frac{x^2}{\sqrt{x^2-a^2}}\mathrm{d}x$$
$$=x\sqrt{x^2-a^2}-\int\frac{x^2-a^2+a^2}{\sqrt{x^2-a^2}}\mathrm{d}x$$
$$=x\sqrt{x^2-a^2}-\int\sqrt{x^2-a^2}\mathrm{d}x-a^2\int\frac{1}{\sqrt{x^2-a^2}}\mathrm{d}x$$
$$=x\sqrt{x^2-a^2}-I-a^2\ln\left|x+\sqrt{x^2-a^2}\right|+C_1,$$

故
$$I=\frac{x}{2}\sqrt{x^2-a^2}-\frac{a^2}{2}\ln\left|x+\sqrt{x^2-a^2}\right|+C,$$

其中：$C=\frac{1}{2}C_1$.

例 4.34 求 $I_n=\int x^n\mathrm{e}^x\mathrm{d}x$，其中 n 为正整数.

解
$$I_n=\int x^n\mathrm{d}\mathrm{e}^x$$

$$=x^n e^x-\int nx^{n-1}e^x dx$$
$$=x^n e^x-nI_{n-1}.$$

由此，即得递推式

$$I_n=x^n e^x-nI_{n-1}.$$

由上述递推式可求出所有形如 I_n 的积分，如取 $n=1$ 得

$$I_1=xe^x-I_0=xe^x-\int e^x dx=xe^x-e^x+C.$$

在积分的过程中往往要兼用换元法与分部积分法，下面举一个例子.

例 4.35　求 $\int e^{\sqrt{x}}dx$.

解　令 $\sqrt{x}=t$，则 $x=t^2, dx=2tdt$，于是

$$\int e^{\sqrt{x}}dx=2\int te^t dt.$$

利用例 4.28 的结果，并用 $t=\sqrt{x}$ 代回，便得所求积分为

$$\int e^{\sqrt{x}}dx=2\int te^t dt=2e^t(t-1)+C$$
$$=2e^{\sqrt{x}}(x-1)+C.$$

3. 有理函数的积分

设 $P(x)$、$Q(x)$ 是两个多项式，称 $\dfrac{P(x)}{Q(x)}$ 为**有理函数**. 当分子 $P(x)$ 的次数不小于分母 $Q(x)$ 的次数时，称上述有理函数为**假分式**，否则称为**真分式**. 由多项式的除法可知，总可以将假分式化为一个多项式与一个真分式的和，而多项式的不定积分简单易求，因此求有理函数积分的关键是求真分式的不定积分. 前面已经介绍过一些真分式的不定积分，如 $\int\frac{1}{ax+b}dx, \int\frac{1}{(ax+b)^n}dx, \int\frac{1}{(x-a)(x-b)}dx, \int\frac{ax+b}{x^2+1}dx$ 等. 若 $\dfrac{P(x)}{Q(x)}$ 为真分式，且分母能分解为两个无公因式的多项式的乘积，即

$$Q(x)=Q_1(x)Q_2(x).$$

由代数学的知识可知，$\dfrac{P(x)}{Q(x)}$ 可以拆分成两个真分式之和

$$\frac{P(x)}{Q(x)}=\frac{P_1(x)}{Q_1(x)}+\frac{P_2(x)}{Q_2(x)}.$$

下面列举几个有理函数分解为部分简单分式之和的例子.

例 4.36　试将分式 $\dfrac{x^2+5x+6}{(x-1)(x^2+2x+3)}$ 分解为部分简单分式之和.

解　设

$$\frac{x^2+5x+6}{(x-1)(x^2+2x+3)}=\frac{A}{x-1}+\frac{Bx+C}{x^2+2x+3},$$

两边去分母并合并同类项得

$$x^2+5x+6=(A+B)x^2+(2A-B+C)x+(3A-C).$$

比较 x 同次幂的系数，得方程组

$$\begin{cases}A+B=1,\\2A-B+C=5,\\3A-C=6.\end{cases}$$

从而解得 $A=2$，$B=-1$，$C=0$．故

$$\frac{x^2+5x+6}{(x-1)(x^2+2x+3)}=\frac{2}{x-1}+\frac{x}{x^2+2x+3}.$$

例 4.37　将 $\dfrac{2x+2}{(x-1)(x^2+1)^2}$ 分解为部分简单分式之和.

解　设

$$\frac{2x+2}{(x-1)(x^2+1)^2}=\frac{A}{x-1}+\frac{B_1x+C_1}{x^2+1}+\frac{B_2x+C_2}{(x^2+1)^2}.$$

去分母并合并同类项，得

$$\begin{aligned}2x+2=&(A+B_1)x^4+(C_1-B_1)x^3+(2A+B_2+B_1-C_1)x^2\\&+(C_2+C_1-B_2-B_1)x+(A-C_2-C_1).\end{aligned}$$

比较 x 同次幂的系数得

$$\begin{cases}A+B_1=0,\\C_1-B_1=0,\\2A+B_2+B_1-C_1=0,\\C_2+C_1-B_2-B_1=2,\\A-C_2-C_1=2.\end{cases}$$

从而解得 $A=1$，$B_1=-1$，$C_1=-1$，$B_2=-2$，$C_2=0$．故

$$\frac{2x+2}{(x-1)(x^2+1)^2}=\frac{1}{x-1}-\frac{x+1}{x^2+1}-\frac{2x}{(x^2+1)^2}.$$

例 4.38　求 $\displaystyle\int\frac{2x-3}{(x-1)(x-2)}\mathrm{d}x$.

解　设

$$\frac{2x-3}{(x-1)(x-2)}=\frac{A}{x-1}+\frac{B}{x-2},$$

其中：A、B 为待定系数. 将上式右端通分，比较两边分子可得

$$2x-3=A(x-2)+B(x-1),$$

比较 x 同次幂的系数，得方程组

$$\begin{cases}A+B=2,\\-2A-B=-3,\end{cases}$$

解得 $A=B=1$．故

$$\int \frac{2x-3}{(x-1)(x-2)}\mathrm{d}x = \int \left(\frac{1}{x-1}+\frac{1}{x-2}\right)\mathrm{d}x = \ln|x-1|+\ln|x-2|+C.$$

例 4.39　求 $\int \frac{1}{x(x-1)^2}\mathrm{d}x$.

解　设

$$\frac{1}{x(x-1)^2} = \frac{A}{x}+\frac{Bx+C}{(x-1)^2},$$

则

$$1 = A(x-1)^2 + x(Bx+C),$$

即

$$1 = (A+B)x^2 + (C-2A)x + A$$

解得

$$A=1,\quad B=-1,\quad C=2.$$

故

$$\begin{aligned}\int \frac{1}{x(x-1)^2}\mathrm{d}x &= \int \left[\frac{1}{x}-\frac{1}{x-1}+\frac{1}{(x-1)^2}\right]\mathrm{d}x \\ &= \int \frac{1}{x}\mathrm{d}x - \int \frac{1}{x-1}\mathrm{d}x + \int \frac{1}{(x-1)^2}\mathrm{d}x \\ &= \ln|x| - \ln|x-1| - \frac{1}{x-1} + C.\end{aligned}$$

某些积分本身虽不属有理函数积分，但经某些代换后，则可化为有理函数的积分.

例 4.40　求 $\int \frac{\mathrm{d}x}{\sin x(1+\cos x)}$.

解　令 $t=\tan\frac{x}{2}$，则

$$\begin{aligned}\int \frac{\mathrm{d}x}{\sin x(1+\cos x)} &= \int \frac{1}{2}\left(t+\frac{1}{t}\right)\mathrm{d}t = \frac{1}{4}t^2 + \frac{1}{2}\ln|t| + C \\ &= \frac{1}{4}\tan^2\frac{x}{2} + \frac{1}{2}\ln\left|\tan\frac{x}{2}\right| + C.\end{aligned}$$

注　我们虽指出某些积分可化为有理函数积分，但并非这样积分的途径最简捷，有时可能还有更简单的方法.

例 4.41　求 $\int \frac{\cos x}{1+\sin x}\mathrm{d}x$.

解

$$\int \frac{\cos x}{1+\sin x}\mathrm{d}x = \int \frac{\mathrm{d}(1+\sin x)}{1+\sin x} = \ln(1+\sin x) + C.$$

例 4.42　求 $\int \frac{1+\sqrt{x-1}}{x}\mathrm{d}x$.

解　设 $\sqrt{x-1}=u$，即 $x=u^2+1$，则

$$\int\frac{1+\sqrt{x-1}}{x}\mathrm{d}x=\int\frac{1+u}{u^2+1}\cdot 2u\mathrm{d}u=2\int\frac{u^2+u}{u^2+1}\mathrm{d}u$$
$$=2\int\left(1+\frac{u}{u^2+1}-\frac{1}{u^2+1}\right)\mathrm{d}u$$
$$=2u+\ln(1+u^2)-2\arctan u+C$$
$$=2(\sqrt{x-1}-\arctan\sqrt{x-1})+\ln x+C.$$

例 4.43　求 $\int\frac{\mathrm{d}x}{1+\sqrt[3]{x+2}}$.

解　设 $\sqrt[3]{x+2}=u$. 即 $x=u^3-2$，则

$$\int\frac{\mathrm{d}x}{1+\sqrt[3]{x+2}}=\int\frac{1}{1+u}\cdot 3u^2\mathrm{d}u=3\int\frac{u^2-1+1}{1+u}\mathrm{d}u$$
$$=3\int\left(u-1+\frac{1}{1+u}\right)\mathrm{d}u=3\left(\frac{u^2}{2}-u+\ln|1+u|\right)+C$$
$$=\frac{3}{2}\sqrt[3]{(x+2)^2}-3\sqrt[3]{x+2}+3\ln|1+\sqrt[3]{x+2}|+C.$$

例 4.44　求 $\int\frac{1}{x}\sqrt{\frac{1+x}{x}}\mathrm{d}x$.

解　设 $\sqrt{\frac{1+x}{x}}=t$，即 $x=\frac{1}{t^2-1}$，于是

$$\int\frac{1}{x}\sqrt{\frac{1+x}{x}}\mathrm{d}x=\int(t^2-1)t\cdot\frac{-2t}{(t^2-1)^2}\mathrm{d}t$$
$$=-2\int\frac{t^2}{t^2-1}\mathrm{d}t=-2\int\left(1+\frac{1}{t^2-1}\right)\mathrm{d}t$$
$$=-2t-\ln\left|\frac{t-1}{t+1}\right|+C$$
$$=-2\sqrt{\frac{1+x}{x}}-\ln\frac{\sqrt{1+x}-\sqrt{x}}{\sqrt{1+x}+\sqrt{x}}+C.$$

*第四节　积分表的使用

通过前面的讨论可知，积分的计算远比导数的计算灵活、复杂. 这样，当实际应用中需要计算积分时就会产生诸多不便，为了解决该问题，人们便把一些常用积分公式汇总成表，称为积分表（见附录）. 积分表是根据被积函数的类型来排列的，求积分时，可根据被积函数的类型直接地或经过简单的变形后，在表内查得所需的结果.

我们先举几个可以直接从积分表中查得结果的积分例子.

例 4.45　求 $\int\mathrm{e}^{-x}\sin 2x\mathrm{d}x$.

解　被积函数含指数函数，查书末附录积分表（式 128），得

$$\int e^{-x}\sin 2x\mathrm{d}x=\frac{1}{(-1)^2+2^2}e^{-x}(-\sin 2x-2\cos 2x)+C$$
$$=-\frac{1}{5}e^{-x}(\sin 2x+2\cos 2x)+C.$$

例 4.46　求 $\int\frac{x}{(3x+4)^2}\mathrm{d}x$.

解　被积函数含有 $ax+b$，查书末附录积分表（式 7），得

$$\int\frac{x}{(ax+b)^2}\mathrm{d}x=\frac{1}{a^2}\left(\ln|ax+b|+\frac{b}{ax+b}\right)+C.$$

现 $a=3,b=4$，于是

$$\int\frac{x}{(3x+4)^2}\mathrm{d}x=\frac{1}{9}\left(\ln|3x+4|+\frac{4}{3x+4}\right)+C.$$

例 4.47　求 $\int\frac{\mathrm{d}x}{5-4\cos x}$.

解　被积函数含有三角函数，在书末附录积分表含有三角函数的积分中查得关于积分 $\int\frac{\mathrm{d}x}{a+b\cos x}$ 的公式，但是公式有两个，则要看 $a^2>b^2$ 或 $a^2<b^2$ 而决定采用哪一个.

现 $a=5,b=-4,a^2>b^2$，所以用附录积分表中（式 105）得

$$\int\frac{\mathrm{d}x}{a+b\cos x}=\frac{2}{a+b}\sqrt{\frac{a+b}{a-b}}\arctan\left(\sqrt{\frac{a-b}{a+b}}\tan\frac{x}{2}\right)+C\quad(a^2>b^2).$$

于是

$$\int\frac{\mathrm{d}x}{5-4\cos x}=\frac{2}{5+(-4)}\sqrt{\frac{5+(-4)}{5-(-4)}}\arctan\left(\sqrt{\frac{5-(-4)}{5+(-4)}}\tan\frac{x}{2}\right)+C$$
$$=\frac{2}{3}\arctan\left(3\tan\frac{x}{2}\right)+C.$$

下面再举一个需要先进行变量代换，然后再查积分表求积分的例题.

例 4.48　求 $\int\frac{\mathrm{d}x}{(x+1)\sqrt{x^2+2x+5}}$.

解　该积分在积分表中不能直接查出，为此先令 $u=x+1$，得

$$\int\frac{\mathrm{d}x}{(x+1)\sqrt{x^2+2x+5}}=\int\frac{\mathrm{d}u}{u\sqrt{u^2+4}}.$$

查书末附录积分表（式 37），得

$$\int\frac{\mathrm{d}x}{(x+1)\sqrt{x^2+2x+5}}=\frac{1}{2}\ln\frac{\sqrt{u^2+4}-2}{|u|}+C$$
$$=\frac{1}{2}\ln\frac{\sqrt{x^2+2x+5}-2}{|x+1|}+C.$$

一般来说，查积分表可以节省计算积分的时间，但是，只有掌握了前面学过的基本积分方法才能灵活地使用积分表，而且对一些比较简单的积分，应用基本积分方法来计算可能比查表更快. 例如，对 $\int \sin^2 x\cos^3 x\mathrm{d}x$，用变换 $u=\sin x$ 很快就可得到结果. 所以，求积分时不管是直接计算，还是查表，或是两者结合使用，应做具体分析，不能一概而论.

本章还要指出：对初等函数来说，在其定义区间上，它的原函数一定存在，但原函数不一定都是初等函数，如

$$\int \mathrm{e}^{-x^2}\mathrm{d}x,\quad \int \frac{\sin x}{x}\mathrm{d}x,\quad \int \frac{\mathrm{d}x}{\ln x},\quad \int \frac{\mathrm{d}x}{\sqrt{1+x^4}}$$

等，它们的原函数就都不是初等函数.

第五节　定积分的计算

在 4.2 节给出了计算定积分的牛顿-莱布尼茨公式. 本节将借鉴求不定积分的方法，并结合牛顿-莱布尼茨公式给出求定积分的一些基本方法.

一、定积分的换元法

定理 4.9　假设

（1）$f(x)\in C([a,b])$；

（2）$\varphi(\alpha)=a, \varphi(\beta)=b$；

（3）$x=\varphi(t)$ 在 $[\alpha,\beta]$（或 $[\beta,\alpha]$）上单调，且具有连续导数，

则

$$\int_a^b f(x)\mathrm{d}x=\int_\alpha^\beta f[\varphi(t)]\cdot\varphi'(t)\mathrm{d}t. \tag{4.7}$$

证　由条件（1）知 $f(x)$ 在 $[a,b]$ 上可积，设其原函数为 $F(x)$，又由复合函数求导法则知 $F[\varphi(t)](t\in(\alpha,\beta))$ 是 $f[\varphi(t)]\varphi'(t)$ 的一个原函数，故由牛顿-莱布尼茨公式有

$$\int_a^b f(x)\mathrm{d}x=F(b)-F(a)$$

及

$$\int_\alpha^\beta f[\varphi(t)]\varphi'(t)\mathrm{d}t=F[\varphi(\beta)]-F[\varphi(\alpha)]=F(b)-F(a).$$

从而

$$\int_a^b f(x)\mathrm{d}x=\int_\alpha^\beta f(\varphi(t))\varphi'(t)\mathrm{d}t.$$

值得注意的是：式（4.7）在作代换 $x=\varphi(t)$ 后，原来关于 x 的积分区间必须换为关于新变量 t 的积分区间，而且新被积函数的原函数求出后不必再代回原积分变量，而只

需把新积分变量的上、下限直接代入相减即可；求定积分时，代换 $x=\varphi(t)$ 的选取原则与用换元法求相应的不定积分的选取原则完全相同.

例 4.49　计算 $\int_0^a \sqrt{a^2-x^2}\mathrm{d}x(a>0)$.

解　令 $x=a\sin x$，则当 $t\in\left[0,\frac{\pi}{2}\right]$ 时，$x\in[0,a]$，且 $t=0$ 时 $x=0$；当 $t=\frac{\pi}{2}$ 时 $x=a$，故

$$\int_0^a \sqrt{a^2-x^2}\mathrm{d}x=\int_0^{\frac{\pi}{2}} a\cos t\cdot a\cos t\mathrm{d}t=\frac{a^2}{2}\int_0^{\frac{\pi}{2}}(1+\cos 2t)\mathrm{d}t$$

$$=\frac{a^2}{2}\left(t+\frac{\sin 2t}{2}\right)\Bigg|_0^{\frac{\pi}{2}}=\frac{\pi}{4}a^2.$$

例 4.50　计算 $\int_0^4 \frac{x+2}{\sqrt{2x+1}}\mathrm{d}x$.

解　若 $\sqrt{2x+1}=t$，则 $x=\frac{t^2-1}{2}$，$\mathrm{d}x=t\mathrm{d}t$，且当 $x=0$ 时 $t=1$；当 $x=4$ 时，$t=3$. 于是

$$\int_0^4 \frac{x+2}{\sqrt{2x+1}}\mathrm{d}x=\int_1^3 \frac{\frac{t^2-1}{2}+2}{t}t\mathrm{d}t=\frac{1}{2}\int_1^3 (t^2+3)\mathrm{d}t$$

$$=\frac{1}{2}\left(\frac{t^3}{3}+3t\right)\Bigg|_1^3=\frac{22}{3}.$$

例 4.51　证明：

（1）若 $f(x)$ 为偶函数，则 $\int_{-a}^a f(x)\mathrm{d}x=2\int_0^a f(x)\mathrm{d}x$；

（2）若 $f(x)$ 为奇函数，则 $\int_{-a}^a f(x)\mathrm{d}x=0$.

证

$$\int_{-a}^a f(x)\mathrm{d}x=\int_{-a}^0 f(x)\mathrm{d}x+\int_0^a f(x)\mathrm{d}x$$

$$=\int_a^0 f(-t)\mathrm{d}(-t)+\int_0^a f(x)\mathrm{d}x,$$

在第一个积分中令 $x=-t$. 故

$$\text{上式}=\int_0^a f(-t)\mathrm{d}t+\int_0^a f(x)\mathrm{d}x$$

$$=\int_0^a f(-x)\mathrm{d}x+\int_0^a f(x)\mathrm{d}x$$

$$=\int_0^a [f(-x)+f(x)]\mathrm{d}x.$$

（1）若 $f(x)$ 为偶函数，则 $f(-x)=f(x)$，从而

$$\int_{-a}^a f(x)\mathrm{d}x=2\int_0^a f(x)\mathrm{d}x.$$

（2）若 $f(x)$ 为奇函数，则 $f(-x)=-f(x)$，从而

$$\int_{-a}^{a} f(x)\mathrm{d}x = 0 .$$

利用例 4.51 的结论，常可简化计算偶函数、奇函数在对称于原点的区间上的定积分.

例 4.52　若 $f(x)$ 为定义在 $(+\infty,-\infty)$ 上的周期为 T 的周期函数，且在任意区间上可积，则 $\forall a\in\mathbf{R}$ 有

$$\int_{a}^{a+T} f(x)\mathrm{d}x = \int_{0}^{T} f(x)\mathrm{d}x .$$

证　由于 $\int_{a}^{a+T} f(x)\mathrm{d}x = \int_{0}^{T} f(x)\mathrm{d}x + \int_{T}^{a+T} f(x)\mathrm{d}x$，而

$$\begin{aligned}\int_{T}^{a+T} f(x)\mathrm{d}x &\xlongequal{令x=t+T} \int_{0}^{a} f(t+T)\mathrm{d}t \\ &= \int_{0}^{a} f(t)\mathrm{d}t = \int_{0}^{a} f(x)\mathrm{d}x \\ &= \int_{0}^{T} f(x)\mathrm{d}x - \int_{a}^{T} f(x)\mathrm{d}x ,\end{aligned}$$

故等式成立.

例 4.52 说明周期为 T 的可积函数在任一长度为 T 的区间上的积分值都相同.

例 4.53　若 $f(x)\in C([0,1])$，则

$$\int_{0}^{\frac{\pi}{2}} f(\sin x)\mathrm{d}x = \int_{0}^{\frac{\pi}{2}} f(\cos x)\mathrm{d}x .$$

证　令 $x=\dfrac{\pi}{2}-t$，则

$$\begin{aligned}\int_{0}^{\frac{\pi}{2}} f(\sin x)\mathrm{d}x &= \int_{\frac{\pi}{2}}^{0} f(\cos t)(-\mathrm{d}t) \\ &= \int_{0}^{\frac{\pi}{2}} f(\cos x)\mathrm{d}x .\end{aligned}$$

由例 4.53 可知

$$\int_{0}^{\frac{\pi}{2}} (\sin x)^n \mathrm{d}x = \int_{0}^{\frac{\pi}{2}} (\cos x)^n \mathrm{d}x \text{（}n\text{ 为正整数）}.$$

二、定积分的分部积分法

定理 4.10　设函数 $u=u(x)$ 与 $v=v(x)$ 均在区间 $[a,b]$ 上可导，且 u',v' 在 $[a,b]$ 上可积，则有

$$\int_{a}^{b} uv'\mathrm{d}x = uv\Big|_{a}^{b} - \int_{a}^{b} u'v\mathrm{d}x . \tag{4.8}$$

证　由

$$(uv)' = u'v + uv',$$

对上式两边从 a 到 b 积分得

$$\int_a^b (uv)'\mathrm{d}x = \int_a^b u'v\mathrm{d}x + \int_a^b uv'\mathrm{d}x .$$

由此即得式（4.8）.

例 4.54　计算 $\int_0^{\frac{1}{2}} \arcsin x\mathrm{d}x$.

解　设 $u = \arcsin x, \mathrm{d}v = \mathrm{d}x$，则

$$\mathrm{d}u = \frac{\mathrm{d}x}{\sqrt{1-x^2}},\quad v = x .$$

代入分部积分公式（4.8），得

$$\begin{aligned}\int_0^{\frac{1}{2}} \arcsin x\mathrm{d}x &= x\arcsin x\mathrm{d}x\Big|_0^{\frac{1}{2}} - \int_0^{\frac{1}{2}} \frac{x\mathrm{d}x}{\sqrt{1-x^2}}\\ &= \frac{\pi}{12} + \frac{1}{2}\int_0^{\frac{1}{2}} (1-x^2)^{-\frac{1}{2}}\mathrm{d}(1-x^2)\\ &= \frac{\pi}{12} + \sqrt{1-x^2}\Big|_0^{\frac{1}{2}}\\ &= \frac{\pi}{12} + \frac{\sqrt{3}}{2} - 1.\end{aligned}$$

上例中，在应用分部积分法之后，还应用了定积分的换元法.

例 4.55　计算 $\int_0^1 \mathrm{e}^{\sqrt{x}}\mathrm{d}x$.

解　先用换元法，令 $\sqrt{x} = t$，则 $x = t^2, \mathrm{d}x = 2t\mathrm{d}x$，且当 $x = 0$ 时 $t = 0$；当 $x = 1$ 时 $t = 1$. 于是

$$\int_0^1 \mathrm{e}^{\sqrt{x}}\mathrm{d}x = 2\int_0^1 t\mathrm{e}^t\mathrm{d}t .$$

再用分部积分法计算上式右端的积分.设 $u = t, \mathrm{d}v = \mathrm{e}^t\mathrm{d}t$.则 $\mathrm{d}u = \mathrm{d}t$， $v = \mathrm{e}^t$. 于是

$$\int_0^1 t\mathrm{e}^t\mathrm{d}t = t\mathrm{e}^t\Big|_0^1 - \int_0^1 \mathrm{e}^t\mathrm{d}t = \mathrm{e} - \mathrm{e}^t\Big|_0^1 = 1 ,$$

因此

$$\int_0^1 \mathrm{e}^{\sqrt{x}}\mathrm{d}x = 2 .$$

例 4.56　计算 $I_n = \int_0^{\frac{\pi}{2}} \sin^n x\mathrm{d}x$.

解

$$\begin{aligned}I_n &= \int_0^{\frac{\pi}{2}} \sin^n x\mathrm{d}x = \int_0^{\frac{\pi}{2}} (-\sin^{n-1} x)\mathrm{d}\cos x\\ &= -\sin^{n-1} x\cos x\Big|_0^{\frac{\pi}{2}} + \int_0^{\frac{\pi}{2}} \cos x\cdot(n-1)\sin^{n-2}x\cos x\mathrm{d}x\\ &= (n-1)\int_0^{\frac{\pi}{2}} \sin^{n-2}x(1-\sin^2 x)\mathrm{d}x\end{aligned}$$

$$=(n-1)I_{n-2}-(n-1)I_n.$$

由此，得到递推公式：

$$I_n=\frac{n-1}{n}I_{n-2}.$$

易求得

$$I_0=\int_0^{\frac{\pi}{2}}\mathrm{d}x=\frac{\pi}{2},\quad I_1=\int_0^{\frac{\pi}{2}}\sin x\mathrm{d}x=1.$$

故当 n 为偶数时

$$I_n=\frac{n-1}{n}\cdot\frac{n-3}{n-2}\cdots\frac{3}{4}\cdot\frac{1}{2};\quad I_0=\frac{1}{2}\frac{(n-1)!!}{n!!}\cdot\frac{\pi}{2}\text{①}$$

当 n 为奇数时

$$I_n=\frac{n-1}{n}\cdot\frac{n-3}{n-2}\cdots\frac{4}{5}\cdot\frac{2}{3}I_1=\frac{(n-1)!!}{n!!}.$$

由例 4.53 及例 4.56，可知

$$\int_0^{\frac{\pi}{2}}\cos^n x\mathrm{d}x=I_n=\begin{cases}\dfrac{(n-1)!!}{n!!}\cdot\dfrac{\pi}{2}, & n=2k,\\ \dfrac{(n-1)!!}{n!!}, & n=2k-1.\end{cases}$$

例 4.57　若 $f(x)$ 在 $[a,b]$ 上可导，且 $f(a)=f(b)=0,\int_a^b f^2(x)\,\mathrm{d}x=2$，试求：

$$\int_a^b xf(x)f'(x)\mathrm{d}x.$$

解　由已知及分部积分公式可得

$$\begin{aligned}\int_a^b xf(x)f'(x)\mathrm{d}x&=\int_a^b xf(x)\mathrm{d}f(x)=\int_a^b\frac{1}{2}x\mathrm{d}f^2(x)\\&=\frac{1}{2}xf^2(x)\Big|_a^b-\frac{1}{2}\int_a^b f^2(x)\mathrm{d}x\\&=0-\frac{1}{2}\times 2=-1.\end{aligned}$$

第六节　广义积分

在一些实际问题中，常遇到积分区间为无穷区间，或者被积函数在积分区间上具有无穷间断点的积分，它们已经不属于前面所说的定积分. 因此，下面对定积分做以下两种推广，从而得到广义积分的概念.

①!!为双阶乘符号，当 n 为偶数时，$n!!=n\cdot(n-2)\cdot\cdots\cdot4\cdot2$；当 n 为奇数时，$n!!=n\cdot(n-2)\cdot\cdots\cdot3\cdot1$

一、无穷积分

定义 4.5　设 $f(x)$ 在 $[a,+\infty)$ 上连续，若极限 $\lim\limits_{A\to+\infty}\int_a^A f(x)\mathrm{d}x$ 存在，则称此极限为函数 $f(x)$ 在 $[a,+\infty)$ 上的广义积分，记作 $\int_a^{+\infty} f(x)\mathrm{d}x$，即

$$\int_a^{+\infty} f(x)\mathrm{d}x=\lim_{A\to+\infty}\int_a^A f(x)\mathrm{d}x, \tag{4.9}$$

此时也称该广义积分收敛；否则称该广义积分发散.

类似地，可定义：

（1）$\int_{-\infty}^{b} f(x)\mathrm{d}x=\lim\limits_{B\to-\infty}\int_B^b f(x)\mathrm{d}x(B<b)$；

（2）$\int_{-\infty}^{+\infty} f(x)\mathrm{d}x=\int_{-\infty}^{c} f(x)\mathrm{d}x+\int_c^{+\infty} f(x)\mathrm{d}x(-\infty<c<+\infty)$.

对积分 $\int_{-\infty}^{+\infty} f(x)\mathrm{d}x$，其收敛的充要条件是 $\int_{-\infty}^{c} f(x)\mathrm{d}x$ 及 $\int_c^{+\infty} f(x)\mathrm{d}x$ 同时收敛.

例 4.58　求 $\int_0^{+\infty} x\mathrm{e}^{-x^2}\mathrm{d}x$.

解

$$\int_0^{+\infty} x\mathrm{e}^{-x^2}\mathrm{d}x=\lim_{A\to+\infty}\int_0^A x\mathrm{e}^{-x^2}\mathrm{d}x=\lim_{A\to+\infty}\left(-\frac{1}{2}\mathrm{e}^{-x^2}\right)\Bigg|_0^A=\frac{1}{2}.$$

该广义积分的几何意义为：第一象限内位于曲线下方，x 轴上方而向右无限延伸的图形面积，如图 4.3 所示，有限值为 $\frac{1}{2}$.

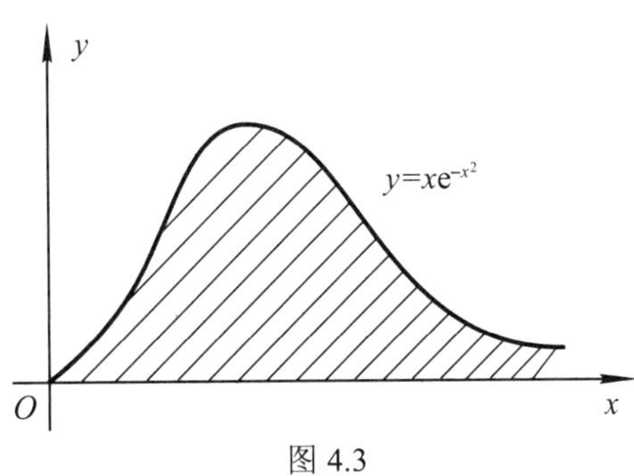

图 4.3

为了书写方便，今后记

$$\lim_{A\to+\infty}F(x)\Big|_a^A=F(x)\Big|_a^{+\infty},\quad \lim_{B\to-\infty}F(x)\Big|_B^b=F(x)\Big|_{-\infty}^b.$$

这样，无穷积分的换元法及分部积分公式就与定积分相应的运算公式形式上完全一致.

例 4.59　判断 p-积分 $\int_a^{+\infty}\frac{\mathrm{d}x}{x^p}(a>0$，$p$ 为任意常数）的敛散性.

解　当 $p=1$ 时，有

$$\int_a^{+\infty}\frac{\mathrm{d}x}{x^p}=\ln|x|\Big|_a^{+\infty}=+\infty.$$

当 $p \neq 1$ 时，有

$$\int_a^{+\infty} \frac{\mathrm{d}x}{x^p} = \frac{x^{1-p}}{1-p}\Big|_a^{+\infty} = \begin{cases} +\infty, & \text{当}p<1\text{时}, \\ \dfrac{a^{1-p}}{p-1}, & \text{当}p>1\text{时}, \end{cases}$$

故当 $p \leqslant 1$ 时，原积分发散；当 $p>1$ 时，原积分收敛.

二、无界函数的广义积分

若 $\forall \delta>0$，函数 $f(x)$ 在 $\mathring{U}(x_0,\delta)$ 内无界，则称点 x_0 为 $f(x)$ 的一个瑕点. 例如 $x=a$ 是 $f(x)=\dfrac{1}{x-a}$ 的瑕点；$x=0$ 是 $g(x)=\dfrac{1}{\ln|x-1|}$ 的**瑕点**.无界函数的广义积分又称为瑕积分.

定义 4.6　设 $f(x)$ 在 $(a,b]$ 上连续，a 为其瑕点，若 $\lim\limits_{\varepsilon\to 0^+}\int_{a+\varepsilon}^b f(x)\mathrm{d}x$ 存在，则称此极限为函数 $f(x)$ 在 $(a,b]$ 上的广义积分，记作 $\int_a^b f(x)\mathrm{d}x$，即

$$\int_a^b f(x)\mathrm{d}x = \lim_{\varepsilon\to 0^+}\int_{a+\varepsilon}^b f(x)\mathrm{d}x, \tag{4.10}$$

也称广义积分 $\int_a^b f(x)\mathrm{d}x$ 收敛；否则，称广义积分 $\int_a^b f(x)\mathrm{d}x$ 发散.

类似地，可定义：

$$\int_a^b f(x)\mathrm{d}x = \lim_{\varepsilon\to 0^+}\int_a^{b-\varepsilon} f(x)\mathrm{d}x,$$

其中 b 为 $f(x)$ 在 $[a,b]$ 上的唯一瑕点；

$$\int_a^b f(x)\mathrm{d}x = \int_a^c f(x)\mathrm{d}x + \int_c^b f(x)\mathrm{d}x \tag{4.11}$$

其中 c 为 $f(x)$ 在 $[a,b]$ 内的唯一瑕点 $(a<c<b)$.

特别地，对于式(4.11)有：瑕积分 $\int_a^b f(x)\mathrm{d}x$ 收敛的充要条件是 $\int_a^c f(x)\mathrm{d}x$ 及 $\int_c^b f(x)\mathrm{d}x$ 同时收敛.

此外，对于上述定义中的各种瑕积分也可通过相应的换元法及分部积分法计算，但需注意的是：瑕积分虽然形式上与定积分相同，但内涵不一样.

我们将无穷积分和瑕积分统称为**广义积分（或反常积分）**.

例 4.60　求 $\int_0^1 \dfrac{\mathrm{d}x}{\sqrt{1-x^2}}$.

解　易知 $x=1$ 为函数 $\dfrac{1}{\sqrt{1-x^2}}$ 在 $[0,1]$ 上的唯一瑕点，故由定义有

$$\int_0^1 \frac{\mathrm{d}x}{\sqrt{1-x^2}} = \lim_{\varepsilon\to 0^+}\int_0^{1-\varepsilon}\frac{\mathrm{d}x}{\sqrt{1-x^2}} = \lim_{\varepsilon\to 0^+}(\arcsin x)\Big|_0^{1-\varepsilon} = \frac{\pi}{2}.$$

例 4.61　讨论 $\int_a^b \dfrac{\mathrm{d}x}{(x-a)^p}$（其中 a，b，p 为任意给定的常数，$a<b$）的敛散性.

解　当 $p\leqslant 0$ 时，所求积分为通常的定积分，且易求得其积分值为

$$\frac{(b-a)^{1-p}}{1-p};$$

当 $0<p<1$ 时，a 为其瑕点，且

$$\int_a^b \frac{\mathrm{d}x}{(x-a)^p}=\lim_{\varepsilon\to 0^+}\int_{a+\varepsilon}^b \frac{\mathrm{d}x}{(x-a)^p}=\lim_{\varepsilon\to 0^+}\frac{(x-a)^{1-p}}{1-p}\bigg|_{a+\varepsilon}^b=\frac{(b-a)^{1-p}}{1-p};$$

当 $p=1$ 时，a 为瑕点，且

$$\int_a^b \frac{\mathrm{d}x}{(x-a)^p}=\lim_{\varepsilon\to 0^+}\int_{a+\varepsilon}^b \frac{\mathrm{d}x}{x-a}=\lim_{\varepsilon\to 0^+}\ln|x-a|\Big|_{a+\varepsilon}^b=+\infty;$$

当 $p>1$ 时，a 为瑕点，且

$$\int_a^b \frac{\mathrm{d}x}{(x-a)^p}=\lim_{\varepsilon\to 0^+}\int_{a+\varepsilon}^b \frac{\mathrm{d}x}{(x-a)^p}=\lim_{\varepsilon\to 0^+}\frac{(x-a)^{1-p}}{1-p}\bigg|_{a+\varepsilon}^b=+\infty.$$

故当 $p<1$ 时原积分收敛，且其值为 $\dfrac{(b-a)^{1-p}}{1-p}$；当 $p\geqslant 1$ 时积分发散.

对于瑕积分 $\displaystyle\int_a^b \frac{\mathrm{d}x}{(b-x)^p}$ 的敛散性有类似的结论.

习　题　四

1. 利用定义计算下列定积分：

（1）$\displaystyle\int_a^b x\mathrm{d}x(a<b)$；　　（2）$\displaystyle\int_0^1 \mathrm{e}^x\mathrm{d}x$.

2. 用定积分的几何意义求下列积分值：

（1）$\displaystyle\int_0^1 2x\mathrm{d}x$；　　（2）$\displaystyle\int_0^R \sqrt{R^2-x^2}\mathrm{d}x(R>0)$.

3. 证明下列不等式：

（1）$\displaystyle \mathrm{e}^2-\mathrm{e}\leqslant\int_{\mathrm{e}}^{\mathrm{e}^2}\ln x\mathrm{d}x\leqslant 2(\mathrm{e}^2-\mathrm{e})$；　　（2）$\displaystyle 1\leqslant\int_0^1 \mathrm{e}^{x^2}\mathrm{d}x\leqslant \mathrm{e}$.

4. 证明：

（1）$\displaystyle\lim_{n\to+\infty}\int_0^{\frac{1}{2}}\frac{x^n}{\sqrt{1+x}}\mathrm{d}x=0$；　　（2）$\displaystyle\lim_{n\to\infty}\int_0^{\frac{\pi}{4}}\sin^n x\mathrm{d}x=0$.

5. 计算下列定积分：

（1）$\displaystyle\int_3^4 \sqrt{x}\mathrm{d}x$；　　（2）$\displaystyle\int_{-1}^2 |x^2-x|\mathrm{d}x$；

（3）$\displaystyle\int_0^{\pi} f(x)\mathrm{d}x$，其中 $f(x)=\begin{cases} x, & 0\leqslant x\leqslant\dfrac{\pi}{2}, \\ \sin x, & \dfrac{\pi}{2}<x\leqslant\pi. \end{cases}$

6. 计算下列导数：

（1）$\dfrac{\mathrm{d}}{\mathrm{d}x}\int_0^{x^2}\sqrt{1+t^2}\,\mathrm{d}t$；（2）$\dfrac{\mathrm{d}}{\mathrm{d}x}\int_{x^2}^{x^3}\dfrac{\mathrm{d}t}{\sqrt{1+t^2}}$.

7. 求由参数式$\begin{cases} x=\int_0^t \sin u^2\,\mathrm{d}u \\ y=\int_0^t \cos u^2\,\mathrm{d}u \end{cases}$所确定的函数 y 对 x 的导数 $\dfrac{\mathrm{d}y}{\mathrm{d}x}$.

8. 求由方程

$$\int_0^y \mathrm{e}^t\,\mathrm{d}t+\int_0^x \cos t\,\mathrm{d}t=0$$

所确定的隐函数 $y=y(x)$ 的导数.

9. 利用定积分概念求下列极限：

（1）$\lim\limits_{n\to\infty}\left(\dfrac{1}{n+1}+\dfrac{1}{n+2}+\cdots+\dfrac{1}{2n}\right)$；（2）$\lim\limits_{n\to\infty}\dfrac{1}{n^2}(\sqrt{n}+\sqrt{2n}+\cdots+\sqrt{n^2})$.

10. 求下列极限：

（1）$\lim\limits_{x\to 0}\dfrac{\int_0^x \ln(1+2t^2)\,\mathrm{d}t}{x^3}$；（2）$\lim\limits_{x\to 0}\dfrac{\int_0^x \mathrm{e}^{t^2}\,\mathrm{d}t}{\int_0^x t\mathrm{e}^{2t^2}\,\mathrm{d}t}$.

11. a,b,c 取何实数值才能使

$$\lim_{x\to 0}\frac{1}{\sin x-ax}\int_b^x \frac{t^2}{\sqrt{1+t^2}}\,\mathrm{d}t=c$$

成立.

12. 利用基本积分公式及性质求下列积分：

（1）$\int\sqrt{x}(x^2-5)\mathrm{d}x$；（2）$\int 3^x\mathrm{e}^x\,\mathrm{d}x$；

（3）$\int\left(\dfrac{3}{1+x^2}-\dfrac{2}{\sqrt{1-x^2}}\right)\mathrm{d}x$；（4）$\int\dfrac{x^2}{1+x^2}\mathrm{d}x$；

（5）$\int\sin^2\dfrac{x}{2}\mathrm{d}x$；（6）$\int(x^2-3x+2)\mathrm{d}x$；

（7）$\int\left(2\mathrm{e}^x+\dfrac{3}{x}\right)\mathrm{d}x$；（8）$\int\mathrm{e}^x\left(1-\dfrac{\mathrm{e}^{-x}}{\sqrt{x}}\right)\mathrm{d}x$；

（9）$\int\sec x(\sec x-\tan x)\mathrm{d}x$；（10）$\int\dfrac{\mathrm{d}x}{1+\cos 2x}$；

（11）$\int\dfrac{\cos 2x}{\cos x-\sin x}\mathrm{d}x$；（12）$\int\dfrac{\cos 2x}{\cos^2 x\sin^2 x}\mathrm{d}x$.

13. 一平面曲线过点 $(1,0)$，且曲线上任一点 (x,y) 处的切线斜率为 $2x-2$，求该曲线方程.

14. 在下列各式等号右端的空白处填入适当的系数，使等式成立.

（1）$x\mathrm{d}x=(\ \ )\mathrm{d}(1-x^2)$；（2）$x\mathrm{e}^{x^2}\mathrm{d}x=(\ \ )\mathrm{d}\mathrm{e}^{x^2}$；

（3）$\frac{dx}{x}=(\ )d(3-5\ln|x|)$；　（4）$a^{3x}dx=(\ )d(a^{3x}-1)$；

（5）$\sin 3x dx=(\ )d\cos 3x$；　（6）$\frac{dx}{\cos^2 5x}=(\ )d\tan 5x$；

（7）$\frac{x dx}{x^2-1}=(\ )d\ln|x^2-1|$；　（8）$\frac{dx}{5-2x}=(\ )d\ln|5-2x|$．

15. 利用换元法求下列积分：

（1）$\int x\cos(x^2)dx$；　（2）$\int\frac{\sin x+\cos x}{\sqrt[3]{\sin x-\cos x}}dx$；

（3）$\int\frac{dx}{2x^2-1}$；　（4）$\int\cos^3 x dx$；

（5）$\int\cos x\cos\frac{x}{2}dx$；　（6）$\int\frac{10^{2\arcsin x}}{\sqrt{1-x^2}}dx$；

（7）$\int\frac{\arctan\sqrt{x}}{\sqrt{x}(1+x)}dx$；　（8）$\int e^{-5x}dx$；

（9）$\int\frac{dx}{1-2x}$；　（10）$\int\frac{\sin\sqrt{t}}{\sqrt{t}}dt$；

（11）$\int\tan^{10}x\sec^2 x dx$；　（12）$\int\frac{dx}{x\ln^2 x}$；

（13）$\int\frac{dx}{\sin x\cos x}$；　（14）$\int x e^{-x^2}dx$；

（15）$\int(x+4)^{10}dx$；　（16）$\int\frac{dx}{\sqrt[3]{2-3x}}$；

（17）$\int x\cos(x^2)dx$；　（18）$\int\sqrt{\frac{a+x}{a-x}}dx$；

（19）$\int\frac{dx}{e^x+e^{-x}}$；　（20）$\int\frac{\ln x}{x}dx$；

（21）$\int\sin^2 x\cos^3 x dx$；　（22）$\int\frac{dx}{1+\sqrt{2x}}$；

（23）$\int\frac{\sqrt{x^2-9}}{x}dx$；　（24）$\int\frac{dx}{\sqrt{(x^2+1)^3}}$；

（25）$\int\frac{dx}{x+\sqrt{1-x^2}}$．

16. 用分部积分法求下列不定积分：

（1）$\int x^2\sin x dx$；　（2）$\int x e^{-x}dx$；

（3）$\int x\ln x dx$；　（4）$\int\arccos x dx$；

（5）$\int e^{-x}\cos x dx$；　（6）$\int x\sin x\cos x dx$．

17. 求下列不定积分：

（1）$\int \frac{x^2+1}{(x+1)^2(x-1)}dx$；　（2）$\int \frac{3dx}{x^3+1}$；

（3）$\int \frac{x^2}{x^6+1}dx$；　（4）$\int \frac{\sin x}{1+\sin x}dx$；

（5）$\int \frac{\cot x}{\sin x+\cos x+1}dx$；　（6）$\int \frac{1}{\sqrt{x(1+x)}}dx$；

（7）$\int \frac{\sqrt{x+1}-1}{\sqrt{x+1}+1}dx$.

18. 求下列不定积分，并用求导方法验证其结果是否正确.

（1）$\int \frac{dx}{1+e^x}$；　（2）$\int \sin(\ln x)dx$；

（3）$\int \frac{x+\sin x}{1+\cos x}dx$；　（4）$\int xf''(x)dx$；

（5）$\int \sin^n x dx (n>1$且为正整数$)$.

19. 求不定积分 $\int \max(1,|x|)dx$.

20. 计算下列积分：

（1）$\int_0^4 \frac{x+2}{\sqrt{2x+1}}dx$；　（2）$\int_1^{e^2} \frac{dx}{x\sqrt{1+\ln x}}$；

（3）$\int_1^{\sqrt{3}} \frac{dx}{x^2\sqrt{1+x^2}}$；　（4）$\int_{\ln 2}^{\ln 3} \frac{dx}{e^x-e^{-x}}$；

（5）$\int_0^{\pi} \sqrt{\sin^3 x-\sin^5 x}dx$；　（6）$\int_0^{\frac{\pi}{2}} e^{2x}\cos x dx$；

（7）$\int_2^3 \frac{dx}{x^2+x-2}$；　（8）$\int_{\frac{\pi}{3}}^{\pi} \sin\left(x+\frac{\pi}{3}\right)dx$；

（9）$\int_{\frac{\pi}{6}}^{\frac{\pi}{2}} \cos^2 u du$.

21. 计算下列积分（n 为正整数）：

（1）$\int_0^1 \frac{x^n}{\sqrt{1-x^2}}dx$；　（2）$\int_0^{\frac{\pi}{4}} \tan^{2n} x dx$.

22. 证明下列等式：

（1）$\int_0^a x^3 f(x^2)dx = \frac{1}{2}\int_0^{a^2} xf(x)dx$（$a$ 为正常数）；

（2）若 $f(x)\in C([a,b])$，则

$$\int_0^{\frac{\pi}{2}} f(\sin x)dx = \int_0^{\frac{\pi}{2}} f(\cos x)dx.$$

23. 利用被积函数奇偶性计算下列积分值（其中 a 为正常数）：

（1）$\int_{-a}^{a}\frac{\sin x}{|x|}\mathrm{d}x$；　（2）$\int_{-a}^{a}\ln(x+\sqrt{1+x^2})\mathrm{d}x$；

（3）$\int_{-1/2}^{1/2}\left[\frac{\sin x\tan^2 x}{3+\cos 3x}+\ln(1-x)\right]\mathrm{d}x$；　（4）$\int_{-\pi/2}^{\pi/2}\sin^2 x\left(\sin^4 x+\ln\frac{3+x}{3-x}\right)\mathrm{d}x$.

24. 利用习题 22（2）证明

$$\int_0^{\frac{\pi}{2}}\frac{\sin x}{\sin x+\cos x}\mathrm{d}x=\int_0^{\frac{\pi}{2}}\frac{\cos x}{\sin x+\cos x}\mathrm{d}x=\frac{\pi}{4},$$

并由此计算 $\int_0^{a}\frac{\mathrm{d}x}{x+\sqrt{a^2-x^2}}$（$a$ 为正常数）.

25. 已知 $f(2)=\frac{1}{2}$，$f'(2)=0$，$\int_0^1 f(2x)\mathrm{d}x=\frac{1}{2}$，求 $\int_0^1 x^2 f''(2x)\mathrm{d}x$.

26. 用定义判断下列广义积分的敛散性，若收敛，则求其值：

（1）$\int_{\frac{2}{\pi}}^{+\infty}\frac{1}{x^2}\sin\frac{1}{x}\mathrm{d}x$；　（2）$\int_{-\infty}^{+\infty}\frac{\mathrm{d}x}{x^2+2x+2}$；

（3）$\int_0^{+\infty}x^n\mathrm{e}^{-x}\mathrm{d}x$（$n$为正整数）；　（4）$\int_0^{a}\frac{\mathrm{d}x}{\sqrt{a^2-x^2}}(a>0)$；

（5）$\int_1^{\mathrm{e}}\frac{\mathrm{d}x}{x\sqrt{1-\ln(x)^2}}$；　（6）$\int_0^1\frac{\mathrm{d}x}{\sqrt{x(1-x)}}$.

第五章　定积分的应用

本章将利用定积分理论来解决一些实际问题. 首先介绍建立定积分数学模型的方法——微分元素法，再利用这一方法求一些几何量（如面积、体积等）.

第一节　微分元素法

实际问题中，哪些量可用定积分表达?如何建立这些量的定积分表达式?本节中将回答这两个问题.

由定积分定义知，若 $f(x)$ 在区间 $[a,b]$ 上可积，则对于 $[a,b]$ 的任一划分：

$$a = x_0 < x_1 < x_2 < \cdots < x_{i-1} < x_i < \cdots < x_n = b,$$

及 $[x_{i-1},x_i]$ 中任意点 ξ_i，有

$$\int_a^b f(x)\mathrm{d}x = \lim_{\lambda\to 0}\sum_{i=1}^{n} f(\xi_i)\Delta x_i, \tag{5.1}$$

这里 $\Delta x_i = x_i - x_{i-1}\ (i=1,2,\cdots,n)$，$\lambda = \max\limits_{1\leqslant i\leqslant n}\{\Delta x_i\}$. 式（5.1）表明定积分的本质是一类特殊和式的极限，此极限值与 $[a,b]$ 的分法及点 ξ_i 的取法无关，只与区间 $[a,b]$ 及函数 $f(x)$ 有关. 基于此，我们可以将一些实际问题中所求量的计算归结为定积分来计算.

一般地，如果某一实际问题中的所求量 U 符合下列条件：

（1）U 是与一个变量 x 的变化区间 $[a,b]$ 有关的量；

（2）U 对区间 $[a,b]$ 具有可加性，即如果把 $[a,b]$ 分成许多子区间，则 U 相应地分成许多部分量，而 U 等于所有部分量之和；

（3）部分量 ΔU_i 可近似地表示成 $f(\xi_i)\cdot\Delta x_i$.

那么就可考虑用定积分来表达这个量 U. 通常写出这个量 U 的积分表达式的步骤如下：

（1）建立坐标系，根据所求量 U 确定一个积分变量 x 及其变化范围 $[a,b]$；

（2）设想把区间 $[a,b]$ 分成 n 个小区间，取其中任一小区间记作 $[x,x+\mathrm{d}x]$，求出相应于这一小区间的部分量 ΔU 的近似值，如果 ΔU 能近似地表示成 $[a,b]$ 上的某个可积函数在 x 处的值 $f(x)$ 与小区间长度 $\mathrm{d}x$ 的积，即

$$\Delta U \approx f(x)\mathrm{d}x,$$

称 $f(x)\mathrm{d}x$ 为所求量 U 的**微分元素**，记作

$$\mathrm{d}U = f(x)\mathrm{d}x,$$

（3）以所求量 U 的元素 $f(x)\mathrm{d}x$ 为被积表达式，在区间 $[a,b]$ 上作定积分，得

$$U = \int_a^b \mathrm{d}U = \int_a^b f(x)\mathrm{d}x.$$

上述建立定积分数学模型的方法称为微分元素法. 下面应用这个方法来讨论几何中的一些问题.

第二节　平面图形的面积

对于平面图形，如果其边界曲线的方程是已知的，则其面积便可用定积分来表达，下面运用定积分的微分元素法，给出直角坐标系下平面图形的面积计算公式.

设一平面图形由曲线 $y=f_1(x)$，$y=f_2(x)$ 及直线 $x=a$ 和 $x=b(a<b)$ 围成(图 5.1). 为求其面积 A，在 $[a,b]$ 上取典型小区间 $[x,x+\mathrm{d}x]$，相应于该小区间的平面图形面积 ΔA 近似地等于高为 $|f_1(x)-f_2(x)|$、宽为 $\mathrm{d}x$ 的窄矩形的面积，从而得到面积微元

$$dA=|f_1(x)-f_2(x)|\,\mathrm{d}x.$$

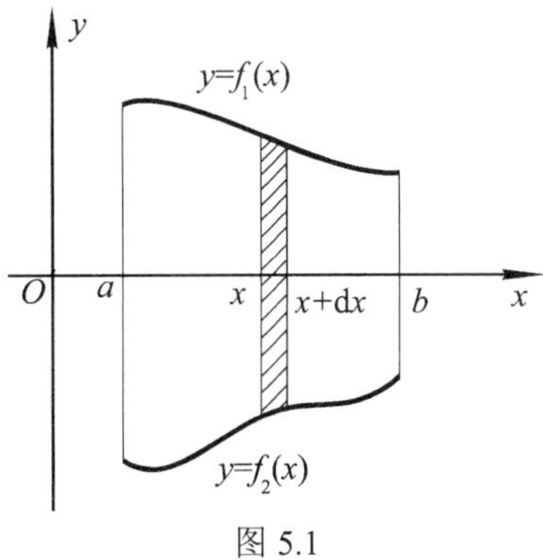

图 5.1

所以，此平面图形的面积为

$$A=\int_a^b|f_1(x)-f_2(x)|\,\mathrm{d}x. \tag{5.2}$$

类似地，若平面图形由 $x=\varphi_1(y)$，$x=\varphi_2(y)$ 及直线 $y=c$ 和 $y=d(c<d)$ 围成(图 5.2)，则其面积为

$$A=\int_c^d|\varphi_1(y)-\varphi_2(y)|\,\mathrm{d}y. \tag{5.3}$$

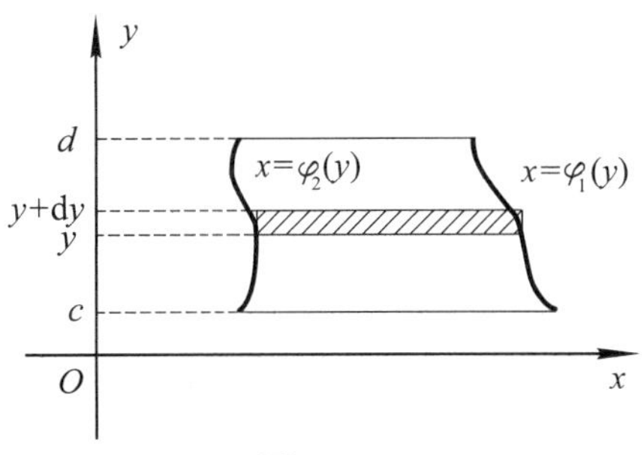

图 5.2

例 5.1　计算由两条抛物线 $y=-x^2+1$ 与 $y=x^2$ 所围成的图形的面积 A.

解　解方程组

$$\begin{cases} y=-x^2+1, \\ y=x^2, \end{cases}$$

得两抛物线的交点为 $\left(-\dfrac{\sqrt{2}}{2},\dfrac{1}{2}\right)$ 和 $\left(\dfrac{\sqrt{2}}{2},\dfrac{1}{2}\right)$，于是图形位于 $x=-\dfrac{\sqrt{2}}{2}$ 与 $x=\dfrac{\sqrt{2}}{2}$ 之间，如图 5.3 所示，取 x 为积分变量，由式（5.2）得

$$\begin{aligned} A &= \int_{-\frac{\sqrt{2}}{2}}^{\frac{\sqrt{2}}{2}} \left|1-x^2-x^2\right| = 2\int_0^{\frac{\sqrt{2}}{2}} (1-2x^2)\mathrm{d}x \\ &= 2\left(x-\frac{2}{3}x^3\right)\Bigg|_0^{\frac{\sqrt{2}}{2}} = \frac{2\sqrt{2}}{3}. \end{aligned}$$

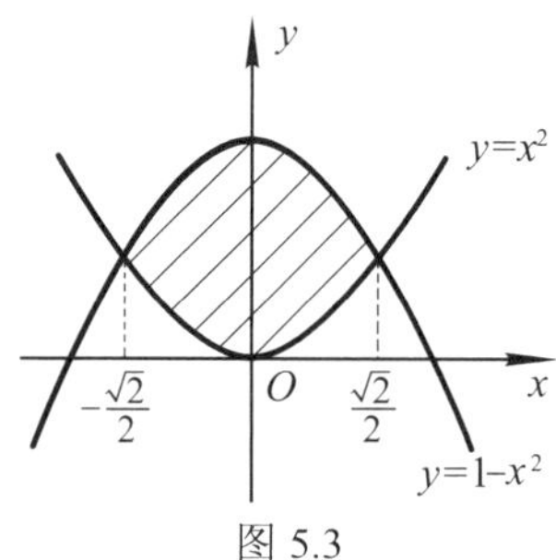

图 5.3

例 5.2　计算由直线 $y=x-4$ 和抛物线 $y^2=2x$ 所围图形的面积 A.

解　解方程组

$$\begin{cases} y^2=2x, \\ y=x-4, \end{cases}$$

得两线的交点为 $(2,-2)$ 和 $(8,4)$，如图 5.4 所示，位于直线 $y=-2$ 和 $y=4$ 之间，于是取 y 为积分变量，由式（5.3）得

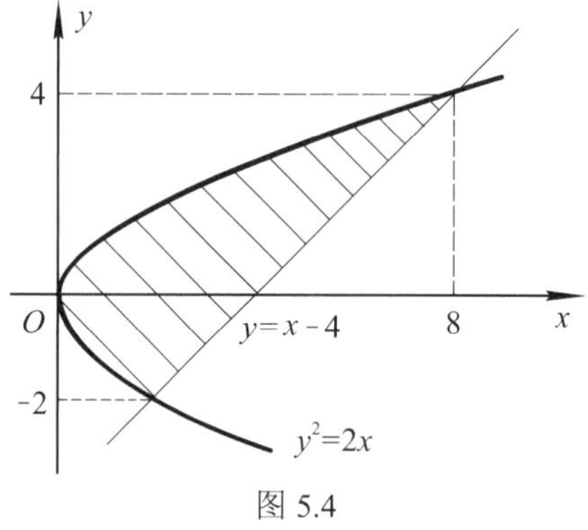

图 5.4

$$A=\int_{-2}^{4}\left|y+4-\frac{y^2}{2}\right|\mathrm{d}y$$

$$=\left(\frac{y^2}{2}+4y-\frac{y^3}{6}\right)\Bigg|_{-2}^{4}=18.$$

注　若在例 5.1 中取 y 为积分变量，在例 5.2 中取 x 为积分变量，则所求面积的计算会较为复杂. 例如在例 5.2 中，若选 x 为积分变量，则积分区间是 $(0,8)$. 当 $x\in(0,2)$ 时，典型小区间 $[x,x+\mathrm{d}x]$ 所对应的面积微元是

$$\mathrm{d}A=[\sqrt{2x}-(-\sqrt{2x})]\mathrm{d}x;$$

而当 $x\in(2,8)$ 时，典型小区间所对应的面积微元是

$$\mathrm{d}A=[\sqrt{2x}-(x-4)]\mathrm{d}x.$$

故所求面积为

$$A=\int_0^2[\sqrt{2x}-(-\sqrt{2x})]\mathrm{d}x+\int_2^8[\sqrt{2x}-(x-4)]\mathrm{d}x.$$

显然上述做法较例 5.2 中的解法要复杂. 因此，在求平面图形的面积时，恰当地选择积分变量可使计算简便.

当曲边梯形的曲边为连续曲线，其方程由参数方程

$$\begin{cases}x=\varphi(t),\\ y=\psi(t),\end{cases}\quad t_1\leqslant t\leqslant t_2$$

给出时，若其底边位于 x 轴上，$\varphi(t)$ 在 $[t_1,t_2]$ 上可导，则其面积微元为

$$\mathrm{d}A=|y\mathrm{d}x|=|\psi(t)\varphi'(t)|\,\mathrm{d}t\quad(\mathrm{d}t>0).$$

面积为

$$A=\int_{t_1}^{t_2}|\psi(t)\varphi'(t)|\mathrm{d}t. \tag{5.4}$$

同理，若其底边位于 y 轴上，且 $\psi(t)$ 在 $[t_1,t_2]$ 上可导，则其面积微元为

$$\mathrm{d}A=|x\mathrm{d}y|=|\varphi(t)\psi'(t)|\,\mathrm{d}t\quad(\mathrm{d}t>0).$$

从而面积为

$$A=\int_{t_1}^{t_2}|\varphi(t)\psi'(t)|\mathrm{d}t. \tag{5.5}$$

例 5.3　设椭圆方程为 $\dfrac{x^2}{a^2}+\dfrac{y^2}{b^2}=1$（$a$，$b$ 为正常数），求其面积 A.

解　椭圆的参数方程为

$$\begin{cases}x=a\cos t,\\ y=b\sin t,\end{cases}\quad 0\leqslant t\leqslant 2\pi.$$

由对称性知

$$A=4\int_0^{\frac{\pi}{2}}|b\sin t\cdot(a\cos t)'|\mathrm{d}t$$

$$=4ab\int_0^{\frac{\pi}{2}}\sin^2 t\mathrm{d}t=4ab\int_0^{\frac{\pi}{2}}\frac{1-\cos 2t}{2}\mathrm{d}t$$

$$=\pi ab.$$

第三节　几何体的体积

一、平行截面面积为已知的立体的体积

考虑介于垂直于 x 轴的两平行平面 $x=a$ 与 $x=b$ 之间的立体如图 5.5 所示，若对任意的 $x\in[a,b]$，立体在此处垂直于 x 轴的截面面积可以用 x 的连续函数 $A(x)$ 来表示，则此立体的体积可用定积分表示.

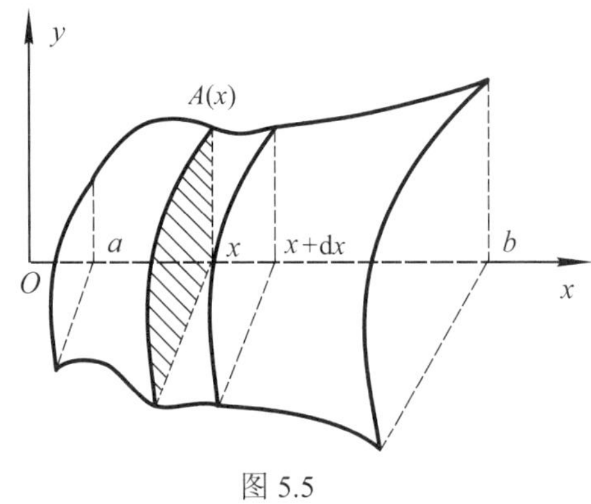

图 5.5

在 $[a,b]$ 内取典型小区间 $[x,x+\mathrm{d}x]$，对应于此小区间的体积近似地等于以底面积为 $A(x)$，高为 $\mathrm{d}x$ 的柱体的体积，故体积元素为

$$\mathrm{d}V=A(x)\mathrm{d}x,$$

从而

$$V=\int_a^b A(x)\mathrm{d}x. \tag{5.6}$$

例 5.4　一平面经过半径为 R 的圆柱体的底圆中心，并与底面交成角 α，如图 5.6 所示，计算此平面截圆柱体所得楔形体的体积 V.

解　解法一：建立坐标系如图 5.6，则底面圆方程为 $x^2+y^2=R^2$. 对任意的 $x\in[-R,R]$，过点 x 且垂直于 x 轴的截面是一个直角三角形，两直角边的长度分别为 $y=\sqrt{R^2-x^2}$ 和 $y\tan\alpha=\sqrt{R^2-x^2}\tan\alpha$，故截面面积为

$$A(x)=\frac{1}{2}(R^2-x^2)\tan\alpha.$$

于是立体体积为

$$\begin{aligned}V&=\int_{-R}^{R}\frac{1}{2}(R^2-x^2)\tan\alpha\mathrm{d}x\\&=\tan\alpha\int_0^R(R^2-x^2)\mathrm{d}x\\&=\frac{2}{3}R^3\tan\alpha.\end{aligned}$$

解法二：在楔形体中过点 y 且垂直于 y 轴的截面是一个矩形，如图 5.7 所示，其长为 $2x=2\sqrt{R^2-y^2}$ ，高为 $y\tan\alpha$ ，故其面积为

$$A(y)=2y\sqrt{R^2-y^2}\tan\alpha .$$

从而楔形体的体积为

$$V=\int_0^R 2y\sqrt{R^2-y^2}\tan\alpha\mathrm{d}y=-\frac{2}{3}\tan\alpha(R^2-y^2)^{\frac{3}{2}}\Big|_0^R$$

$$=\frac{2}{3}R^3\tan\alpha.$$

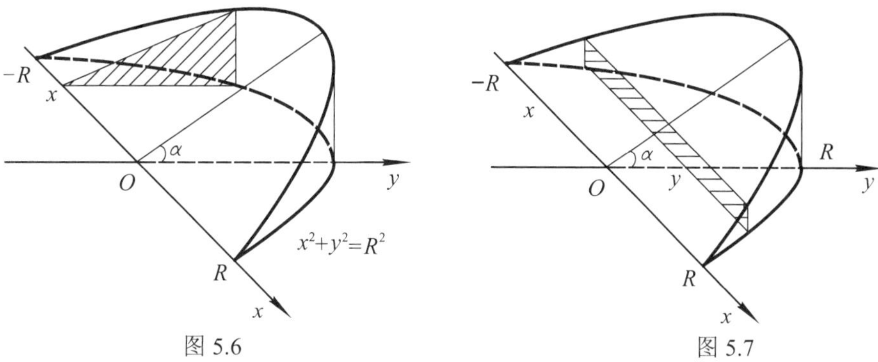

图 5.6　　　　图 5.7

二、旋转体的体积

由一平面图形绕平面内一条定直线旋转一周而成的立体称为**旋转体**.

设一旋转体是由连续曲线 $y=f(x)$，直线 $x=a$ 和 $x=b$ 及 x 轴所围成的曲边梯形绕 x 轴旋转一周而形成的（图 5.8），则对任意的 $x\in[a,b]$，相应于 x 处垂直于 x 轴的截面是一个圆，其面积为 $\pi f^2(x)$，于是旋转体的体积为

$$V=\pi\int_a^b f^2(x)\mathrm{d}x . \tag{5.7}$$

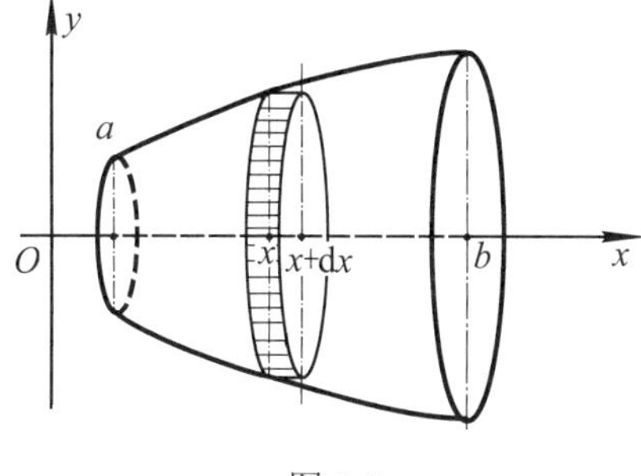

图 5.8

例 5.5　计算由椭圆 $\dfrac{x^2}{a^2}+\dfrac{y^2}{b^2}=1$（$a$，$b$ 为正常数）所围图形绕 x 轴旋转而成的旋转体（称为旋转椭球体，如图 5.9 所示）的体积.

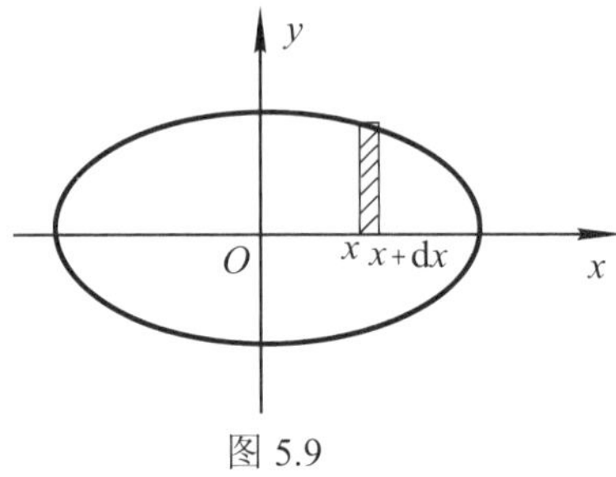

图 5.9

解　这个旋转体实际上是半个椭圆 $y=\dfrac{b}{a}\sqrt{a^2-x^2}$ 及 x 轴所围曲边梯形绕 x 轴旋转一周而成的立体，于是由式（5.7）得

$$\begin{aligned}V&=\pi\int_{-a}^{a}\frac{b^2}{a^2}(a^2-x^2)\mathrm{d}x\\&=2\pi\frac{b^2}{a^2}\int_0^a(a^2-x^2)\mathrm{d}x\\&=2\pi\cdot\frac{b^2}{a^2}\left(a^2x-\frac{x^3}{3}\right)\Bigg|_0^a\\&=\frac{4}{3}\pi ab^2.\end{aligned}$$

特别地，当 $a=b$ 时便得到球的体积 $\dfrac{4}{3}\pi a^3$.

例 5.6　求圆域 $x^2+(y-b)^2\leqslant a^2\ (b>a)$ 绕 x 轴旋转而成的圆环体的体积，如图 5.10 所示.

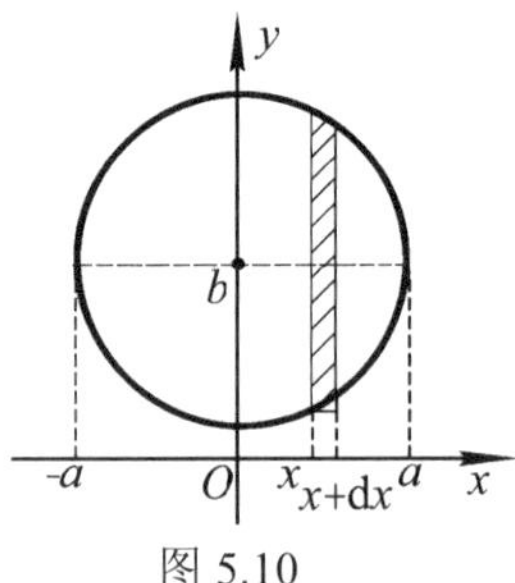

图 5.10

解　如图 5.10，上半圆周的方程为 $y_1=b+\sqrt{a^2-x^2}$，下半圆周的方程为 $y_2=b-\sqrt{a^2-x^2}$. 对应于典型区间 $[x,x+\mathrm{d}x]$ 上的体积微元为

$$\begin{aligned}\mathrm{d}V&=(\pi y_1^2-\pi y_2^2)\mathrm{d}x\\&=\pi[(b+\sqrt{a^2-x^2})^2-(b-\sqrt{a^2-x^2})^2]\mathrm{d}x\\&=4\pi b\sqrt{a^2-x^2}\mathrm{d}x.\end{aligned}$$

所以

$$\begin{aligned}V&=\int_{-a}^{a}4\pi b\sqrt{a^2-x^2}\mathrm{d}x\\&=8\pi b\int_0^a\sqrt{a^2-x^2}\mathrm{d}x\\&=8\pi b\cdot\frac{\pi a^2}{4}\\&=2\pi^2a^2b.\end{aligned}$$

习　题　五

1. 求下列各曲线所围图形的面积：

（1）$y=\frac{1}{2}x^2$ 与 $x^2+y^2=8$（两部分都要计算）；

（2）$y=\frac{1}{x}$ 与直线 $y=x$ 及 $x=2$；

（3）$y=\mathrm{e}^x$，$y=\mathrm{e}^{-x}$ 与直线 $x=1$；

（4）$y=\ln x$，y 轴与直线 $y=\ln a$，$y=\ln b$ $(b>a>0)$；

（5）抛物线 $y=x^2$ 和 $y=-x^2+2$；

（6）$y=\sin x$，$y=\cos x$ 及直线 $x=\frac{\pi}{4}$，$x=\frac{9}{4}\pi$；

（7）抛物线 $y=-x^2+4x-3$ 及其在 $(0,-3)$ 和 $(3,0)$ 处的切线；

（8）摆线 $x=a(t-\sin t)$，$y=a(1-\cos t)$ 的一拱 $(0\leqslant t\leqslant 2\pi)$ 与 x 轴.

2. 已知曲线 $f(x)=x-x^2$ 与 $g(x)=ax$ 围成的图形面积等于 $\frac{9}{2}$，求常数 a.

3. 求下列旋转体的体积：

（1）由 $y=x^2$ 与 $y^2=x^3$ 围成的平面图形绕 x 轴旋转；

（2）由 $y=x^3$，$x=2$，$y=0$ 所围图形分别绕 x 轴及 y 轴旋转；

（3）星形线 $x^{2/3}+y^{2/3}=a^{2/3}$ 绕 x 轴旋转.

4. 设有一截锥体，其高为 h，上、下底均为椭圆，椭圆的轴长分别为 $2a$、$2b$ 和 $2A$、$2B$，求这截锥体的体积.

5. 计算底面是半径为 R 的圆，而垂直于底面一固定直径的所有截面都是等边三角形的立体体积.

6. 设星形线的参数方程为 $x=a\cos^3 t$，$y=a\sin^3 t, a>0$，求：

（1）星形线所围面积；

（2）绕 x 轴旋转所得旋转体的体积.

第六章　微分方程

微分方程是一个重要的数学分支，也是与实际问题联系最为紧密的数学分支之一. 本章首先介绍微分方程的一些基本概念，然后讨论几种常用的微分方程的求解方法.

第一节　常微分方程的基本概念

我们通常把含有一元未知函数及其导数（或微分）的方程称为**常微分方程**. 在不致引起混淆的情况下简称为**微分方程**或**方程**. 例如：

（1）$\frac{\mathrm{d}y}{\mathrm{d}x}+\frac{y}{x}=0$；　　（2）$\frac{\mathrm{d}y}{\mathrm{d}x}+x^2y=\sin x$；

（3）$(x^2+y^2)\mathrm{d}x+\mathrm{d}y=0$；　　（4）$\frac{\mathrm{d}^2s}{\mathrm{d}t^2}-2\frac{\mathrm{d}s}{\mathrm{d}t}+s=1$.

下面列举相关几个例题，说明常微分方程是如何从物理学和几何学方面的问题引导出来的.

例 6.1　在力 f 的作用下，质量为 m 的物体做直线运动，设经过时间 t 后物体的运动路程为 $s(t)$，则由牛顿第二定律可得下面的微分方程

$$m\frac{\mathrm{d}^2s}{\mathrm{d}t^2}=f.$$

例 6.2　已知一条曲线通过点 $(1,2)$，且在该曲线上任意一点 $M(x,y)$ 处切线的斜率为 $2x$，求这条曲线方程. 在数学上该问题归结为求满足微分方程

$$\frac{\mathrm{d}y}{\mathrm{d}x}=2x$$

和条件 $y|_{x=1}=2$ 的函数 $y=y(x)$.

例 6.3　列车在直线轨道上以 20 m/s 的速度行驶，制动时列车获得的加速度为 $-0.4\ \mathrm{m/s^2}$，求列车开始制动后行驶路程 $s(t)$ 与时间 t 的关系.

此问题相当于求满足微分方程

$$\frac{\mathrm{d}^2s}{\mathrm{d}t^2}=-0.4$$

和条件 $s|_{t=0}=0,\ s'|_{t=0}=20$ 的函数 $s=s(t)$.

常微分方程中出现的未知函数的最高阶导数（或微分）的阶数称为此**方程的阶**. 例如，方程（1）～（3）均为一阶方程，方程（4）为二阶方程.

若用 $F(x_1,x_2,\cdots,x_n)$ 表示含有变量 $x_1,x_2,\cdots,x_n$ 的一个表达式，则自变量为 x，未知函数为 y 的 n 阶微分方程的一般表达式可写作

$$F(x,y,y',\cdots,y^{(n)})=0.$$

如果 $F(x,y,y',\cdots,y^{(n)})$ 为 y 及 $y',\cdots,y^{(n)}$ 的一次有理整式，则称 n 阶微分方程

$$F(x,y,y',\cdots,y^{(n)})=0$$

为 n **阶线性常微分方程**；反之，称为**非线性方程**. 如，（1）（2）（4）均是线性方程，而（3）是非线性方程.

在线性微分方程中，不含有未知函数及其导数的项称为自由项. 当自由项为零时，方程称为**齐次线性微分方程**；反之，称为**非齐次线性微分方程**. 如（1）是齐次线性的，而（2）（4）是非齐次线性的.

当某个函数具有某微分方程中所需的各阶导数，且将其代入该微分方程时，能使之成为恒等式，则称这个函数是该**微分方程的解**. 与代数方程不同，微分方程的解一般来说是一族含任意常数的函数. 例如，我们容易验证，对于任意常数 C，函数 $y=Cx$ 均为一阶方程（1）的解；对于任意独立常数 C_1，C_2，函数 $s=1+(C_1t+C_2t)e^t$ 均为二阶方程（4）的解. 一般地，当微分方程的解中所包含的独立的任意常数的个数与该方程的阶数相等时，称这样的解为此方程的**通解**. 微分方程的通解所确定的曲线称为**方程的积分曲线**. 于是，n 阶微分方程的通解在几何上表示一族以 n 个独立的任意常数为参数的曲线.

有时候，要求方程的解满足某些特定条件，这种解称为**特解**，这些特定条件称为**定解条件**，若定解条件由自变量取某确定的值来决定，则称这定解条件为**初始条件**. 例如，例 6.2、例 6.3 就是求特解的问题.

求微分方程通解或特解的过程称为**解微分方程**. 从 17 世纪至 18 世纪初，常微分方程研究的中心问题是如何通过初等积分法求出通解表达式，但是到 19 世纪中叶人们发现，能够通过初等积分法把通解求出来的微分方程只是极少数，即使像方程（3）简单的一阶方程，要想通过求积分把方程的通解用已知函数表示出来也是办不到的. 所以，在本章只介绍一些特殊类型方程的求解方法和技巧.

为方便起见，在无特别说明的情况下，本章中的 C 和 C_i $(i\in N)$ 均表示常数.

第二节　一阶微分方程及其解法

一阶微分方程的一般形式为

$$F(x,y,y')=0. \tag{6.1}$$

若可解出 y'，则式（6.1）可写成显式方程

$$y'=f(x,y) \tag{6.2}$$

或

$$M(x,y)\mathrm{d}x+N(x,y)\mathrm{d}y=0. \tag{6.3}$$

若式（6.2）中右端不含 y，即

$$y'=f(x),$$

则由积分学可知，当 $f(x)$ 在某一区间上可积时，其解存在，且

$$y=\int f(x)\mathrm{d}x+C.$$

下面讨论几种特殊类型的一阶微分方程的求解方法.

一、可分离变量方程

形如

$$y'=f(x)g(y) \tag{6.4}$$

的方程，称为**可分离变量方程**. 这里 $f(x)$，$g(y)$ 分别是 x，y 的函数.

当 $g(y)\neq 0$ 时，方程（6.4）可写成

$$\frac{\mathrm{d}y}{g(y)}=f(x)\mathrm{d}x. \tag{6.5}$$

其中：$\mathrm{d}x$ 的系数只与变量 x 有关；$\mathrm{d}y$ 的系数只与变量 y 有关. 此时方程（6.4）的变量已被分离.

将式（6.5）两端积分（如果可积），得

$$\int\frac{1}{g(y)}\mathrm{d}y=\int f(x)\mathrm{d}x. \tag{6.6}$$

由式（6.6）解出 $y=\varphi(x,C)$，就是方程（6.4）的通解.

又若存在 y_0 使 $g(y_0)=0$，则易证 $y=y_0$ 也是方程（6.4）的一个解. 事实上，以 $y=y_0$ 代入方程（6.4），两端全为 0，方程（6.4）成为恒等式. 因此，方程（6.4）除了通积分（6.6）之外，还可能有一些常数解.

例 6.4　求方程 $\dfrac{\mathrm{d}y}{\mathrm{d}x}=2\sqrt{y}$ 的所有解.

解　将变量分离，得

$$\frac{1}{2\sqrt{y}}\mathrm{d}y=\mathrm{d}x.$$

两边积分，得

$$\sqrt{y}=x+C.$$

通解为 $y=(x+C)^2$.

此外，还有解 $y=0$. 无论 C 取怎样的常数，解 $y=0$ 均不能由通解表达式 $y=(x+C)^2$ 得出，即直线 $y=0$（x 轴）虽然是原方程的一条积分曲线，但它并不属于这方程的通解所确定的积分曲线族 $y=(x+C)^2$（抛物线），则称这样的解为方程的**奇解**.

例 6.5　求微分方程 $\dfrac{\mathrm{d}y}{\mathrm{d}x}=2xy$ 的通解.

解　将方程化为

$$\frac{\mathrm{d}y}{y}=2x\mathrm{d}x.$$

两端积分，得

$$\int\frac{\mathrm{d}y}{y}=\int 2x\mathrm{d}x,$$

即

$$\ln y=x^2+C.$$

解出 y，得到通解

$$y=C\mathrm{e}^{x^2}.$$

例 6.6　解初值问题

$$\begin{cases}(1+x^2)y'=x,\\ y(0)=0.\end{cases}$$

解　分离变量，得

$$\mathrm{d}y=\frac{x}{1+x^2}\mathrm{d}x.$$

所以

$$y=\frac{1}{2}\ln(1+x^2)+C.$$

代入初始条件，得 $C=0$，故所求特解为

$$y=\frac{1}{2}\ln(1+x^2).$$

二、一阶线性微分方程

由线性微分方程的定义，一阶线性微分方程可写成

$$\frac{\mathrm{d}y}{\mathrm{d}x}+p(x)y=q(x).\tag{6.7}$$

如果 $q(x)\equiv 0$，则方程（6.7）称为**一阶齐次线性微分方程**；如果 $q(x)\neq 0$，则方程（6.7）称为**一阶非齐次线性微分方程**.

先考虑齐次线性方程

$$\frac{\mathrm{d}y}{\mathrm{d}x}+p(x)y=0.\tag{6.8}$$

显然，$y=0$ 是它的解.

当 $y\neq 0$ 时，分离变量得

$$\frac{\mathrm{d}y}{y}=-p(x)\mathrm{d}x.$$

积分得

$$\ln|y|=-\int p(x)\mathrm{d}x+\ln|C|\quad(C\neq 0).$$

上式可写成

$$y=C\mathrm{e}^{-\int p(x)\mathrm{d}x}\quad(C\neq 0).$$

但因为 $y=0$ 是解，故式（6.8）的通解为

$$y = C\mathrm{e}^{-\int p(x)\mathrm{d}x} \quad (C \text{ 为任意常数}). \tag{6.9}$$

下面求非齐次线性方程（6.7）的解. 我们采用“常数变易法”. 其方法是将式（6.9）中的 C 换成 x 的待定函数 $C(x)$，即令

$$y = C(x)\mathrm{e}^{-\int p(x)\mathrm{d}x}, \tag{6.10}$$

将式（6.10）代入式（6.7），得

$$[C(x)\mathrm{e}^{-\int p(x)\mathrm{d}x}]' + p(x)C(x)\mathrm{e}^{-\int p(x)\mathrm{d}x} = q(x).$$

化简，得

$$C'(x) = q(x)\mathrm{e}^{\int p(x)\mathrm{d}x},$$

积分后，得

$$C(x) = \int q(x)\mathrm{e}^{\int p(x)\mathrm{d}x}\mathrm{d}x + C,$$

将上式代入式（6.10），便得式（6.7）的通解为

$$y = \mathrm{e}^{-\int p(x)\mathrm{d}x}\left(\int q(x)\mathrm{e}^{\int p(x)\mathrm{d}x}\mathrm{d}x + C\right). \tag{6.11}$$

例 6.7　求方程

$$\frac{\mathrm{d}y}{\mathrm{d}x} - \frac{2y}{x+1} = \mathrm{e}^x(x+1)^2$$

的通解.

解　利用式（6.11），此时 $p(x) = -\dfrac{2}{x+1}$，$q(x) = \mathrm{e}^x(x+1)^2$，得方程的通解为

$$\begin{aligned} y &= \mathrm{e}^{\int \frac{2}{x+1}\mathrm{d}x}\left(\int \mathrm{e}^x(x+1)^2\mathrm{e}^{-\int \frac{2}{x+1}\mathrm{d}x}\mathrm{d}x + C\right) \\ &= (x+1)^2(\mathrm{e}^x + C). \end{aligned}$$

例 6.8　求解初值问题

$$\begin{cases} \dfrac{\mathrm{d}y}{\mathrm{d}x} = \dfrac{1}{x+y}, \\ y\big|_{x=1} = 0. \end{cases}$$

解　原方程关于 y，$\dfrac{\mathrm{d}y}{\mathrm{d}x}$ 不是线性的，但若视 y 为自变量，即 x 为 y 的函数，方程关于 x，$\dfrac{\mathrm{d}x}{\mathrm{d}y}$ 是线性的，为此将方程改写为

$$\frac{\mathrm{d}x}{\mathrm{d}y} - x = y,$$

则 $p(y) = -1$，$q(y) = y$，故通解为

$$x = \mathrm{e}^{-\int -1\mathrm{d}y}\left(\int \frac{1}{y}\mathrm{e}^{\int -1\mathrm{d}y}\mathrm{d}y + C\right) = -y - 1 + C\mathrm{e}^y,$$

将初始条件 $y|_{x=1}=0$ 代入上式得 $C=1$，故所求特解为 $x=-y-1+\mathrm{e}^y$.

*三、伯努利方程

形如

$$y'+p(x)y=q(x)y^n \quad (n\neq 0,1) \tag{6.12}$$

的方程称为伯努利（Bernoulli）方程. 对此类方程，只需变换为

$$u=y^{1-n},$$

即可化为线性方程

$$\frac{\mathrm{d}u}{\mathrm{d}x}+(1-n)p(x)u=(1-n)q(x).$$

求出这方程的通解后，以 y^{1-n} 代 u 便得到伯努利方程的通解.

例 6.9 求微分方程

$$\frac{\mathrm{d}y}{\mathrm{d}x}+\frac{y}{x}=(\ln x)y^2$$

的通解.

解 令 $u=y^{1-2}=y^{-1}$，则原方程化为

$$\frac{\mathrm{d}u}{\mathrm{d}x}-\frac{1}{x}u=-\ln x.$$

这是线性方程，用求解式（6.11）求得

$$u=\mathrm{e}^{\int\frac{1}{x}\mathrm{d}x}\left[\int(-\ln x)\mathrm{e}^{-\int\frac{1}{x}\mathrm{d}x}\mathrm{d}x+C\right]=x\left[C-\frac{1}{2}(\ln x)^2\right].$$

代回原变量，得通解

$$xy\left[C-\frac{1}{2}(\ln x)^2\right]=1,$$

另外，$y=0$ 也是原方程的解.

例 6.10 求方程 $xy'-y\ln y=x^2y$ 的通解.

解 将方程变形得

$$\frac{1}{y}y'-\frac{1}{x}\ln y=x.$$

因为方程中含 $\ln y$ 及它的导数，于是作变换 $u=\ln y$，则原方程可化为

$$u'-\frac{1}{x}u=x,$$

所以

$$u=\mathrm{e}^{\int\frac{1}{x}\mathrm{d}x}\left[\int x\mathrm{e}^{-\int\frac{1}{x}\mathrm{d}x}\mathrm{d}x+C\right].$$

代回原变量，便得原方程的通解为 $\ln y=x(x+C)$，或 $y=\mathrm{e}^{x(x+C)}$.

*第三节　微分方程的降阶法

本节讨论二阶及二阶以上的微分方程，即**高阶微分方程**. 对于有些高阶微分方程，则可采用降阶法求解.下面介绍三种容易降阶的高阶微分方程的求解方法.

一、 $y^{(n)}=f(x)$ 型方程

$y^{(n)}=f(x)$ 型方程只需逐次积分 n 次即可求得其通解.

例 6.11　求微分方程

$$y'''=\sin x+\mathrm{e}^{2x}$$

的通解.

解　逐次积分，得

$$y''=-\cos x+\frac{1}{2}\mathrm{e}^{2x}+C_1,$$

$$y'=-\sin x+\frac{1}{4}\mathrm{e}^{2x}+C_1x+C_2,$$

$$y=\cos x+\frac{1}{8}\mathrm{e}^{2x}+\frac{1}{2}C_1x^2+C_2x+C_3.$$

这就是所求的通解.

例 6.12　质量为 m 的质点受水平力 F 的作用沿力 F 的方向做直线运动，力 F 的大小为时间 t 的函数 $F(t)=\sin t$. 设开始时 $(t=0)$ 质点位于原点，且初始速度为零，求这质点的运动规律.

解　设 $s=s(t)$ 表示在时刻 t 时质点的位置，由牛顿第二定律，质点运动方程为

$$m\frac{\mathrm{d}^2s}{\mathrm{d}t^2}=\sin t,$$

初始条件为 $s\big|_{t=0}=0$，$\left.\frac{\mathrm{d}s}{\mathrm{d}t}\right|_{t=0}=0$. 将方程两端积分，得

$$\frac{\mathrm{d}s}{\mathrm{d}t}=-\frac{1}{m}\cos t+C_1.$$

将 $\left.\frac{\mathrm{d}s}{\mathrm{d}t}\right|_{t=0}=0$ 代入得 $C_1=\frac{1}{m}$，于是

$$\frac{\mathrm{d}s}{\mathrm{d}t}=-\frac{1}{m}\cos t+\frac{1}{m}.$$

积分，得

$$s=-\frac{1}{m}\sin t+\frac{1}{m}t+C_2.$$

将 $s\big|_{t=0}=0$ 代入得 $C_2=0$. 故所求质点运动规律为

$$s=\frac{1}{m}(t-\sin t).$$

二、不显含未知函数的方程

形如
$$y''=f(x,y') \tag{6.13}$$
的方程的一个特点是不显含未知函数 y. 在这种情形下，若作变换
$$y'=p,$$
则原方程可化为一个关于变量 x,p 的一阶微分方程
$$\frac{\mathrm{d}p}{\mathrm{d}x}=f(x,p). \tag{6.14}$$
若式（6.14）可解，设通解为 $p=\varphi(x,C_1)$，则有
$$\frac{\mathrm{d}y}{\mathrm{d}x}=\varphi(x,C_1).$$
积分便得（6.13）的通解为
$$y=\int\varphi(x,C_1)\mathrm{d}x+C_2.$$

对于更高阶的不显含未知函数的方程，可采用类似的降阶法（见例 6.14）.

例 6.13 求方程 $(1+x^2)y''=2xy'$ 满足初始条件 $y|_{x=0}=1$，$y'|_{x=0}=3$ 的特解.

解 令 $y'=p$，代入方程并分离变量，得
$$\frac{\mathrm{d}p}{p}=\frac{2x}{1+x^2}\mathrm{d}x.$$
积分，得
$$p=y'=C_1(1+x^2).$$
由条件 $y'|_{x=0}=3$，得 $C_1=3$，故有
$$y'=3(1+x^2).$$
再积分，得
$$y=x^3+3x+C_2.$$
又由条件 $y|_{x=0}=1$，得 $C_2=1$.

因此所求特解为
$$y=x^3+3x+1.$$

例 6.14 求方程 $\dfrac{\mathrm{d}^4y}{\mathrm{d}x^4}-\dfrac{1}{x}\dfrac{\mathrm{d}^3y}{\mathrm{d}x^3}=0$ 的通解.

解 方程为四阶方程，但它仍是不显含未知函数的方程，可用例 6.13 中类似的方法求解.

令 $p=\dfrac{\mathrm{d}^3y}{\mathrm{d}x^3}$，则原方程化为一阶方程
$$p'-\frac{1}{x}p=0,$$
从而

$$p = Cx ,$$

即

$$y''' = Cx .$$

逐次积分，得通解

$$y = C_1x^4 + C_2x^2 + C_3x + C_4 .$$

三、不显含自变量的方程

形如

$$y'' = f(y, y') \tag{6.15}$$

的方程的一个特点是不显含自变量 x. 在这种情形下，可设 $y' = p$，将 p 当作新的未知函数、y 当作自变量. 此时，

$$y'' = \frac{\mathrm{d}p}{\mathrm{d}x} = \frac{\mathrm{d}p}{\mathrm{d}y} \cdot \frac{\mathrm{d}y}{\mathrm{d}x} = p\frac{\mathrm{d}p}{\mathrm{d}y} .$$

代入方程（6.15），有

$$p\frac{\mathrm{d}p}{\mathrm{d}y} = f(y, p) .$$

如果此微分方程是可解的，设其通解为

$$p = \frac{\mathrm{d}y}{\mathrm{d}x} = \varphi(y, C_1) .$$

分离变量后再积分，便得方程（6.15）的通解

$$x = \int \frac{1}{\varphi(y, C_1)}\mathrm{d}y + C_2 .$$

例 6.15　求微分方程

$$yy'' - (y')^2 + (y')^3 = 0$$

的通解.

解　此方程不显含自变量 x，设 $y' = p$，则

$$y'' = p\frac{\mathrm{d}p}{\mathrm{d}y} ,$$

代入原方程，得

$$p\left(y\frac{\mathrm{d}p}{\mathrm{d}y} - p + p^2\right) = 0 ,$$

从而

$$p = 0 \quad 或 \quad y\frac{\mathrm{d}p}{\mathrm{d}y} - p + p^2 = 0 .$$

注意，前者对应解 $y = C$，后者对应方程

$$\frac{\mathrm{d}p}{p(1-p)} = \frac{\mathrm{d}y}{y} .$$

两端积分，得

$$\frac{p}{1-p}=Cy,$$

即

$$\frac{\mathrm{d}y}{\mathrm{d}x}=p=\frac{Cy}{1+Cy},$$

再分离变量并两端积分，得

$$y+C_1\ln|y|=x+C_2 \quad (\text{其中}C_1=C),$$

因此原方程的解为

$$y+C_1\ln|y|=x+C_2 \quad \text{及} \quad y=C.$$

第四节　线性微分方程解的结构

前面已经讨论了一阶线性微分方程，现在来研究更高阶的线性微分方程.

n阶线性微分方程的一般形式可写为

$$y^{(n)}+p_1(x)y^{(n-1)}+\cdots+p_{n-1}(x)y'+p_n(x)y=f(x). \tag{6.16}$$

它所对应的齐次方程为

$$y^{(n)}+p_1(x)y^{(n-1)}+\cdots+p_{n-1}(x)y'+p_n(x)y=0. \tag{6.17}$$

本节着重研究二阶线性微分方程

$$y''+p(x)y'+q(x)y=f(x) \tag{6.18}$$

及它所对应的齐次方程

$$y''+p(x)y'+q(x)y=0. \tag{6.19}$$

一、函数组的线性相关与线性无关

定义 6.1　设$y_i=f_i(x)\ (i=1,2,\cdots,n)$是定义在区间$I$上的一组函数，如果存在$n$个不全为零的常数$k_i\,(i=1,2,\cdots,n)$，使得对任意的$x\in I$，等式

$$k_1y_1+k_2y_2+\cdots+k_ny_n=0$$

恒成立，则称$y_1,y_2,\cdots,y_n$在区间I上是线性相关的，否则称它们是线性无关的.

由上面定义易证，对于两个非零函数y_1,y_2在区间I上线性相关等价于它们的比值是一个常数，即$\dfrac{y_2}{y_1}\equiv C$（常数），若$\dfrac{y_2}{y_1}\neq C$，则y_1,y_2线性无关.

例 6.16　判断下列函数组的线性相关性：

（1）$y_1=1,y_2=\sin^2x,y_3=\cos^2x,x\in(-\infty,+\infty)$；

（2）$y_1=1,y_2=x,\cdots y_n=x^{n-1},x\in(-\infty,+\infty)$.

解　（1）因为取$k_1=1,k_2=k_3=-1$，有

$$k_1y_1+k_2y_2+k_3y_3=1-\sin^2x-\cos^2x\equiv 0,$$

所以$1,\sin^2x,\cos^2x$在$(-\infty,+\infty)$上是线性相关的.

（2）若$1,x,\cdots,x^{n-1}$线性相关，则将有n个不全为零的常数$k_1,k_2,\cdots,k_n$使得对一切$x\in(-\infty,+\infty)$有

$$k_1+k_2x+\cdots+k_nx^{n-1}\equiv 0.$$

但这是不可能的，因为根据代数学基本定理，多项式$k_1+k_2x+\cdots+k_nx^{n-1}$最多只有$n-1$个零点，故该函数组在$(-\infty,+\infty)$上线性无关.

二、线性微分方程解的结构

现就二阶的情况进行相关讨论，更高阶的情形不难以此类推.

1. 二阶齐次线性微分方程解的结构

定理 6.1　（叠加原理）如果y_1,y_2是方程（6.19）的两个解，则它们的线性组合

$$y=C_1y_1+C_2y_2 \tag{6.20}$$

也是方程（6.19）的解，其中C_1,C_2是任意常数.

证　只需将式（6.20）代入方程（6.19）直接验证.

此叠加原理对一般的n阶线性齐次方程同样成立.

另外，值得注意的是，虽然式（6.20）是方程（6.19）的解，且从形式上看也含有两个任意常数，但它不一定是通解，例如，设y_1是方程（6.19）的解，则$y_2=2y_1$也是方程（6.19）的解，而

$$y=C_1y_1+C_2y_2=(C_1+2C_2)y_1=Cy_1$$

显然不是方程（6.19）的通解，其中$C=C_1+2C_2$为任意常数.

那么，在什么条件下$y=C_1y_1+C_2y_2$才是方程（6.19）的通解呢?现有下面的定理.

定理 6.2　如果y_1，y_2是方程（6.19）的两个线性无关的解（亦称基本解组），则

$$y=C_1y_1+C_2y_2$$

为方程（6.19）的通解，其中C_1，C_2是任意常数.

由定理 6.2 可知，求齐次方程（6.19）的通解关键是找到两个线性无关的特解. 例如，方程$y''+y=0$是二阶齐次线性方程. 容易验证，$y_1=\cos x$与$y_2=\sin x$是所给方程的两个解，且$\dfrac{y_1}{y_2}=\dfrac{\sin x}{\cos x}=\tan x\neq$常数，即它们是线性无关的. 因此方程$y''+y=0$的通解为

$$y=C_1\cos x+C_2\sin x.$$

2. 二阶非齐次线性微分方程的解的结构

定理 6.3　设y^*是非齐次线性方程（6.18）的任一特解，$\overline{y}=C_1y_1+C_2y_2$是方程（6.18）所对应的齐次方程（6.19）的通解，则

$$y=\overline{y}+y^*=C_1y_1+C_2y_2+y^*$$

是方程（6.18）的通解.

证　将 $y=C_1y_1+C_2y_2+y^*$ 代入方程（6.18），容易验证它是方程（6.18）的解，又此解中含有两个独立的任意常数，故是通解.

定理 6.3 可以推广到任意阶线性方程，即任意 n 阶非齐次线性方程的通解等于它的任意一个特解与它所对应的齐次方程通解之和.

例 6.17　已知某一个二阶非齐次线性方程具有三个特解

$$y_1=x,\ y_2=x+\mathrm{e}^x\ \text{和} y_3=1+x+\mathrm{e}^x,$$

试求这个方程的通解.

解　首先容易验证这样的事实，非齐次方程（6.18）的任意两个解之差均是齐次方程（6.19）的解. 这样，函数

$$y_2-y_1=\mathrm{e}^x \quad \text{和} \quad y_3-y_2=1$$

都是对应的齐次方程的解，而且这两个函数显然是线性无关的，所以由定理 6.2 及定理 6.3 可知所求方程的通解为

$$y=C_1+C_2\mathrm{e}^x+x.$$

定理 6.4　若 y_1^* 与 y_2^* 分别是方程

$$y''+p(x)y'+q(x)y=f_1(x) \quad \text{与} \quad y''+p(x)y'+q(x)y=f_2(x)$$

的解，则 $y^*=y_1^*+y_2^*$ 是方程

$$y''+p(x)y'+q(x)y=f_1(x)+f_2(x)$$

的解.

请读者自行完成证明.

定理 6.4 通常称为线性微分方程的解的叠加原理.

第五节　二阶常系数线性微分方程

6.4 节对二阶线性方程

$$y''+p(x)y'+q(x)y=f(x)$$

的解的结构进行了讨论. 本节专门研究系数是常数的二阶线性方程

$$y''+py'+qy=f(x) \tag{6.21}$$

的求解问题. 显然方程（6.21）是方程（6.18）的特殊情况.

一、二阶常系数齐次线性微分方程

考虑二阶常系数齐次线性方程

$$y''+py'+qy=0, \tag{6.22}$$

其中：p,q 是常数.

由于指数函数求导后仍为指数函数，利用这个性质，可假设（6.22）具有形如 $y=\mathrm{e}^{rx}$

（r 为常数）的解，将 y,y',y'' 代入方程（6.22），使得

$$(r^2+pr+q)\mathrm{e}^{rx}=0. \tag{6.23}$$

由于方程（6.23）成立当且仅当

$$r^2+pr+q=0. \tag{6.24}$$

从而 $y=\mathrm{e}^{rx}$ 是方程（6.22）的解的充要条件为 r 是代数方程（6.24）的根. 方程（6.24）称为方程（6.22）的特征方程，其根称为（6.22）的特征根.

根据方程（6.24）的根的不同情形，可分三种情形来考虑.

（1）如果特征方程（6.24）有两个相异实根 r_1与r_2，则

$$r_{1,2}=-\frac{p}{2}\pm\frac{1}{2}\sqrt{p^2-4q}\quad(p^2>4q),$$

这时可得方程（6.22）的两个线性无关的解

$$y_1=\mathrm{e}^{r_1x},\qquad y_2=\mathrm{e}^{r_2x}.$$

根据 6.4 节定理 6.2，此时方程（6.22）的通解为

$$y=C_1y_1+C_2y_2=C_1\mathrm{e}^{r_1x}+C_2\mathrm{e}^{r_2x}.$$

（2）如果特征方程（6.24）有重根

$$r_1=r_2=r=-\frac{1}{2}p\qquad(p^2=4q),$$

这时可得到方程（6.22）的一个解

$$y_1=\mathrm{e}^{rx},$$

另外，可验证 $y_2=x\mathrm{e}^{rx}$ 是方程（6.22）的特解，且 y_2 与 y_1 线性无关，因此方程（6.22）的通解为

$$y=(C_1+C_2x)\mathrm{e}^{rx}.$$

（3）如果特征方程（6.24）有共轭复根

$$r_{1,2}=\alpha\pm i\beta=\frac{p}{2}\pm i\frac{\sqrt{4q-p^2}}{2}\quad(p^2<4q),$$

则方程（6.22）有两个线性无关的解

$$y_1=\mathrm{e}^{(\alpha+i\beta)x},\qquad y_2=\mathrm{e}^{(\alpha-i\beta)x}.$$

这种复数形式的解使用不方便，为了得到实值解，利用欧拉（Euler）公式：

$$\mathrm{e}^{\pm i\theta}=\cos\theta\pm i\sin\theta.$$

将 y_1 与 y_2 分别写成

$$y_1=\mathrm{e}^{\alpha x}(\cos\beta x+i\sin\beta x),$$
$$y_2=\mathrm{e}^{\alpha x}(\cos\beta x-i\sin\beta x).$$

由齐次线性微分方程解的叠加原理知

$$y_1^*=\frac{1}{2}(y_1+y_2)=\mathrm{e}^{\alpha x}\cos\beta x,$$
$$y_2^*=\frac{1}{2i}(y_1-y_2)=\mathrm{e}^{\alpha x}\sin\beta x$$

也是方程（6.22）的解，显然它们是线性无关的，于是方程（6.22）的通解为

$$y = e^{\alpha x}(C_1 \cos \beta x + C_2 \sin \beta x).$$

例 6.18 求微分方程 $y'' - 2y' - 3y = 0$ 的通解.

解 所给微分方程的特征方程为

$$r^2 - 2r - 3 = 0,$$

其根 $r_1 = -1,\ r_2 = 3$ 是两个不相等的实根，因此所求通解为

$$y = C_1 e^{-4x} + C_2 e^{-x}.$$

例 6.19 求方程 $y'' - 10y' + 25y = 0$ 满足初始条件 $y(0) = 1$， $y'(0) = 2$ 的特解.

解 所给微分方程的特征方程为

$$r^2 - 10r + 25 = 0,$$

其根 $r_1 = r_2 = 5$ 是两个相等的实根，因此所求微分方程的通解为

$$y = (C_1 + C_2 x)e^{5x}.$$

由初始条件 $y(0) = 1$ 得 $C_1 = 1$. 再由 $y'(0) = 2$ 得 $C_2 + 5C_1 = 2$，故 $C_2 = -3$. 从而所求初值问题的解为

$$y = (1 - 3x)e^{5x}.$$

例 6.20 求微分方程 $4y'' + 4y' + 5y = 0$ 的通解.

解 所给微分方程的特征方程为

$$4r^2 + 4r + 5 = 0.$$

它具有共轭复根 $r_{1,2} = -\dfrac{1}{2} \pm i$，因此所求方程的通解为

$$y = e^{-\frac{1}{2}x}(C_1 \cos x + C_2 \sin x).$$

二、二阶常系数非齐次线性微分方程

由 6.4 节定理 6.3 知，当 p, q 是常数，$f(x)$ 连续时，二阶常系数非齐次线性方程

$$y'' + py' + qy = f(x)$$

的通解为该方程的一个特解，再加上对应齐次方程的通解. 其中，二阶常系数齐次线性方程求通解的问题已经得到解决，我们只需要找到非齐次方程的一个特解即可.

下面介绍当 $f(x)$ 结构比较简单，比如 $f(x)$ 是多项式乘以指数函数，或者还含有正弦或余弦函数时，方程 $y'' + py' + qy = f(x)$ 特解的求法.

类型 I $f(x) = e^{\lambda x} p_m(x)$，这里 λ 是常数， $p_m(x)$ 是 m 次多项式.

由于指数函数与多项式之积的导数仍是同类型的函数，而现在微分方程右端正好是这种类型的函数. 所以，不妨假设方程（6.21）的特解为

$$y^* = Q(x)e^{\lambda x},$$

其中：$Q(x)$ 是 x 的多项式，将 y^* 代入方程（6.21）并消去 $e^{\lambda x}$，得

$$Q'' + (2\lambda + p)Q' + (\lambda^2 + p\lambda + q)Q \equiv p_m(x). \tag{6.25}$$

（1）若 λ 不是式（6.21）的特征方程 $r^2 + pr + q = 0$ 的根，那么 $\lambda^2 + p\lambda + q \neq 0$，这时 $Q(x)$ 与 $p_m(x)$ 应同次，于是可令

$$Q(x) = Q_m(x) = a_0 x^m + a_1 x^{m-1} + \cdots + a_{m-1}x + a_m .$$

将 $Q(x)$ 代入式（6.25），比较等式两端 x 同次幂的系数，得到含 $a_0, a_1, \cdots, a_m$ 的 $m+1$ 个方程的联立方程组，从而可以定出这些系数 $a_i\ (i=0,1,\cdots,m)$，并求得特解 $y^* = Q_m(x)\mathrm{e}^{\lambda x}$.

（2）若 λ 是特征方程 $r^2 + pr + q = 0$ 的单根，则有 $\lambda^2 + p\lambda + q = 0$，而 $2\lambda + p \neq 0$，此时，$Q'(x)$ 应是 m 次多项式，故可令

$$Q(x) = xQ_m(x) .$$

（3）若 λ 是特征方程 $r^2 + pr + q = 0$ 的重根，即有 $\lambda^2 + p\lambda + q = 0$，且 $2\lambda + p = 0$，这时 $Q''(x)$ 应是 m 次多项式，故可令

$$Q(x) = x^2 Q_m(x) .$$

综上所述，有如下结论.

若 $f(x) = \mathrm{e}^{\lambda x} p_m(x)$，则方程（6.21）具有形如

$$y^* = x^k Q_m(x)\mathrm{e}^{\lambda x} \tag{6.26}$$

的特解，其中 $Q_m(x)$ 是与 $p_m(x)$ 同次的待定多项式，而 k 按 λ 不是特征方程的根，是特征方程的单根或者是特征方程的重根依次取 0，1 或 2.

例 6.21　求微分方程 $y'' - 2y' + y = 1 + x + x^2$ 的通解.

解　先求齐次方程 $y'' - 2y' + y = 0$ 的通解：因为特征方程 $r^2 - 2r + 1 = 0$ 有二重根 $r = 1$，故所求齐次方程通解为

$$\overline{y} = (C_1 + C_2 x)\mathrm{e}^x .$$

再求非齐次方程的一个特解 y^*：因 $f(x) = 1 + x + x^2$，故 $\lambda = 0$，而 0 不是特征方程的根，从而可设

$$y^* = a_2 x^2 + a_1 x + a_0 .$$

代入原方程并比较同次幂的系数可得

$$\begin{cases} 2a_2 - 2a_1 + a_0 = 1, \\ a_1 - 4a_2 = 1, \\ a_2 = 1. \end{cases}$$

解得

$$a_0 = 9,\quad a_1 = 5,\quad a_2 = 1 ,$$

故有

$$y^* = x^2 + 5x + 9 .$$

从而原方程的通解为

$$y = \overline{y} + y^* = (C_1 + C_2 x)\mathrm{e}^x + x^2 + 5x + 9 .$$

例 6.22　求方程 $y'' - 2y' + y = \mathrm{e}^x$ 的一个特解.

解 此时 $\lambda=1$ 是特征方程 $r^2-2r+1=0$ 的二重根，又 $p_m(x)\equiv 1$ 即 $m=0$，故可设

$$y^*=Ax^2\mathrm{e}^x.$$

代入原方程，得

$$2A\mathrm{e}^x=\mathrm{e}^x,$$

故 $A=\dfrac{1}{2}$，从而所求特解为

$$y^*=\frac{1}{2}x^2\mathrm{e}^x.$$

例 6.23 给出方程 $y''-2y'+y=\mathrm{e}^x+1+x$ 的特解形式.

解 由例 6.14、例 6.15 及第 6.4 节定理 6.4 可知，所求特解为

$$y^*=ax+b+cx^2\mathrm{e}^x.$$

类型 II $f(x)=\mathrm{e}^{\alpha x}p_m(x)\cos\beta x$ 或 $f(x)=\mathrm{e}^{\alpha x}p_m(x)\sin\beta x$，这里 α,β 为实常数，$p_m(x)$ 是 m 次实系数多项式.

此时可用前面的办法先求出实系数（p,q 为实数）方程

$$y''+py'+qy=\mathrm{e}^{(\alpha+i\beta)x}p_m(x)$$

的特解 $y^*=y_1^*+iy_2^*$，可以证明 y^* 的实部 y_1^* 和虚部 y_2^* 分别是方程

$$y''+py'+qy=\mathrm{e}^{\alpha x}p_m(x)\cos\beta x$$

和

$$y''+py'+qy=\mathrm{e}^{\alpha x}p_m(x)\sin\beta x$$

的解.

例 6.24 求方程 $y''+y=x\cos 2x$ 的一个特解.

解 此时 $m=1,\alpha=0,\beta=2$，求方程

$$y''+y=x\mathrm{e}^{(0+2i)x}$$

的一个特解.

因为 $2i$ 不是特征方程 $r^2+1=0$ 的根，所以设上述方程的特解 $\overline{y}^*$ 为

$$\overline{y}^*=(ax+b)\mathrm{e}^{2ix}.$$

代入方程，得

$$[-3(ax+b)+4ai]\mathrm{e}^{2ix}=x\mathrm{e}^{2ix}.$$

从而

$$-3a=1,\quad -3b+4ai=0.$$

故

$$a=-\frac{1}{3},\quad b=-\frac{4}{9}i,$$

即

$$\overline{y}^*=\left(-\frac{1}{3}x-\frac{4}{9}i\right)\mathrm{e}^{2ix}=-\frac{1}{3}x\cos 2x+\frac{4}{9}\sin 2x-i\left(\frac{1}{3}x\sin 2x+\frac{4}{9}\cos 2x\right).$$

$\overline{y}^*$ 的实部即为原方程的一个特解，即

$$y^* = -\frac{1}{3}x\cos 2x + \frac{4}{9}\sin 2x$$

为原方程的一个特解.

作为一种更特殊的情况，若 $f(x) = A\sin\beta x$ 或 $f(x) = B\cos\beta x$， βi 不是特征方程的根，且方程左端又不出现 y' 时，利用正弦（或余弦）函数的二阶导数仍为正弦（或余弦）函数这一性质，可设特解为

$$y^* = a\sin\beta x(\text{或}y^* = b\cos\beta x).$$

例 6.25 求 $y'' + 3y = \sin 2x$ 的一个特解.

解 令 $y^* = a\sin 2x$，则 $(y^*)'' = -4a\sin 2x$.
代入原方程，得

$$-a\sin 2x = \sin 2x,$$

所以 $a = -1$，从而求得方程的一个特解为

$$y^* = -\sin 2x.$$

*类型 III $f(x) = e^{\alpha x}[p_n(x)\cos\beta x + p_m(x)\sin\beta x]$ 型，其中 α、β 为实常数， $p_n(x)$、$p_m(x)$ 分别是 n，m 次实系数多项式.

这种类型完全可以用类型 II 中方法先分别求出自由项为 $f_1(x) = e^{\alpha x}p_n(x)\cos\beta x$ 与 $f_2(x) = e^{\alpha x}p_m(x)\sin\beta x$ 的方程的特解 y_1^* 与 y_2^*，然后利用 6.4 节定理 6.4 得到所需求的特解 $y^* = y_1^* + y_2^*$，但也可直接用待定系数的方法求一个特解 y^*，这时方程的特解形式为

$$y^* = x^k e^{\alpha x}[R_l(x)\cos\beta x + S_l(x)\sin\beta x], \tag{6.27}$$

其中，$R_l(x), S_l(x)$ 都是 l 次待定多项式，$l = \max\{m,n\}$，而 k 按 $\alpha \pm i\beta$ 不是特征方程的根，或是特征方程的单根依次取 0 或 1.

方程（6.27）的推导比较烦琐，请读者自行验算.

例 6.26 求方程 $y'' + y = \cos x + x\sin x$ 的一个特解.

解 此时 $\alpha = 0, \beta = 1$，$\alpha \pm i\beta$ 是特征方程 $\lambda^2 + 1 = 0$ 的根，因此可设

$$y^* = x[(ax+b)\cos x + (cx+d)\sin x].$$

代入原方程，比较两端同类项系数，得

$$\begin{cases} 4c = 0, \\ 2a + 2d = 1, \\ -4a = 1, \\ 2c - 2b = 0. \end{cases}$$

解这个方程组，得

$$a = -\frac{1}{4},\quad b = c = 0,\quad d = \frac{3}{4}.$$

故求得一个特解

$$y^* = -\frac{1}{4}x^2\cos x + \frac{3}{4}x\sin x.$$

例 6.27 写出方程 $y''-4y'+4y=\mathrm{e}^{2x}+\sin 2x+8x^2$ 的一个特解 y^* 的形式.

解 令

$$f_1(x)=8x^2,\quad f_2(x)=\mathrm{e}^{2x},\quad f_3(x)=\sin 2x.$$

因对应齐次方程的特征方程为

$$r^2-4r+4=0,$$

且有二重根 $r=2$，于是有

方程 $y''-4y'+4y=f_1(x)$ 的特解形式为 $y_1^*=Ax^2+Bx+C$；

方程 $y''-4y'+4y=f_2(x)$ 的特解形式为 $y_2^*=Dx^2\mathrm{e}^{2x}$；

方程 $y''-4y'+4y=f_3(x)$ 的特解形式为 $y_3^*=E\cos 2x+F\sin 2x$.

再根据 6.4 节定理 6.4 即知原方程的特解形式是

$$y^*=y_1^*+y_2^*+y_3^*=Ax^2+Bx+C+Dx^2\mathrm{e}^{2x}+E\cos 2x+F\sin 2x,$$

其中：A，B，C，D，E，F 为常数.

*第六节 n 阶常系数线性微分方程

我们已讨论了二阶常系数线性微分方程的解法，本节将第五节的方法推广到一般 n 阶常系数线性微分方程.

考察 n 阶常系数齐次线性微分方程

$$y^{(n)}+P_1y^{(n-1)}+\cdots+P_{n-1}y'+P_ny=0 \tag{6.28}$$

与 n 阶常系数非齐次线性微分方程

$$y^{(n)}+P_1y^{(n-1)}+\cdots+P_{n-1}y'+P_ny=f(x), \tag{6.29}$$

其中：$P_i(i=1,2,\cdots,n)$ 均为实常数.

一、n 阶常系数齐次线性微分方程的解法

称方程

$$r^n+P_1r^{n-1}+\cdots+P_{n-1}r+P_n=0 \tag{6.30}$$

为方程（6.28）和方程（6.29）的特征方程. 如果特征方程（6.30）的所有根能求出，则可得到方程（6.28）的 n 个线性无关解作为基本解组，然后把基本解组线性组合而得通解. 利用特征方程的根确定方程（6.28）的基本解组的具体法则如下（证明略）.

（1）若 r 为（6.30）的 k 重实根 $(1\leqslant k\leqslant n)$，则方程（6.28）的基本解组中对应有 k 个线性无关解：

$$y_1=\mathrm{e}^{rx},y_2=x\mathrm{e}^{rx},\cdots,y_k=x^{k-1}\mathrm{e}^{rx}.$$

（2）若 $r=\alpha\pm i\beta$ 为方程（6.30）的 $k\left(1\leqslant k\leqslant\dfrac{n}{2}\right)$ 重共轭复根，则方程（6.28）的基

本解组中对应有 $2k$ 个线性无关解：

$$\begin{aligned}&y_1 = \mathrm{e}^{rx}\cos\beta x, \quad y_2 = \mathrm{e}^{rx}\sin\beta x,\\ &y_3 = x\mathrm{e}^{rx}\cos\beta x, \quad y_4 = x\mathrm{e}^{rx}\sin\beta x,\\ &\cdots\\ &y_{2k-1} = x^{k-1}\mathrm{e}^{rx}\cos\beta x, \quad y_{2k} = x^{k-1}\mathrm{e}^{rx}\sin\beta x.\end{aligned}$$

由代数学基本定理，特征方程（6.30）在复数范围内一定存在 n 个根（按根的重数计），因此由（1）（2）可得到方程（6.28）相应的 n 个解，可以证明这 n 个解是线性无关的，从而它们构成（6.28）的基本解组.

例 6.28　求方程 $y^{(5)} - y^{(4)} + y''' - y'' = 0$ 的通解.

解　特征方程为

$$r^5 - r^4 + r^3 - r^2 = r^2(r-1)(r^2+1) = 0 .$$

它的根为 $r_1 = r_2 = 0,\ r_3 = 1,\ r_4 = i,\ r_5 = -i$，因此原方程具有基本解组

$$y_1 = 1,\ y_2 = x,\ y_3 = \mathrm{e}^x,\ y_4 = \cos x,\ y_5 = \sin x ,$$

从而原方程的通解为

$$y = C_1 + C_2 x + C_3\mathrm{e}^x + C_4\cos x + C_5\sin x .$$

例 6.29　求方程 $y^{(4)} + 2y'' + y = 0$ 的通解.

解　特征方程为

$$r^4 + 2r^2 + 1 = 0 .$$

它的根 $r_{1,2} = r_{3,4} = \pm i$ 是一对二重共轭复根. 因此，方程有基本解组

$$y_1 = \cos x,\ y_2 = x\cos x,\ y_3 = \sin x,\ y_4 = x\sin x .$$

故通解为

$$y = (C_1 + C_2 x)\cos x + (C_3 + C_4 x)\sin x .$$

二、n 阶常系数非齐次线性微分方程的解法

与二阶常系数非齐次线性微分方程解法类似，讨论方程（6.29）中 $f(x)$ 具有下面两种特殊形式时，求 y^* 的方法.

类型 I　$f(x) = \mathrm{e}^{\alpha x}P_m(x)$，这里 α 是常数，$P_m(x)$ 是 m 次实系数多项式.
此时方程（6.29）具有形如

$$y^* = x^k\mathrm{e}^{\alpha x}Q_m(x)$$

的特解，其中 k 是 α 作为特征方程（6.30）的根的重数（当 α 不是特征根时，取 $k=0$；当 α 为单根时，取 $k=1$），而 $Q_m(x)$ 是 m 次待定多项式，可以通过比较系数的方法来确定.

类型 II　$f(x) = \mathrm{e}^{\alpha x}[P_l(x)\cos\beta x + Q_n(x)\sin\beta x]$，这里 α 是常数，$P_l(x), Q_n(x)$ 分别是 l,n 次多项式.

此时方程（6.29）具有如下形式的特解

$$y^* = x^k e^{\alpha x}[R_m^{(1)}(x)\cos\beta x + R_m^{(2)}\sin\beta x],$$

这里k为$\alpha \pm i\beta$作为特征方程（6.30）的根的重数（当$\alpha \pm i\beta$不是特征根时，取$k=0$；当$\alpha \pm i\beta$为单根时，取$k=1$），$R_m^{(1)}(x), R_m^{(2)}$是m次待定多项式，$m=\max\{l,n\}$，同样可用比较系数的方法来确定.

例 6.30　求方程$y''' + 3y'' + 3y' + y = e^{-x}(x-5)$的通解.

解　特征方程是

$$r^3 + 3r^2 + 3r + 1 = 0,$$

其根是$r_1 = r_2 = r_3 = -1$. 因$\lambda = -1$是特征方程的 3 重根，故原方程具有如下形式的特解

$$y^* = x^3 e^{-x}(ax+b)\ \ (a，\ b \text{为待定常数}).$$

将上式代入方程得

$$6b + 24ax = x - 5.$$

比较系数求得

$$a = \frac{1}{24}, \qquad b = -\frac{5}{6}.$$

从而

$$y^* = \frac{1}{24}x^3 e^{-x}(x-20),$$

故原方程的通解为

$$y = (C_1 + C_2 x + C_3 x^2)e^{-x} + \frac{1}{24}x^3 e^{-x}(x-20).$$

例 6.31　求方程$y^{(4)} + 2y'' + y = \sin 2x$的通解.

解　由例 6.29 知原方程对应的齐次方程的通解为

$$\overline{y} = (C_1 + C_2 x)\cos x + (C_3 + C_4 x)\sin x.$$

原方程中$f(x) = \sin 2x$，属于类型 II，$\alpha = 0, P_l(x) \equiv 0, Q_n(x) \equiv 1, \beta = 2$且$\alpha \pm i\beta = \pm 2i$不是特征根，故可设原方程有如下形式特解

$$y^* = a\cos 2x + b\sin 2x.$$

代入原方程，比较同类项系数得

$$a = 0, \qquad b = \frac{1}{9}.$$

得特解为

$$y^* = \frac{1}{9}\sin 2x.$$

因此，原方程的通解是

$$y = (C_1 + C_2 x)\cos x + (C_3 + C_4 x)\sin x + \frac{1}{9}\sin 2x.$$

习　题　六

1. 指出下列各微分方程的阶数：

（1） $x(y')^2-2yy'+x=0$；　（2） $x^2y''-xy'+y=0$；

（3） $xy'''+2y''+x^2y=0$；　（4） $(7x-6y)\mathrm{d}x+(x+y)\mathrm{d}y=0$.

2. 指出下列各题中的函数是否为所给微分方程的解：

（1） $xy'=2y, y=5x^2$；

（2） $y''+y=0, y=3\sin x-4\cos x$；

（3） $y''-2y'+y=0, y=x^2\mathrm{e}^x$；

（4） $y''-(\lambda_1+\lambda_2)y'+\lambda_1\lambda_2y=0, y=C_1\mathrm{e}^{\lambda_1x}+C_2\mathrm{e}^{\lambda_2x}$.

3. 在下列各题中，验证所给二元方程为所给微分方程的解：

（1） $(x-2y)y'=2x-y, x^2-xy+y^2=C$；

（2） $(xy-x)y''+xy'^2+yy'-2y'=0, y=\ln(xy)$.

4. 从下列各题中的曲线族里，找出满足所给的初始条件的曲线：

（1） $x^2-y^2=C, y\big|_{x=0}=5$；

（2） $y=(C_1+C_2x)\mathrm{e}^{2x}, y\big|_{x=0}=0, y'\big|_{x=0}=1$.

5. 求下列各微分方程的通解：

（1） $xy'-y\ln y=0$；　（2） $y'=\sqrt{\dfrac{1-y}{1-x}}$；

（3） $(\mathrm{e}^{x+y}-\mathrm{e}^x)\mathrm{d}x+(\mathrm{e}^{x+y}+\mathrm{e}^y)\mathrm{d}y=0$；　（4） $\cos x\sin y\mathrm{d}x+\sin x\cos y\mathrm{d}y=0$；

（5） $y'=xy$；　（6） $2x+1+y'=0$；

（7） $4x^3+2x-3y^2y'=0$；　（8） $y'=\mathrm{e}^{x+y}$.

6. 求下列各微分方程满足所给初始条件的特解：

（1） $y'=\mathrm{e}^{2x-y}, y\big|_{x=0}=0$；　（2） $y'\sin x=y\ln y, y\Big|_{x=\frac{\pi}{2}}=\mathrm{e}$.

7. 求下列线性微分方程的通解：

（1） $y'+y=\mathrm{e}^{-x}$；　（2） $xy'+y=x^2+3x+2$；

（3） $y'+y\cos x=\mathrm{e}^{-\sin x}$；　（4） $y'=4xy+4x$；

（5） $(x-2)y'=y+2(x-2)^3$；　（6） $(x^2+1)y'+2xy=4x^2$.

8. 求下列线性微分方程满足所给初始条件的特解：

（1） $\dfrac{\mathrm{d}y}{\mathrm{d}x}+\dfrac{1}{x}y=\dfrac{1}{x}\sin x, y\big|_{x=\pi}=1$；

（2） $y'+\dfrac{1}{x^3}(2-3x^2)y=1, y\big|_{x=1}=0$.

9. 求下列伯努利方程的通解：

（1）$y' + y = y^2(\cos x - \sin x)$；　　（2）$y' + \frac{1}{3}y = \frac{1}{3}(1-2x)y^4$.

***10.** 求下列各微分方程的通解：

（1）$y'' = x + \sin x$；　　（2）$y''' = xe^x$；

（3）$xy'' + y' = 0$；　　（4）$y^3y'' - 1 = 0$.

***11.** 求下列各微分方程满足所给初始条件的特解：

（1）$y'' = x^2 + 1$，$y\big|_{x=0} = y'\big|_{x=0} = 0$；

（2）$x^2y'' + xy' = 1$，$y\big|_{x=1} = 0, y'\big|_{x=1} = 1$；

（3）$y'' = 3y$，$y\big|_{x=0} = 1, y'\big|_{x=0} = 2$.

12. 求下列微分方程的通解：

（1）$y'' + y' - 2y = 0$；　　（2）$y'' + y = 0$；

（3）$4\frac{\mathrm{d}^2x}{\mathrm{d}t^2} - 20\frac{\mathrm{d}x}{\mathrm{d}t} + 25x = 0$；　　（4）$y'' - 4y' + 5y = 0$；

（5）$y'' + 4y' + 4y = 0$；　　（6）$y'' - 3y' + 2y = 0$.

13. 求下列微分方程满足所给初始条件的特解：

（1）$y'' - 4y' + 3y = 0$，$y\big|_{x=0} = 6, y'\big|_{x=0} = 10$；

（2）$4y'' + 4y' + y = 0$，$y\big|_{x=0} = 2, y'\big|_{x=0} = 0$；

（3）$y'' + 4y' + 29y = 0$，$y\big|_{x=0} = 0, y'\big|_{x=0} = 15$；

（4）$y'' + 25y = 0$，$y\big|_{x=0} = 2, y'\big|_{x=0} = 0$.

14. 求下列各微分方程的通解：

（1）$2y'' + y' - y = 2e^x$；　　（2）$2y'' + 5y' = 5x^2 - 2x - 1$；

（3）$y'' + 3y' + 2y = 3xe^{-x}$；　　（4）$y'' - 2y' + 5y = e^x \sin 2x$；

（5）$y'' + 2y' + y = x$；　　（6）$y'' - 4y' + 4y = e^{2x}$.

15. 求下列各微分方程满足已给初始条件的特解：

（1）$y'' + y + \sin 2x = 0$，$y\big|_{x=\pi} = 1, y'\big|_{x=\pi} = 1$；

（2）$y'' - 10y' + 9y = e^{2x}$，$y\big|_{x=0} = \frac{6}{7}, y'\big|_{x=0} = \frac{33}{7}$.

第七章　常数项级数

本章介绍常数项级数的概念、性质、正项级数、交错级数收敛性的判别方法.

第一节　常数项级数的概念与基本性质

一、常数项级数的概念

数学史上，有一些经典的问题，涉及无穷多个量的求和. 如“一尺之捶，日取其半，万世不竭”，它与下列无穷多个数求和密切相关

$$\frac{1}{2}+\frac{1}{2^2}+\cdots+\frac{1}{2^n}+\cdots.$$

定义 7.1　给定一个数列 $\{u_n\}$，各项依次相加构成的表达式

$$u_1+u_2+\cdots+u_n+\cdots$$

叫作常数项无穷级数，简称数项级数（或级数），记作 $\sum_{n=1}^{\infty}u_n$，即

$$\sum_{n=1}^{\infty}u_n=u_1+u_2+\cdots+u_n+\cdots,$$

其中第 n 项 u_n 叫作级数的一般项.

如何理解上述定义中无穷多个量相加呢?先取有限项求和，观察和的变化趋势，以此来理解无穷多项相加的含义.

作数列 $\{u_n\}$ 的前 n 项的和

$$S_n=\sum_{i=1}^{n}u_i=u_1+u_2+\cdots+u_n,$$

其中：S_n 称为级数 $\sum_{n=1}^{\infty}u_n$ 的部分和. 当 n 依次取 $1,2,3\cdots$ 时，可以得到一个数列

$$\{S_n\}:S_1,S_2,S_3\cdots,$$

称为级数 $\sum_{n=1}^{\infty}u_n$ 的部分和数列.

定义 7.2　如果级数 $\sum_{n=1}^{\infty}u_n$ 的部分和数列 $\{S_n\}$ 极限存在，即 $\lim_{n\to\infty}S_n=S$，则称级数 $\sum_{n=1}^{\infty}u_n$ 收敛，并称 S 为级数的和，记作

$$S=\sum_{i=1}^{\infty}u_i=u_1+u_2+\cdots+u_n+\cdots;$$

如果$\{S_n\}$极限不存在，则称级数$\sum_{n=1}^{\infty}u_n$发散.

例 7.1　讨论等比级数$\sum_{n=1}^{\infty}q^n$的敛散性.

解　当$q=1$时，$S_n=n\to\infty$，级数发散；

当$q=-1$时，$S_{2n}=0, S_{2n+1}=-1$，级数发散.

当$|q|<1$时，$S_n=q+q^2+\cdots+q^n=\dfrac{q(1-q^n)}{1-q}\to\dfrac{q}{1-q}$，级数收敛；

当$|q|>1$时，$S_n=q+q^2+\cdots+q^n=\dfrac{q(1-q^n)}{1-q}\to\infty$，级数发散.

综上等比级数$\sum_{n=1}^{\infty}q^n$的公比$|q|<1$时收敛，$|q|\geqslant 1$时发散.

例 7.2　判定级数$\sum_{n=1}^{\infty}\dfrac{1}{n(n+1)}$的敛散性.

解　$u_n=\dfrac{1}{n(n+1)}=\dfrac{1}{n}-\dfrac{1}{n+1}$，从而

$$S_n=u_1+u_2+\cdots+u_n=\left(1-\frac{1}{2}\right)+\left(\frac{1}{2}-\frac{1}{3}\right)+\left(\frac{1}{n}-\frac{1}{n+1}\right)=1-\frac{1}{n+1},\ \lim_{n\to\infty}S_n=1.$$

所以级数$\sum_{n=1}^{\infty}\dfrac{1}{n(n+1)}$收敛.

二、常数项级数的性质

根据级数敛散性的概念，可以得到级数的几个基本性质，在此只证其中一部分.

性质 7.1　若级数$\sum_{n=1}^{\infty}u_n$收敛于S，则级数$\sum_{n=1}^{\infty}ku_n$收敛于kS，其中k为常数.

证　设级数$\sum_{n=1}^{\infty}u_n$的部分和为S_n，级数$\sum_{n=1}^{\infty}ku_n$部分和为T_n，则

$$T_n=\sum_{i=1}^{n}ku_i=k\sum_{i=1}^{n}u_i=kS_n,$$

从而

$$\lim_{n\to\infty}T_n=\lim_{n\to\infty}kS_n=kS.$$

故级数$\sum_{n=1}^{\infty}ku_n$收敛于kS.

由性质 7.1 的证明过程可知，级数的每一项同乘一个非零常数后，它的敛散性不会发生变化.

性质 7.2　若级数 $\sum_{n=1}^{\infty} u_n$ 收敛于 S，级数 $\sum_{n=1}^{\infty} v_n$ 收敛于 T，则级数 $\sum_{n=1}^{\infty}(u_n \pm v_n)$ 收敛于 $S \pm T$.

注　性质 7.2 表明，收敛的级数可以逐项相加，逐项相减.

性质 7.3　在级数中增加、去掉、修改有限项，不会改变级数的敛散性.

性质 7.4　收敛的级数加括号后得到的新级数仍然收敛，且和不变.

注　如果加括号后得到的新级数收敛，不能断定原级数收敛；加括号后发散则可断定原级数发散；如果有两种不同的方式加括号，级数都收敛，但和不同，也能说明原级数发散. 例如，级数 $\sum_{n=1}^{\infty}(-1)^{n-1}$，使用两种不同的方式加括号，如

$$(1-1)+(1-1)+\cdots$$

收敛于 0，而

$$1+(-1+1)+(-1+1)+\cdots$$

收敛于 1，从而级数 $\sum_{n=1}^{\infty}(-1)^{n-1}$ 发散.

性质 7.5　若级数 $\sum_{n=1}^{\infty} u_n$ 收敛，则 $\lim_{n\to\infty} u_n = 0$.

证　设级数 $\sum_{n=1}^{\infty} u_n$ 收敛于 S，即 $\lim_{n\to\infty} S_n = S$，则

$$\lim_{n\to\infty} u_n = \lim_{n\to\infty}(S_n - S_{n-1}) = \lim_{n\to\infty} S_n - \lim_{n\to\infty} S_{n-1} = S - S = 0.$$

注　由性质 7.5 可知，如果级数的一般项不趋于 0，则该级数发散. 此外，性质 7.5 只是级数收敛的必要条件，并不充分条件. 即由 $\lim_{n\to\infty} u_n = 0$ 得不到级数 $\sum_{n=1}^{\infty} u_n$ 收敛.

例 7.3　判定级数 $\sum_{n=1}^{\infty}\frac{n}{n+1}$ 的敛散性.

解　因 $\lim_{n\to\infty} u_n = 1 \neq 0$，故原级数发散.

例 7.4　证明调和级数 $\sum_{n=1}^{\infty}\frac{1}{n}$ 发散.

证　反证法. 假设级数 $\sum_{n=1}^{\infty}\frac{1}{n}$ 收敛于 S，即 $\lim_{n\to\infty} S_n = S$，则有 $\lim_{n\to\infty} S_{2n} = \lim_{n\to\infty} S_n = S$.

事实上，

$$S_{2n} - S_n = \frac{1}{n+1} + \frac{1}{n+2} + \cdots + \frac{1}{2n} > \underbrace{\frac{1}{2n} + \frac{1}{2n} + \cdots + \frac{1}{2n}}_{n\text{项}} = \frac{1}{2},$$

这与 $\lim_{n\to\infty} S_{2n} = \lim_{n\to\infty} S_n = S$ 相矛盾. 从而级数 $\sum_{n=1}^{\infty}\frac{1}{n}$ 发散.

第二节　常数项级数的审敛法

本节介绍正项级数、交错级数的审敛法，并引入绝对收敛和条件收敛的概念.

一、正项级数的审敛法

定义 7.3　如果一般项 $u_n \geqslant 0$，则称 $\sum_{n=1}^{\infty} u_n$ 为正项级数.

正项级数的部分和数列 $\{S_n\}$ 单调递增，如果 $\{S_n\}$ 还是有界的，由单调有界必收敛定理可知，$\lim_{n\to\infty} S_n$ 存在，即正项级数 $\sum_{n=1}^{\infty} u_n$ 收敛. 反之，如果正项级数 $\sum_{n=1}^{\infty} u_n$ 收敛，则部分和数列 $\{S_n\}$ 极限存在，从而有界. 因此，可得到如下重要结论.

定理 7.1　正项级数 $\sum_{n=1}^{\infty} u_n$ 收敛的充分必要条件是：其部分和数列 $\{S_n\}$ 有界.

定理 7.2　（比较审敛法）$\sum_{n=1}^{\infty} u_n$ 与 $\sum_{n=1}^{\infty} v_n$ 均为正项级数，且满足 $u_n \leqslant v_n (n=1,2,3,\cdots)$.

（1）如果级数 $\sum_{n=1}^{\infty} v_n$ 收敛，则级数 $\sum_{n=1}^{\infty} u_n$ 也收敛；

（2）如果级数 $\sum_{n=1}^{\infty} u_n$ 发散，则级数 $\sum_{n=1}^{\infty} v_n$ 也发散.

证　（1）级数 $\sum_{n=1}^{\infty} u_n$ 的部分和数列记作 $\{S_n\}$，级数 $\sum_{n=1}^{\infty} v_n$ 部分和数列记作 $\{T_n\}$，则

$$0 \leqslant S_n = u_1 + u_2 + \cdots + u_n \leqslant T_n = v_1 + v_2 + \cdots + v_n,$$

正项级数 $\sum_{n=1}^{\infty} v_n$ 收敛，则部分和数列 $\{T_n\}$ 有界，从而 $\{S_n\}$ 有界，由定理 7.1 知级数 $\sum_{n=1}^{\infty} u_n$ 收敛.

（2）可由反证法和（1）即证.

注　定理 7.2 中的条件 $u_n \leqslant v_n (n=1,2,3,\cdots)$ 改成存在 $C>0$ 使得

$$u_n \leqslant C v_n \quad (n=1,2,3,\cdots),$$

结论亦成立.

例 7.5　讨论 p $(p>0)$ 级数

$$\sum_{n=1}^{\infty} \frac{1}{n^p} = 1 + \frac{1}{2^p} + \frac{1}{3^p} + \cdots + \frac{1}{n^p} + \cdots$$

的敛散性.

解　当 $p \leqslant 1$ 时，$\frac{1}{n} \leqslant \frac{1}{n^p}$，调和级数 $\sum_{n=1}^{\infty} \frac{1}{n}$ 发散，由比较审敛法知 $\sum_{n=1}^{\infty} \frac{1}{n^p}$ 发散；

当 $p>1$ 时，

$$\frac{1}{n^p}=\int_{n-1}^{n}\frac{1}{n^p}\mathrm{d}x\leqslant\int_{n-1}^{n}\frac{1}{x^p}\,\mathrm{d}x\quad(n=2,3,\cdots)$$

从而 p 级数的部分和

$$\begin{aligned}S_n&=1+\frac{1}{2^p}+\frac{1}{3^p}+\cdots+\frac{1}{n^p}\leqslant1+\int_{1}^{n}\frac{1}{x^p}\mathrm{d}x\\&=1+\frac{1}{p-1}\left(1-\frac{1}{n^{p-1}}\right)\leqslant1+\frac{1}{p-1}\quad(n=2,3,\cdots),\end{aligned}$$

即 $\{S_n\}$ 有界，从而 $\sum\limits_{n=1}^{\infty}\frac{1}{n^p}$ 收敛.

综上所述，当 $p\leqslant1$ 时，$\sum\limits_{n=1}^{\infty}\frac{1}{n^p}$ 发散；当 $p>1$ 时，$\sum\limits_{n=1}^{\infty}\frac{1}{n^p}$ 收敛.

例 7.6　判断级数 $\sum\limits_{n=1}^{\infty}\frac{1}{n^2+n+3}$ 的敛散性.

解　因 $u_n=\frac{1}{n^2+n+3}\leqslant\frac{1}{n^2}$，而 $\sum\limits_{n=1}^{\infty}\frac{1}{n^2}$ 收敛，故 $\sum\limits_{n=1}^{\infty}\frac{1}{n^2+n+3}$ 收敛.

将极限的性质和定理 7.2 相结合，可以得到比较审敛法的极限形式.

定理 7.3　（比较审敛法的极限形式）设 $\sum\limits_{n=1}^{\infty}u_n$ 与 $\sum\limits_{n=1}^{\infty}v_n$ 均为正项级数，且

$$\lim_{n\to\infty}\frac{u_n}{v_n}=c,$$

则

（1）当 $0<c<+\infty$ 时，$\sum\limits_{n=1}^{\infty}u_n$ 与 $\sum\limits_{n=1}^{\infty}v_n$ 有相同的敛散性；

（2）当 $c=0$ 时，若 $\sum\limits_{n=1}^{\infty}v_n$ 收敛，则 $\sum\limits_{n=1}^{\infty}u_n$ 收敛；

（3）当 $c=+\infty$ 时，若 $\sum\limits_{n=1}^{\infty}v_n$ 发散，则 $\sum\limits_{n=1}^{\infty}u_n$ 发散.

上述比较审敛法以及比较审敛法的极限形式，都需要找到一个敛散性已知的正项级数与之做比较，能否仅通过正项级数本身来判定其敛散性呢?我们有下列两个结论，此处略去证明过程.

定理 7.4　（比值审敛法）设 $\sum\limits_{n=1}^{\infty}u_n$ 为正项级数，且 $\lim\limits_{n\to\infty}\frac{u_{n+1}}{u_n}=\rho$，则

（1）当 $\rho<1$ 时，级数 $\sum\limits_{n=1}^{\infty}u_n$ 收敛；

（2）当 $\rho>1$ 时，级数 $\sum\limits_{n=1}^{\infty}u_n$ 发散；

（3）当 $\rho=1$ 时，级数 $\sum\limits_{n=1}^{\infty}u_n$ 可能收敛，也可能发散.

定理 7.5　（根值审敛法）设$\sum_{n=1}^{\infty}u_n$为正项级数，且$\lim_{n\to\infty}\sqrt[n]{u_n}=\rho$，则

（1）当$\rho<1$时，级数$\sum_{n=1}^{\infty}u_n$收敛；

（2）当$\rho>1$时，级数$\sum_{n=1}^{\infty}u_n$发散；

（3）当$\rho=1$时，级数$\sum_{n=1}^{\infty}u_n$可能收敛，也可能发散.

例 7.7　证明正项级数$\sum_{n=1}^{\infty}\frac{n}{2^n}$收敛.

解　由定理 7.4，$\lim_{n\to\infty}\frac{u_{n+1}}{u_n}=\lim_{n\to\infty}\frac{n+1}{2n}=\frac{1}{2}<1$，故级数$\sum_{n=1}^{\infty}\frac{n}{2^n}$收敛.

本例也可用定理 7.5 判定，$\lim_{n\to\infty}\sqrt[n]{u_n}=\frac{1}{2}<1$，故级数$\sum_{n=1}^{\infty}\frac{n}{2^n}$收敛.

二、交错级数的审敛法

定义 7.4　如果一般项$u_n\geqslant 0$，形如$\sum_{n=1}^{\infty}(-1)^n u_n$或$\sum_{n=1}^{\infty}(-1)^{n-1}u_n$的级数称为交错级数.

交错级数的特点是一般项正负交替出现. 关于交错级数敛散性的判定，不加证明地给出一个结论.

定理 7.6　[莱布尼茨（Leibniz）定理]设交错级数$\sum_{n=1}^{\infty}(-1)^{n-1}u_n$满足下列条件：

（1）$u_n\geqslant u_{n+1}(n=1,2,3,\cdots)$；

（2）$\lim_{n\to\infty}u_n=0$，

则级数收敛，且其和$S\leqslant u_1$.

例 7.8　证明级数$\sum_{n=1}^{\infty}(-1)^n\frac{1}{n}$收敛.

证　级数$\sum_{n=1}^{\infty}(-1)^n\frac{1}{n}$为交错级数，且$u_n=\frac{1}{n}\geqslant u_{n+1}=\frac{1}{n+1}$，$\lim_{n\to\infty}u_n=0$. 由定理 7.6 知级数$\sum_{n=1}^{\infty}(-1)^n\frac{1}{n}$收敛.

三、绝对收敛与条件收敛

当我们遇到更一般的数项级数，比如既不是正项级数，也不是交错级数时，也有可能借助正项级数的审敛法来判定其敛散性.

引理 7.1　若级数 $\sum_{n=1}^{\infty}u_n$, $\sum_{n=1}^{\infty}v_n$, $\sum_{n=1}^{\infty}w_n$ 满足：

（1）$v_n \leqslant u_n \leqslant w_n\,(n=1,2,3,\cdots)$；

（2）级数 $\sum_{n=1}^{\infty}v_n$, $\sum_{n=1}^{\infty}w_n$ 收敛，则级数 $\sum_{n=1}^{\infty}u_n$ 收敛.

证　由（1）$v_n \leqslant u_n \leqslant w_n$，可知 $0 \leqslant u_n - v_n \leqslant w_n - v_n$，则级数

$$\sum_{n=1}^{\infty}(u_n - v_n),\quad \sum_{n=1}^{\infty}(w_n - v_n)$$

为正项级数. 由（2）级数 $\sum_{n=1}^{\infty}v_n$, $\sum_{n=1}^{\infty}w_n$ 收敛，可知级数 $\sum_{n=1}^{\infty}(w_n - v_n)$ 收敛，再由 $0 \leqslant u_n - v_n \leqslant w_n - v_n$ 及比较审敛法可得 $\sum_{n=1}^{\infty}(u_n - v_n)$ 收敛. 从而

$$\sum_{n=1}^{\infty}u_n = \sum_{n=1}^{\infty}(u_n - v_n + v_n) = \sum_{n=1}^{\infty}(u_n - v_n) + \sum_{n=1}^{\infty}v_n$$

收敛.

定理 7.7　如果级数 $\sum_{n=1}^{\infty}|u_n|$ 收敛，则级数 $\sum_{n=1}^{\infty}u_n$ 一定收敛.

证　在上述引理 7.1 中，取 $v_n = -|u_n|$, $w_n = |u_n|$ 即得.

注　定理 7.7 提供了将一般级数的敛散性判定转化成正项级数来判别的方法，只有当 $\sum_{n=1}^{\infty}|u_n|$ 收敛时才能断定 $\sum_{n=1}^{\infty}u_n$ 收敛. 当 $\sum_{n=1}^{\infty}|u_n|$ 发散时，不能断定 $\sum_{n=1}^{\infty}u_n$ 也发散，如 $\sum_{n=1}^{\infty}\left|(-1)^{n-1}\frac{1}{n}\right| = \sum_{n=1}^{\infty}\frac{1}{n}$ 发散，但 $\sum_{n=1}^{\infty}(-1)^{n-1}\frac{1}{n}$ 收敛.

现在考虑更一般的级数

$$u_1 + u_2 + \cdots + u_n + \cdots,$$

其中，u_n 为任意实数. 我们将通过对一般项加绝对值转化成正项级数来讨论其敛散性. 为此，引入绝对收敛与条件收敛的概念.

定义 7.5　如果 $\sum_{n=1}^{\infty}|u_n|$ 收敛，则称 $\sum_{n=1}^{\infty}u_n$ 绝对收敛；如果 $\sum_{n=1}^{\infty}u_n$ 收敛，$\sum_{n=1}^{\infty}|u_n|$ 发散，则称级数 $\sum_{n=1}^{\infty}u_n$ 条件收敛.

例如，级数 $\sum_{n=1}^{\infty}(-1)^{n-1}\frac{1}{n}$ 条件收敛，$\sum_{n=1}^{\infty}(-1)^{n-1}\frac{1}{n^2}$ 绝对收敛.

例 7.9　判定级数 $\sum_{n=1}^{\infty}\frac{\sin(n\alpha)}{n(n+1)}$ 的敛散性.

解　因为

$$\left|\frac{\sin(n\alpha)}{n(n+1)}\right| \leqslant \frac{1}{n(n+1)},$$

而级数 $\sum_{n=1}^{\infty}\frac{1}{n(n+1)}$ 收敛，所以 $\sum_{n=1}^{\infty}\frac{\sin(n\alpha)}{n(n+1)}$ 绝对收敛.

习　题　七

1. 写出下列级数的一般项：

（1）$1-\frac{1}{2}+\frac{1}{3}-\frac{1}{4}+\frac{1}{5}-\frac{1}{6}+\cdots$；　（2）$a+\frac{a^2}{2}+\frac{a^3}{3}+\frac{a^4}{4}+\cdots$.

2. 根据定义判定下列级数的敛散性：

（1）$\sum_{n=1}^{\infty}(\sqrt{n+1}-\sqrt{n})$；　（2）$\sum_{n=1}^{\infty}\frac{1}{n(2n+1)}$.

3. 判定下列级数的敛散性级数：

（1）$1+\frac{1}{3}+\frac{1}{5}+\frac{1}{7}+\cdots$；　（2）$\sum_{n=1}^{\infty}\frac{1}{n(n^2+1)}$；

（3）$\sum_{n=1}^{\infty}\frac{\ln\left(1+\frac{1}{n}\right)}{n}$；　（4）$\sum_{n=1}^{\infty}\frac{1}{1+a^n}\ (a>1)$；

（5）$\sum_{n=1}^{\infty}\frac{n}{2^n}$；　（6）$\sum_{n=1}^{\infty}(-1)^n\frac{1}{\ln n}$.

4. 判定下列级数的敛散性，如果收敛，是绝对收敛还是条件收敛?

（1）$\sum_{n=1}^{\infty}(-1)^n\frac{1}{n(n+1)}$；　（2）$\sum_{n=1}^{\infty}\frac{\sin n}{n^2}$；　（3）$\sum_{n=1}^{\infty}(-1)^n\frac{1}{\sqrt{n}}$.

参 考 文 献

华东师范大学数学系, 2011. 数学分析(上册). 4 版. 北京: 高等教育出版社.

李书刚, 2017. 线性代数. 3 版. 北京: 科学出版社.

同济大学数学教研室, 2014. 高等数学(上册). 7 版. 北京: 高等教育出版社.

同济大学数学教研室, 2014. 高等数学(下册). 7 版. 北京: 高等教育出版社.

王松桂, 张忠占, 程维虎, 等, 2011. 概率论与数理统计. 3 版. 北京: 科学出版社.

习 题 答 案

习 题 一

1.（1）相等，因为 $f(x)=\sqrt{x^2}=|x|$；

（2）不相等，因为定义域不一样.

2.（1）$(-\infty,0)\cup(0,4]$；（2）$[-3,0)\cup(0,1)$;

（3）$(-\infty,-1)\cup(-1,1)\cup(1,+\infty)$；（4）$\left[-\dfrac{\pi}{6}+k\pi,\dfrac{\pi}{6}+k\pi\right]$，$k$ 为整数.

3. $y=\mathrm{e}^{x-2}-1$.

4. $f(0)=1$，$f(-x)=\dfrac{1+x}{1-x}$，$f\left(\dfrac{1}{x}\right)=\dfrac{x-1}{x+1}$.

5. $f(x-1)=\begin{cases}1, & 0\leqslant x<1,\\ x, & 1\leqslant x\leqslant 3.\end{cases}$

6.（1）偶；（2）奇.

7.（1）有界，非单调；（2）无界，单调增加.

8.（1）$y=u^{\frac{1}{4}},u=1+x^2$；（2）$y=u^2,u=\cos v,v=1+2x$.

9. 略

10. x 为年销售批数，$y=10^3x+\dfrac{0.05\times10^6}{2x}$.

11. $y=0.8\left(\left[\dfrac{x}{20}\right]+1\right),0\leqslant x\leqslant 2\,000$.

12.（1）$x_n=(-1)^n\dfrac{1}{n},x_n\to 0$；

（2）$x_n=1-(-1)^n$；

（3）$x_n=(-1)^n\dfrac{2n+1}{2n-1}$.

13. 略.

14. 反例：$x_n=(-1)^n$.

15. 3.

16. 2.

17.（1）$\dfrac{3}{5}$；（2）-1；（3）0；（4）$\dfrac{1}{2}$；（5）$\dfrac{1}{2}$；（6）0；（7）∞；

（8）$\frac{1}{5}$；　（9）$\frac{m}{n}$；　（10）$\frac{3}{2}$；　（11）2；　（12）1；　（13）3；　（14）x；

（15）$e^{-\frac{1}{2}}$；　（16）e^{10}；　（17）e^{3}；　（18）$e^{-\frac{1}{2}}$；　（19）0；　（20）1.

18. x^2-x^3 是比 $2x-x^2$ 高阶的无穷小.

19. （1）同阶；　（2）等价.

20. $a=1$，$b=-\frac{3}{2}$.

21. （1）$\lim\limits_{x\to0^-}f(x)=-1,\lim\limits_{x\to0^+}f(x)=1$，$f(x)$ 在 $x=0$ 处无极限；

（2）$\lim\limits_{x\to2^-}f(x)=4,\lim\limits_{x\to2^+}f(x)=\infty$，$f(x)$ 在 $x=2$ 处无极限.

22. （1）连续；　（2）在 $x=-1$ 处间断. 图形略.

23. （1）$x=1$ 为可去间断点，补充定义 $f(1)=-2$，$x=2$ 为第二类间断点；

（2）$x=0$ 为第二类间断点；

（3）$x=1$ 为第一类间断点中的跳跃间断点.

24. $a=1$.

25.～26. 略.

习 题 二

1. $2g$.

2. （1）$-\frac{1}{x_0^2}$；　（2）10!.

3. $4x-y-4=0$，$8x-y-16=0$.

4. （1）$\frac{3}{2}\sqrt{x}$；　（2）$\frac{1}{2x}$.

5. （1）$f'_+(0)=1,f'_-(0)=0$；　（2）$f'_+(0)=0,f'_-(0)=1$；

（3）$f'_+(1)=\frac{1}{2},f'_-(1)=2$.

6. $f'(x)=\begin{cases}\cos x, & x<0,\\ 1, & x\geqslant 0.\end{cases}$

7. $a=2,b=-1$.

8. 略.

9. （1）$\frac{3}{t}$；　（2）$\frac{1}{\sqrt{x}}+\frac{1}{2\sqrt{x}}\ln x$；　（3）$2x\sin x+x^2\cos x$；　（4）$(x+1)e^x$；　（5）$\frac{1-\ln x}{x^2}$；

（6）$e^x(\sin x+\cos x)$；　（7）$\arcsin x+\frac{x}{\sqrt{1-x^2}}$；　（8）$-\frac{1+2x}{(1+x+x^2)^2}$.

10. （1）$\frac{\sqrt{2}}{4}\left(1+\frac{\pi}{2}\right)$；　（2）$f'(0)=\frac{3}{25},f'(2)=\frac{17}{15}$.

11. （1）$e^x\cos e^x$； （2）$\dfrac{2x}{1+x^4}$； （3）$\dfrac{1}{\sqrt{2x+1}}e^{\sqrt{2x+1}}$；

（4）$2x\ln(x+\sqrt{1+x^2})+\sqrt{1+x^2}$； （5）$2x\sin\dfrac{1}{x^2}-\dfrac{2}{x}\cos\dfrac{1}{x^2}$；

（6）$-3ax^2\sin 2ax^3$； （7）$\dfrac{1}{x^2\sqrt{1-x^2}}$； （8）$\dfrac{2\arcsin\dfrac{x}{2}}{\sqrt{4-x^2}}$.

12. $\dfrac{1}{3}$.

13. $2x+3y-3=0;3x-2y+2=0;x=-1;y=0$.

14. （1）$2xf'(x^2)$； （2）$f'(\sin^2 x)\sin 2x+2f(x)f'(x)$.

15. （1）$-\dfrac{x^2-ay}{y^2-ax}$； （2）$\dfrac{x-y}{x(\ln x+\ln y+1)}$； （3）$-\dfrac{e^y+ye^x}{x-e^{x+y}}$.

16. （1）$\dfrac{\sqrt{x+2}(3-x)^4}{(x+1)^5}\left[\dfrac{1}{2(x+2)}-\dfrac{4}{3-x}-\dfrac{5}{x+1}\right]$； （2）$(\sin x)^{\cos x}\left(\dfrac{\cos^2 x}{\sin x}-\sin x\ln\sin x\right)$.

17. （1）$\dfrac{\sin at+\cos bt}{\cos at-\sin bt}$； （2）$\dfrac{\cos\theta-\theta\sin\theta}{1-\sin\theta-\theta\cos\theta}$.

18. $\sqrt{3}-2$.

19. 若$\varphi(a)=0$，则$f'(a)=0$；若$\varphi(a)\neq 0$，则$f'(a)$不存在.

20. $\left(1-\dfrac{1}{x^2}\right)e^{x+\frac{1}{x}}$.

21. $\dfrac{1}{2\sqrt{3}}$.

22. $x-\dfrac{1}{x}$.

23. $\varphi'(1)=-1$.

24. （1）$\sin t$； （2）$-\dfrac{1}{\omega}\cos\omega x$； （3）$\ln(1+x)$； （4）$-\dfrac{1}{2}e^{-2x}$；

（5）$2\sqrt{x}$； （6）$\dfrac{1}{3}\tan 3x$； （7）$\dfrac{\ln^2 x}{2}$； （8）$-\sqrt{1-x^2}$.

25. （1）0.21，0.2，0.01； （2）0.0201，0.02，0.0001.

26. （1）$(x-1)e^{-x}dx$； （2）$\dfrac{1-\ln x}{x^2}dx$；

（3）$-\dfrac{1}{2\sqrt{x}}\sin\sqrt{x}dx$； （4）$2\ln 5\cdot 5^{\ln\tan x}\cdot\dfrac{1}{\sin 2x}dx$；

（5）$[8x^x(1+\ln x)-12e^{2x}]dx$；

（6）$\left(\dfrac{1}{2\sqrt{(1-x^2)\arcsin x}}+\dfrac{2\arctan x}{1+x^2}\right)dx$.

27.（1）$\dfrac{e^y}{1-xe^y}dx$；　（2）$-\dfrac{b^2x}{a^2y}dx$；　（3）$\dfrac{2}{2-\cos y}dx$；　（4）$\dfrac{\sqrt{1-y^2}}{1+2y\sqrt{1-y^2}}dx$.

28. g.

29. $n!a_0$.

30. $f'(x)=\dfrac{2x}{1+x^2}, f''(x)=\dfrac{2(1-x^2)}{(1+x^2)^2}$.

31. 略.

32.（1）$-4e^x\sin x$；　（2）$32e^{2x}(2x^2+12x+15)$；

（3）$x^2\sin x-160x\cos x-6320\sin x$.

33.（1）$4x^2f''(x^2)+2f'(x^2)$；　（2）$\dfrac{f''(x)f(x)-[f'(x)]^2}{f^2(x)}$；

34.（1）0；　（2）$\dfrac{4}{e},\dfrac{8}{e}$；　（3）$10\cdot6!$，$6!$.

35. $m=3,n=-4$.

习 题 三

1.～4. 略.

5.（1）令 $f(x)=\ln(1+x)$，$f(x)-f(0)=f'(\xi)x=\dfrac{x}{1+\xi}$，$\xi\in(0,x)$，即证.

（2）令 $f(x)=x^n$；　（3）令 $f(x)=\ln x$.

（4）令 $f(x)=1+\dfrac{1}{2}x-\sqrt{1+x}$，$f'(x)=\dfrac{1}{2}-\dfrac{1}{2\sqrt{1+x}}>0$，则 $f(x)>f(0)=0$.即证.

6. 略.

7. 令 $g(x)=e^xf(x)$.

8.～9. 略.

10.（1）$-\dfrac{3}{5}$；　（2）$-\dfrac{1}{8}$；　（3）$\dfrac{1}{2}$；　（4）$\cos a$；　（5）$\dfrac{m}{n}a^{m-n}$；　（6）1；

（7）0；　（8）0.

11.～16. 略.

17.（1）极小值 $y(1)=2$；　（2）极大值 $y(0)=0$，极小值 $y(1)=-1$；

（3）极大值 $f(e)=\dfrac{1}{e}$；　（4）极小值 $y(0)=0$；

（5）极大值 $f(1)=\dfrac{1}{e}$；　（6）极大值 $y\left(\dfrac{3}{4}\right)=\dfrac{5}{4}$.

18. 略.

19. $a=2,f\left(\dfrac{\pi}{3}\right)=\sqrt{3}$ 为极大值.

20. （1）$\max\limits_{-\infty<x<0} f(x)$不存在，$\min\limits_{-\infty<x<0} f(x)=f(-3)=27$；

（2）$\max\limits_{-5\leqslant x\leqslant 1} f(x)=f\left(\dfrac{3}{4}\right)=\dfrac{5}{4}$，$\min\limits_{-5\leqslant x\leqslant 1} f(x)=f(-5)=\sqrt{6}-5$；

（3）最小值 $y(2)=-14$，最大值 $y(3)=11$.

21. 当 $a>0$ 时，最大值为 $f\left(\dfrac{b}{a}\right)=\dfrac{2b^2}{a}$，最小值为 $f(0)=0$；当 $a<0$ 时，最大值为 $f(0)=0$，最小值为 $f\left(\dfrac{b}{a}\right)=\dfrac{2b^2}{a}$.

22. $\dfrac{2}{3}\sqrt{3}r$.

23. $\sqrt{\dfrac{8a}{4+\pi}}$.

24. （1）是凸的；

（2）在 $(0,\pi)$ 内是凸的，在 $(\pi, 2\pi)$ 内是凹的；

（3）是凹的；

（4）是凹的.

25. （1）拐点$\left(\dfrac{5}{3},\dfrac{20}{27}\right)$，在$\left(-\infty,\dfrac{5}{3}\right]$内是凸的，在$\left[\dfrac{5}{3},+\infty\right)$内是凹的；

（2）拐点$\left(2,\dfrac{2}{e^2}\right)$，在 $(-\infty,2]$ 内是凸的，在 $[2,+\infty)$ 内是凹的.

26.～28. 略.

29. （1）$a,\dfrac{ax}{ax+b},\dfrac{a}{ax+b}$；（2）$abe^{bx},bx,b$；（3）$ax^{a-1},a,\dfrac{a}{x}$.

30. 提高 8%；提高 16%.

31. 5.9%.

习 题 四

1.（1）$\dfrac{1}{2}(b^2-a^2)$；（2）$e-1$.

2.（1）1；（2）$\dfrac{1}{4}\pi R^2$.

3.～4. 略.

5.（1）$\dfrac{2}{3}(8-3\sqrt{3})$；（2）$\dfrac{11}{6}$；（3）$1+\dfrac{\pi^2}{8}$.

6.（1）$2x\sqrt{1+x^4}$；（2）$\dfrac{3x^2}{\sqrt{1+x^{12}}}-\dfrac{2x}{\sqrt{1+x^4}}$.

7. $\cot t^2$.

8. $\dfrac{\cos x}{\sin x-1}$.

9. （1）$\ln 2$；（2）$\dfrac{2}{3}$.

10. （1）$\dfrac{2}{3}$；（2）2.

11. $a=1,b=0,c=-2$或$a\neq 1,b=0,c=0$.

12. （1）$\dfrac{2}{7}x^{\frac{7}{2}}-\dfrac{10}{3}x^{\frac{3}{2}}+C$；（2）$\dfrac{(3\mathrm{e})^x}{\ln(3\mathrm{e})}+C$；

（3）$3\arctan x-2\arcsin x+C$；（4）$x-\arctan x+C$；

（5）$\dfrac{x}{2}-\dfrac{1}{2}\sin x+C$；（6）$\dfrac{1}{3}x^3-\dfrac{3}{2}x^2+2x+C$；

（7）$2\mathrm{e}^x+3\ln x+C$；（8）$\mathrm{e}^x-2x^{-\frac{1}{2}}+C$；

（9）$\tan x-\sec x+C$；（10）$\dfrac{1}{2}\tan x+C$；

（11）$\sin x-\cos x+C$；（12）$-\cot x-\tan x+C$.

13. $y=x^2-2x+1$.

14. （1）$-\dfrac{1}{2}$；（2）$\dfrac{1}{2}$；（3）$-\dfrac{1}{5}$；（4）$\dfrac{1}{3\ln a}$；

（5）$-\dfrac{1}{3}$；（6）$\dfrac{1}{5}$；（7）$\dfrac{1}{2}$；（8）$-\dfrac{1}{2}$.

15. （1）$\dfrac{1}{2}\sin x^2+C$；（2）$\dfrac{3}{2}(\sin x-\cos x)^{\frac{3}{2}}+C$；

（3）$\dfrac{1}{2\sqrt{2}}\ln\left|\dfrac{x-\frac{\sqrt{2}}{2}}{x+\frac{\sqrt{2}}{2}}\right|+C$；（4）$\sin x-\dfrac{1}{3}\sin^3 x+C$；

（5）$\dfrac{1}{3}\sin\dfrac{3}{2}x+\sin\dfrac{x}{2}+C$；（6）$-\dfrac{1}{2\ln 10}10^{2\arccos x}+C$；

（7）$(\arctan\sqrt{x})^2+C$；（8）$-\dfrac{1}{5}\mathrm{e}^{-5x}+C$；

（9）$-\dfrac{1}{2}\ln|1-2x|+C$；（10）$-2\cos\sqrt{t}+C$；

（11）$\dfrac{1}{11}\tan^{11}x+C$；（12）$-\dfrac{1}{\ln x}+C$；

（13）$\ln|\tan x|+C$；（14）$-\dfrac{1}{2}\mathrm{e}^{-x^2}+C$；

(15) $\frac{1}{11}(x+4)^{11}+C$；　(16) $-\frac{1}{2}(2-3x)^{\frac{2}{3}}+C$；

(17) $\frac{1}{2}\sin(x^2)+C$；　(18) $a\arcsin\frac{x}{a}-\sqrt{a^2-x^2}+C$；

(19) $\arctan e^x+C$；　(20) $\frac{1}{2}\ln^2 x+C$；

(21) $\frac{1}{3}\sin^3 x-\frac{1}{5}\sin^5 x+C$；　(22) $\sqrt{2x}-\ln(1+\sqrt{2x})+C$；

(23) $\sqrt{x^2-9}-3\arccos\frac{3}{x}+C$；　(24) $\frac{x}{\sqrt{1+x^2}}+C$；

(25) $\frac{1}{2}\arcsin x+\frac{1}{2}\ln|\sqrt{1-x^2}+x|+C$.

16. (1) $-x^2\cos x+2x\sin x+2\cos x+C$；　(2) $-e^{-x}(x+1)+C$；

(3) $\frac{1}{2}x^2\ln x-\frac{1}{4}x^2+C$；　(4) $x\arccos x-\sqrt{1-x^2}+C$；

(5) $\frac{1}{2}e^{-x}(\sin x-\cos x)+C$；　(6) $-\frac{1}{4}x\cos 2x+\frac{1}{8}\sin 2x+C$.

17. (1) $\frac{1}{x+1}+\frac{1}{2}\ln\left|x^2-1\right|+C$；　(2) $\ln\frac{x+1}{\sqrt{x^2-x+1}}+\sqrt{3}\arctan\frac{2x-1}{\sqrt{3}}+C$；

(3) $\frac{1}{3}\arctan(x^3)+C$；　(4) $x-\tan x+\sec x+C$；

(5) $\frac{1}{2}\left(\ln\left|\tan\frac{x}{2}\right|-\tan\frac{x}{2}\right)+C$；　(6) $2\ln(\sqrt{x}+\sqrt{1+x})+C$；

(7) $x+4\ln(\sqrt{x+1}+1)-4\sqrt{x+1}+C$.

18. (1) $\ln\left|\frac{e^x}{1+e^x}\right|+C$；　(2) $\frac{x}{2}(\sin\ln|x|-\cos\ln|x|)+C$；

(3) $x\tan\frac{x}{2}+C$；　(4) $xf'(x)-f(x)+C$；

(5) $I_n=-\frac{1}{n}\sin^{n-1}x\cos x+\frac{n-1}{n}I_{n-2}$.

19. $\begin{cases}-\frac{x^2}{2}+C, & x<1,\\ x+\frac{1}{2}+C, & -1\leqslant x\leqslant 1,\\ \frac{x^2}{2}+1+C, & x>1.\end{cases}$

20. (1) $\frac{22}{3}$；　(2) $2(\sqrt{3}-1)$；　(3) $\sqrt{2}-\frac{2}{3}\sqrt{3}$；　(4) $\frac{1}{2}\ln\frac{3}{2}$；

（5）$\frac{4}{5}$；（6）$\frac{1}{5}(e^{\pi}-2)$；（7）$\ln 2-\frac{1}{3}\ln 5$；（8）0；（9）$2\sqrt{3}-2$.

21.（1）$I_n=\begin{cases}\frac{n-1}{n}\cdot\frac{n-3}{n-2}\cdot\cdots\cdot\frac{3}{4}\cdot\frac{1}{2}\cdot\frac{\pi}{2}, & n\text{为偶数}\\ \frac{n-1}{n}\cdot\frac{n-3}{n-2}\cdot\cdots\cdot\frac{4}{5}\cdot\frac{2}{3}, & n\text{为奇数}\end{cases}$

（2）$I_n=(-1)^n\left[\frac{\pi}{4}-\left(1-\frac{1}{3}+\frac{1}{5}-\cdots+\frac{(-1)^{n-1}}{2n-1}\right)\right]$

22. 略.

23.（1）0；（2）0；（3）$\frac{3}{2}\ln 3-\ln 2-1$；（4）$\frac{5}{16}\pi$.

24. $\frac{1}{4}\pi$.

25. 0.

26.（1）1；（2）π；（3）$n!$；（4）$\frac{\pi}{2}$；（5）$\frac{\pi}{2}$；（6）π.

习 题 五

1.（1）$S_1=2\pi+\frac{4}{3}$；$S_2=6\pi-\frac{4}{3}$；（2）$\frac{3}{2}-\ln 2$；（3）$e+\frac{1}{e}-2$；

（4）$b-a$；（5）$\frac{8}{3}$；（6）$4\sqrt{2}$；（7）$\frac{9}{4}$；（8）$3\pi a^2$.

2. $a=-2$ 或 4.

3.（1）$\frac{\pi}{20}$；（2）$\frac{128}{7}\pi,\frac{64}{5}\pi$；（3）$\frac{32}{105}\pi a^3$.

4. $\frac{1}{6}\pi h[2(ab+AB)+aB+bA]$.

5. $\frac{4}{3}\sqrt{3}R^3$.

6.（1）$\frac{3\pi}{8}a^2$；（2）$\frac{32a^3}{105}\pi$.

习 题 六

1.（1）一阶；（2）二阶；（3）三阶；（4）一阶.

2.（1）是；（2）是；（3）不是；（4）是.

3. 略.

4.（1）$y^2-x^2=25$；（2）$y=xe^{2x}$.

5.（1）$y=e^{Cx}$；（2）$y=x-2C\sqrt{1-x}-C^2$；（3）$(e^y-1)(e^x+1)=C$；（4）$\sin y\cdot\sin x=C$；

（5）$y=Ce^{\frac{1}{2}x^2}$；（6）$y=-x^2-x+C$；（7）$y^3=x^4+x^2+C$；（8）$e^{-y}=e^{-x}+C$.

6. （1）$e^y=\frac{1}{2}(e^{2x}+1)$；（2）$y=e^{\tan\frac{x}{2}}$.

7. （1）$y=e^{-x}(x+C)$；（2）$y=\frac{1}{3}x^2+\frac{3}{2}x+2+\frac{C}{x}$；（3）$y=(x+C)e^{-\sin x}$；（4）$y=Ce^{2x^2}-1$；

（5）$y=(x-2)^3+C(x-2)$；（6）$y=\frac{4x^3+C}{3(x^2+1)}$.

8. （1）$y=\frac{\pi-1-\cos x}{x}$；（2）$2y=x^3-x^3e^{\frac{1}{x^2}-1}$.

9. （1）$\frac{1}{y}=Ce^x-\sin x$；（2）$\frac{1}{y^3}=Ce^x-2x-1$.

10. （1）$y=\frac{1}{6}x^3-\sin x+C_1x+C_2$；（2）$y=(x-3)e^x+C_1x^2+C_2x+C_3$；

（3）$y=C_1\ln|x|+C_2$；（4）$C_1y^2-(C_1x+C_2)^2=1$.

11. （1）$y=x\arctan x-\frac{1}{2}\ln(1+x^2)$；（2）$y=\ln x+\frac{1}{2}\ln^2 x$；（3）$y=\left(\frac{1}{2}x+1\right)^4$.

12. （1）$y=C_1e^x+C_2e^{-2x}$；（2）$y=C_1\cos x+C_2\sin x$；（3）$x=(C_1+C_2t)e^{\frac{5}{2}t}$；

（4）$y=e^{2x}(C_1\cos x+C_2\sin x)$；（5）$y=e^{-2x}(C_1x+C_2)$；（6）$y=C_1e^x+C_2e^{2x}$.

13. （1）$y=4e^x+2e^{3x}$；（2）$y=(2+x)e^{-\frac{x}{2}}$；（3）$y=3e^{-2x}\sin 5x$；（4）$y=2\cos 5x+\sin 5x$.

14. （1）$y=C_1e^{\frac{1}{2}x}+C_2e^{-x}+e^x$；（2）$y=C_1+C_2e^{-\frac{5}{2}x}+\frac{1}{3}x^3-\frac{3}{5}x^2+\frac{7}{25}x$；

（3）$y=C_1e^{-x}+C_2e^{-2x}+\left(\frac{3}{2}x^3-3x\right)e^{-x}$；（4）$y=e^x(C_1\cos 2x+C_2\sin 2x)-\frac{1}{4}xe^x\cos 2x$；

（5）$y=e^{-x}(C_1x+C_2)+x-2$；（6）$y=e^{2x}(C_1x+C_2)+\frac{1}{2}x^2e^{2x}$.

15. （1）$y=-\cos x-\frac{1}{3}\sin x+\frac{1}{3}\sin 2x$；（2）$y=\frac{1}{2}(e^{9x}+e^x)-\frac{1}{7}e^{2x}$.

习 题 七

1. （1）$(-1)^{n-1}\frac{1}{n}$；（2）$\frac{a^n}{n}$.

2. 略.

3. （1）发散；（2）收敛；（3）收敛；（4）收敛；（5）收敛；（6）收敛.

4. （1）绝对收敛；（2）绝对收敛；（3）条件收敛.

附录　积　分　表

（一）含有 $\boldsymbol{ax+b}$ 的积分

1. $\int\frac{\mathrm{d}x}{ax+b}=\frac{1}{a}\ln|ax+b|+C$

2. $\int(ax+b)^{\mu}\mathrm{d}x=\frac{1}{a(\mu+1)}(ax+b)^{\mu+1}+C\ (\mu\neq-1)$

3. $\int\frac{x}{ax+b}\mathrm{d}x=\frac{1}{a^2}(ax+b-b\ln|ax+b|)+C$

4. $\int\frac{x^2}{ax+b}\mathrm{d}x=\frac{1}{a^3}\left[\frac{1}{2}(ax+b)^2-2b(ax+b)+b^2\ln|ax+b|\right]+C$

5. $\int\frac{\mathrm{d}x}{x(ax+b)}=-\frac{1}{b}\ln\left|\frac{ax+b}{x}\right|+C$

6. $\int\frac{\mathrm{d}x}{x^2(ax+b)}=-\frac{1}{bx}+\frac{a}{b^2}\ln\left|\frac{ax+b}{x}\right|+C$

7. $\int\frac{x}{(ax+b)^2}\mathrm{d}x=\frac{1}{a^2}\left(\ln|ax+b|+\frac{b}{ax+b}\right)+C$

8. $\int\frac{x^2}{(ax+b)^2}\mathrm{d}x=\frac{1}{a^3}\left(ax+b-2b\ln|ax+b|-\frac{b^2}{ax+b}\right)+C$

9. $\int\frac{\mathrm{d}x}{x(ax+b)^2}=\frac{1}{b(ax+b)}-\frac{1}{b^2}\ln\left|\frac{ax+b}{x}\right|+C$

（二）含有 $\boldsymbol{\sqrt{ax+b}}$ 的积分

10. $\int\sqrt{ax+b}\,\mathrm{d}x=\frac{2}{3a}\sqrt{(ax+b)^3}+C$

11. $\int x\sqrt{ax+b}\,\mathrm{d}x=\frac{2}{15a^2}(3ax-2b)\sqrt{(ax+b)^3}+C$

12. $\int x^2\sqrt{ax+b}\,\mathrm{d}x=\frac{2}{105a^3}(15a^2x^2-12abx+8b^2)\sqrt{(ax+b)^3}+C$

13. $\int\frac{x}{\sqrt{ax+b}}\mathrm{d}x=\frac{2}{3a^2}(ax-2b)\sqrt{ax+b}+C$

14. $\int\frac{x^2}{\sqrt{ax+b}}\mathrm{d}x=\frac{2}{15a^3}(3a^2x^2-4abx+8b^2)\sqrt{ax+b}+C$

15. $\int\frac{\mathrm{d}x}{x\sqrt{ax+b}}=\begin{cases}\frac{1}{\sqrt{b}}\ln\left|\frac{\sqrt{ax+b}-\sqrt{b}}{\sqrt{ax+b}+\sqrt{b}}\right|+C(b>0)\\ \frac{2}{\sqrt{-b}}\arctan\sqrt{\frac{ax+b}{-b}}+C(b<0)\end{cases}$

16. $\int\frac{\mathrm{d}x}{x^2\sqrt{ax+b}}=-\frac{\sqrt{ax+b}}{bx}-\frac{a}{2b}\int\frac{\mathrm{d}x}{x\sqrt{ax+b}}$

17. $\int\frac{\sqrt{ax+b}}{x}\mathrm{d}x=2\sqrt{ax+b}+b\int\frac{\mathrm{d}x}{x\sqrt{ax+b}}$

18. $\int\frac{\sqrt{ax+b}}{x^2}\mathrm{d}x=-\frac{\sqrt{ax+b}}{x}+\frac{a}{2}\int\frac{\mathrm{d}x}{x\sqrt{ax+b}}$

（三）含有 $\boldsymbol{x^2\pm a^2}$ 的积分

19. $\int\frac{\mathrm{d}x}{x^2+a^2}=\frac{1}{a}\arctan\frac{x}{a}+C$

20. $\int\frac{\mathrm{d}x}{(x^2+a^2)^n}=\frac{x}{2(n-1)a^2(x^2+a^2)^{n-1}}+\frac{2n-3}{2(n-1)a^2}\int\frac{\mathrm{d}x}{(x^2+a^2)^{n-1}}$

21. $\int\frac{\mathrm{d}x}{x^2-a^2}=\frac{1}{2a}\ln\left|\frac{x-a}{x+a}\right|+C$

（四）含有 $\boldsymbol{ax^2+b(a>0)}$ 的积分

22. $\int\frac{\mathrm{d}x}{ax^2+b}=\begin{cases}\frac{1}{\sqrt{ab}}\arctan\sqrt{\frac{a}{b}}x+C(b>0)\\ \frac{1}{2\sqrt{-ab}}\ln\left|\frac{\sqrt{a}x-\sqrt{-b}}{\sqrt{a}x+\sqrt{-b}}\right|+C(b<0)\end{cases}$

23. $\int\frac{x}{ax^2+b}\mathrm{d}x=\frac{1}{2a}\ln\left|ax^2+b\right|+C$

24. $\int\frac{x^2}{ax^2+b}\mathrm{d}x=\frac{x}{a}-\frac{b}{a}\int\frac{\mathrm{d}x}{ax^2+b}$

25. $\int\frac{\mathrm{d}x}{x(ax^2+b)}=\frac{1}{2b}\ln\frac{x^2}{\left|ax^2+b\right|}+C$

26. $\int\frac{\mathrm{d}x}{x^2(ax^2+b)}=-\frac{1}{bx}-\frac{a}{b}\int\frac{\mathrm{d}x}{ax^2+b}$

27. $\int\frac{\mathrm{d}x}{x^3(ax^2+b)}=\frac{a}{2b^2}\ln\frac{\left|ax^2+b\right|}{x^2}-\frac{1}{2bx^2}+C$

28. $\int\frac{\mathrm{d}x}{(ax^2+b)^2}=\frac{x}{2b(ax^2+b)}+\frac{1}{2b}\int\frac{\mathrm{d}x}{ax^2+b}$

（五）含有 $ax^2+bx+c(a>0)$ 的积分

29. $$\int\frac{dx}{ax^2+bx+c}=\begin{cases}\dfrac{2}{\sqrt{4ac-b^2}}\arctan\dfrac{2ax+b}{\sqrt{4ac-b^2}}+C(b^2<4ac)\\ \dfrac{1}{\sqrt{b^2-4ac}}\ln\left|\dfrac{2ax+b-\sqrt{b^2-4ac}}{2ax+b+\sqrt{b^2-4ac}}\right|+C(b^2>4ac)\end{cases}$$

30. $$\int\frac{x}{ax^2+bx+c}dx=\frac{1}{2a}\ln\left|ax^2+bx+c\right|-\frac{b}{2a}\int\frac{dx}{ax^2+bx+c}$$

（六）含有 $\sqrt{x^2+a^2}\,(a>0)$ 的积分

31. $$\int\frac{dx}{\sqrt{x^2+a^2}}=\operatorname{arsh}\frac{x}{a}+C_1=\ln(x+\sqrt{x^2+a^2})+C$$

32. $$\int\frac{dx}{\sqrt{(x^2+a^2)^3}}=\frac{x}{a^2\sqrt{x^2+a^2}}+C$$

33. $$\int\frac{x}{\sqrt{x^2+a^2}}dx=\sqrt{x^2+a^2}+C$$

34. $$\int\frac{x}{\sqrt{(x^2+a^2)^3}}dx=-\frac{1}{\sqrt{x^2+a^2}}+C$$

35. $$\int\frac{x^2}{\sqrt{x^2+a^2}}dx=\frac{x}{2}\sqrt{x^2+a^2}-\frac{a^2}{2}\ln(x+\sqrt{x^2+a^2})+C$$

36. $$\int\frac{x^2}{\sqrt{(x^2+a^2)^3}}dx=-\frac{x}{\sqrt{x^2+a^2}}+\ln(x+\sqrt{x^2+a^2})+C$$

37. $$\int\frac{dx}{x\sqrt{x^2+a^2}}=\frac{1}{a}\ln\frac{\sqrt{x^2+a^2}-a}{|x|}+C$$

38. $$\int\frac{dx}{x^2\sqrt{x^2+a^2}}=-\frac{\sqrt{x^2+a^2}}{a^2x}+C$$

39. $$\int\sqrt{x^2+a^2}dx=\frac{x}{2}\sqrt{x^2+a^2}+\frac{a^2}{2}\ln(x+\sqrt{x^2+a^2})+C$$

40. $$\int\sqrt{(x^2+a^2)^3}dx=\frac{x}{8}(2x^2+5a^2)\sqrt{x^2+a^2}+\frac{3}{8}a^4\ln(x+\sqrt{x^2+a^2})+C$$

41. $$\int x\sqrt{x^2+a^2}dx=\frac{1}{3}\sqrt{(x^2+a^2)^3}+C$$

42. $$\int x^2\sqrt{x^2+a^2}dx=\frac{x}{8}(2x^2+a^2)\sqrt{x^2+a^2}-\frac{a^4}{8}\ln(x+\sqrt{x^2+a^2})+C$$

43. $$\int\frac{\sqrt{x^2+a^2}}{x}dx=\sqrt{x^2+a^2}+a\ln\frac{\sqrt{x^2+a^2}-a}{|x|}+C$$

44. $\int\frac{\sqrt{x^2+a^2}}{x^2}\mathrm{d}x=-\frac{\sqrt{x^2+a^2}}{x}+\ln(x+\sqrt{x^2+a^2})+C$

（七）含有 $\sqrt{x^2-a^2}\,(a>0)$ 的积分

45. $\int\frac{\mathrm{d}x}{\sqrt{x^2-a^2}}=\frac{x}{|x|}\operatorname{arch}\frac{|x|}{a}+C_1=\ln|x+\sqrt{x^2-a^2}|+C$

46. $\int\frac{\mathrm{d}x}{\sqrt{(x^2-a^2)^3}}=-\frac{x}{a^2\sqrt{x^2-a^2}}+C$

47. $\int\frac{x}{\sqrt{x^2-a^2}}\mathrm{d}x=\sqrt{x^2-a^2}+C$

48. $\int\frac{x}{\sqrt{(x^2-a^2)^3}}\mathrm{d}x=-\frac{1}{\sqrt{x^2-a^2}}+C$

49. $\int\frac{x^2}{\sqrt{x^2-a^2}}\mathrm{d}x=\frac{x}{2}\sqrt{x^2-a^2}+\frac{a^2}{2}\ln|x+\sqrt{x^2-a^2}|+C$

50. $\int\frac{x^2}{\sqrt{(x^2-a^2)^3}}\mathrm{d}x=-\frac{x}{\sqrt{x^2-a^2}}+\ln|x+\sqrt{x^2-a^2}|+C$

51. $\int\frac{\mathrm{d}x}{x\sqrt{x^2-a^2}}\frac{1}{a}\arccos\frac{a}{|x|}+C$

52. $\int\frac{\mathrm{d}x}{x^2\sqrt{x^2-a^2}}=\frac{\sqrt{x^2-a^2}}{a^2x}+C$

53. $\int\sqrt{x^2-a^2}\mathrm{d}x=\frac{x}{2}\sqrt{x^2-a^2}-\frac{a^2}{2}\ln|x+\sqrt{x^2-a^2}|+C$

54. $\int\sqrt{(x^2-a^2)^3}\mathrm{d}x=\frac{x}{8}(2x^2-5a^2)\sqrt{x^2-a^2}+\frac{3}{8}a^4\ln|x+\sqrt{x^2-a^2}|+C$

55. $\int x\sqrt{x^2-a^2}\mathrm{d}x=\frac{1}{3}\sqrt{(x^2-a^2)^3}+C$

56. $\int x^2\sqrt{x^2-a^2}\mathrm{d}x=\frac{x}{8}(2x^2-a^2)\sqrt{x^2-a^2}-\frac{a^4}{8}\ln|x+\sqrt{x^2-a^2}|+C$

57. $\int\frac{\sqrt{x^2-a^2}}{x}\mathrm{d}x=\sqrt{x^2-a^2}-a\arccos\frac{a}{|x|}+C$

58. $\int\frac{\sqrt{x^2-a^2}}{x^2}\mathrm{d}x=-\frac{\sqrt{x^2-a^2}}{x}+\ln|x+\sqrt{x^2-a^2}|+C$

（八）含有 $\sqrt{a^2-x^2}\,(a>0)$ 的积分

59. $\int\frac{\mathrm{d}x}{\sqrt{a^2-x^2}}=\arcsin\frac{x}{a}+C$

60. $\int\frac{\mathrm{d}x}{\sqrt{(a^2-x^2)^3}}=\frac{x}{a^2\sqrt{a^2-x^2}}+C$

61. $\int\frac{x}{\sqrt{a^2-x^2}}\mathrm{d}x=-\sqrt{a^2-x^2}+C$

62. $\int\frac{x}{\sqrt{(a^2-x^2)^3}}\mathrm{d}x=\frac{1}{\sqrt{a^2-x^2}}+C$

63. $\int\frac{x^2}{\sqrt{a^2-x^2}}\mathrm{d}x=-\frac{x}{2}\sqrt{a^2-x^2}+\frac{a^2}{2}\arcsin\frac{x}{a}+C$

64. $\int\frac{x^2}{\sqrt{(a^2-x^2)^3}}\mathrm{d}x=\frac{x}{\sqrt{a^2-x^2}}-\arcsin\frac{x}{a}+C$

65. $\int\frac{\mathrm{d}x}{x\sqrt{a^2-x^2}}=\frac{1}{a}\ln\frac{a-\sqrt{a^2-x^2}}{|x|}+C$

66. $\int\frac{\mathrm{d}x}{x^2\sqrt{a^2-x^2}}=-\frac{\sqrt{a^2-x^2}}{a^2x}+C$

67. $\int\sqrt{a^2-x^2}\mathrm{d}x=\frac{x}{2}\sqrt{a^2-x^2}+\frac{a^2}{2}\arcsin\frac{x}{a}+C$

68. $\int\sqrt{(a^2-x^2)^3}\mathrm{d}x=\frac{x}{8}(5a^2-2x^2)\sqrt{a^2-x^2}+\frac{3}{8}a^4\arcsin\frac{x}{a}+C$

69. $\int x\sqrt{a^2-x^2}\mathrm{d}x=-\frac{1}{3}\sqrt{(a^2-x^2)^3}+C$

70. $\int x^2\sqrt{a^2-x^2}\mathrm{d}x=\frac{x}{8}(2x^2-a^2)\sqrt{a^2-x^2}+\frac{a^4}{8}\arcsin\frac{x}{a}+C$

71. $\int\frac{\sqrt{a^2-x^2}}{x}\mathrm{d}x=\sqrt{a^2-x^2}+a\ln\frac{a-\sqrt{a^2-x^2}}{|x|}+C$

72. $\int\frac{\sqrt{a^2-x^2}}{x^2}\mathrm{d}x=-\frac{\sqrt{a^2-x^2}}{x}-\arcsin\frac{x}{a}+C$

（九）含有 $\sqrt{\pm ax^2+bx+c}\,(a>0)$ 的积分

73. $\int\frac{\mathrm{d}x}{\sqrt{ax^2+bx+c}}=\frac{1}{\sqrt{a}}\ln\left|2ax+b+2\sqrt{a}\sqrt{ax^2+bx+c}\right|+C$

74. $\int\sqrt{ax^2+bx+c}\mathrm{d}x=\frac{2ax+b}{4a}\sqrt{ax^2+bx+c}+\frac{4ac-b^2}{8\sqrt{a^3}}\ln\left|2ax+b+2\sqrt{a}\sqrt{ax^2+bx+c}\right|+C$

75. $\int\frac{x}{\sqrt{ax^2+bx+c}}\mathrm{d}x=\frac{1}{a}\sqrt{ax^2+bx+c}-\frac{b}{2\sqrt{a^3}}\ln\left|2ax+b+2\sqrt{a}\sqrt{ax^2+bx+c}\right|+C$

76. $\int\frac{\mathrm{d}x}{\sqrt{c+bx-ax^2}}=-\frac{1}{\sqrt{a}}\arcsin\frac{2ax-b}{\sqrt{b^2+4ac}}+C$

77. $\int\sqrt{c+bx-ax^2}\mathrm{d}x=\frac{2ax-b}{4a}\sqrt{c+bx-ax^2}+\frac{b^2+4ac}{8\sqrt{a^3}}\arcsin\frac{2ax-b}{\sqrt{b^2+4ac}}+C$

78. $\int\frac{x}{\sqrt{c+bx-ax^2}}\mathrm{d}x=-\frac{1}{a}\sqrt{c+bx-ax^2}+\frac{b}{2\sqrt{a^3}}\arcsin\frac{2ax-b}{\sqrt{b^2+4ac}}+C$

（十）含有 $\sqrt{\pm\frac{x-a}{x-b}}$ 或 $\sqrt{(x-a)(b-x)}$ 的积分

79. $\int\sqrt{\frac{x-a}{x-b}}\mathrm{d}x=(x-b)\sqrt{\frac{x-a}{x-b}}+(b-a)\ln(\sqrt{|x-a|}+\sqrt{|x-b|})+C$

80. $\int\sqrt{\frac{x-a}{b-x}}\mathrm{d}x=(x-b)\sqrt{\frac{x-a}{b-x}}+(b-a)\arcsin\sqrt{\frac{x-a}{b-a}}+C$

81. $\int\frac{\mathrm{d}x}{\sqrt{(x-a)(b-x)}}=2\arcsin\sqrt{\frac{x-a}{b-a}}+C(a<b)$

82. $\int\sqrt{(x-a)(b-x)}\mathrm{d}x=\frac{2x-a-b}{4}\sqrt{(x-a)(b-x)}+\frac{(b-a)^2}{4}\arcsin\sqrt{\frac{x-a}{b-a}}+C(a<b)$

（十一）含有三角函数的积分

83. $\int\sin x\mathrm{d}x=-\cos x+C$

84. $\int\cos x\mathrm{d}x=\sin x+C$

85. $\int\tan x\mathrm{d}x=-\ln|\cos x|+C$

86. $\int\cot x\mathrm{d}x=\ln|\sin x|+C$

87. $\int\sec x\mathrm{d}x=\ln\left|\tan\left(\frac{\pi}{4}+\frac{x}{2}\right)\right|+C=\ln|\sec x+\tan x|+C$

88. $\int\csc x\mathrm{d}x=\ln\left|\tan\frac{x}{2}\right|+C=\ln|\csc x-\cot x|+C$

89. $\int\sec^2 x\mathrm{d}x=\tan x+C$

90. $\int\csc^2 x\mathrm{d}x=-\cot x+C$

91. $\int\sec x\tan x\mathrm{d}x=\sec x+C$

92. $\int\csc x\cot x\mathrm{d}x=-\csc x+C$

93. $\int\sin^2 x\mathrm{d}x=\frac{x}{2}-\frac{1}{4}\sin 2x+C$

94. $\int\cos^2 x\mathrm{d}x=\frac{x}{2}+\frac{1}{4}\sin 2x+C$

95. $\int\sin^n x\mathrm{d}x=-\frac{1}{n}\sin^{n-1}x\cos x+\frac{n-1}{n}\int\sin^{n-2}x\mathrm{d}x$

96. $\int\cos^n x\mathrm{d}x=\frac{1}{n}\cos^{n-1}x\sin x+\frac{n-1}{n}\int\cos^{n-2}x\mathrm{d}x$

97. $\int\frac{\mathrm{d}x}{\sin^n x}=-\frac{1}{n-1}\frac{\cos x}{\sin^{n-1}x}+\frac{n-2}{n-1}\int\frac{\mathrm{d}x}{\sin^{n-2}x}$

98. $\int\frac{\mathrm{d}x}{\cos^n x}=\frac{1}{n-1}\frac{\sin x}{\cos^{n-1}x}+\frac{n-2}{n-1}\int\frac{\mathrm{d}x}{\cos^{n-2}x}$

99. $$\begin{aligned}\int\cos^m x\sin^n x\mathrm{d}x&=\frac{1}{m+n}\cos^{m-1}x\sin^{n+1}x+\frac{m-1}{m+n}\int\cos^{m-2}x\sin^n x\mathrm{d}x\\&=-\frac{1}{m+n}\cos^{m+1}x\sin^{n-1}x+\frac{n-1}{m+n}\int\cos^m x\sin^{n-2}x\mathrm{d}x\end{aligned}$$

100. $\int\sin ax\cos bx\mathrm{d}x=-\frac{1}{2(a+b)}\cos(a+b)x-\frac{1}{2(a-b)}\cos(a-b)x+C$

101. $\int\sin ax\sin bx\mathrm{d}x=-\frac{1}{2(a+b)}\sin(a+b)x+\frac{1}{2(a-b)}\sin(a-b)x+C$

102. $\int\cos ax\cos bx\mathrm{d}x=\frac{1}{2(a+b)}\sin(a+b)x+\frac{1}{2(a-b)}\sin(a-b)x+C$

103. $\int\frac{\mathrm{d}x}{a+b\sin x}=\frac{2}{\sqrt{a^2-b^2}}\arctan\frac{a\tan\frac{x}{2}+b}{\sqrt{a^2-b^2}}+C(a^2>b^2)$

104. $\int\frac{\mathrm{d}x}{a+b\sin x}=\frac{1}{\sqrt{b^2-a^2}}\ln\left|\frac{a\tan\frac{x}{2}+b-\sqrt{b^2-a^2}}{a\tan\frac{x}{2}+b+\sqrt{b^2-a^2}}\right|+C(a^2<b^2)$

105. $\int\frac{\mathrm{d}x}{a+b\cos x}=\frac{2}{a+b}\sqrt{\frac{a+b}{a-b}}\arctan\left(\sqrt{\frac{a-b}{a+b}}\tan\frac{x}{2}\right)+C(a^2>b^2)$

106. $\int\frac{\mathrm{d}x}{a+b\cos x}=\frac{1}{a+b}\sqrt{\frac{a+b}{b-a}}\ln\left|\frac{\tan\frac{x}{2}+\sqrt{\frac{a+b}{b-a}}}{\tan\frac{x}{2}-\sqrt{\frac{a+b}{b-a}}}\right|+C(a^2<b^2)$

107. $\int\frac{\mathrm{d}x}{a^2\cos^2x+b^2\sin^2x}=\frac{1}{ab}\arctan\left(\frac{b}{a}\tan x\right)+C$

108. $\int\frac{\mathrm{d}x}{a^2\cos^2x-b^2\sin^2x}=\frac{1}{2ab}\ln\left|\frac{b\tan x+a}{b\tan x-a}\right|+C$

109. $\int x\sin ax\mathrm{d}x=\frac{1}{a^2}\sin ax-\frac{1}{a}x\cos ax+C$

110. $\int x^2\sin ax\mathrm{d}x=-\frac{1}{a}x^2\cos ax+\frac{2}{a^2}x\sin ax+\frac{2}{a^3}\cos ax+C$

111. $\int x\cos ax\mathrm{d}x=\frac{1}{a^2}\cos ax+\frac{1}{a}x\sin ax+C$

112. $\int x^2\cos ax\mathrm{d}x=\frac{1}{a}x^2\sin ax+\frac{2}{a^2}x\cos ax-\frac{2}{a^3}\sin ax+C$

（十二）含有反三角函数的积分（其中 $a>0$）

113. $\int \arcsin\frac{x}{a}\mathrm{d}x=x\arcsin\frac{x}{a}+\sqrt{a^2-x^2}+C$

114. $\int x\arcsin\frac{x}{a}\mathrm{d}x=\left(\frac{x^2}{2}-\frac{a^2}{4}\right)\arcsin\frac{x}{a}+\frac{x}{4}\sqrt{a^2-x^2}+C$

115. $\int x^2\arcsin\frac{x}{a}\mathrm{d}x=\frac{x^3}{3}\arcsin\frac{x}{a}+\frac{1}{9}(x^2+2a^2)\sqrt{a^2-x^2}+C$

116. $\int \arccos\frac{x}{a}\mathrm{d}x=x\arccos\frac{x}{a}-\sqrt{a^2-x^2}+C$

117. $\int x\arccos\frac{x}{a}\mathrm{d}x=\left(\frac{x^2}{2}-\frac{a^2}{4}\right)\arccos\frac{x}{a}-\frac{x}{4}\sqrt{a^2-x^2}+C$

118. $\int x^2\arccos\frac{x}{a}\mathrm{d}x=\frac{x^3}{3}\arccos\frac{x}{a}-\frac{1}{9}(x^2+2a^2)\sqrt{a^2-x^2}+C$

119. $\int \arctan\frac{x}{a}\mathrm{d}x=x\arctan\frac{x}{a}-\frac{a}{2}\ln(a^2+x^2)+C$

120. $\int x\arctan\frac{x}{a}\mathrm{d}x=\frac{1}{2}(a^2+x^2)\arctan\frac{x}{a}-\frac{a}{2}x+C$

121. $\int x^2\arctan\frac{x}{a}\mathrm{d}x=\frac{x^3}{3}\arctan\frac{x}{a}-\frac{a}{6}x^2+\frac{a^3}{6}\ln(a^2+x^2)+C$

（十三）含有指数函数的积分

122. $\int a^x\mathrm{d}x=\frac{1}{\ln a}a^x+C$

123. $\int \mathrm{e}^{ax}\mathrm{d}x=\frac{1}{a}\mathrm{e}^{ax}+C$

124. $\int x\mathrm{e}^{ax}\mathrm{d}x=\frac{1}{a^2}(ax-1)\mathrm{e}^{ax}+C$

125. $\int x^n\mathrm{e}^{ax}\mathrm{d}x=\frac{1}{a}x^n\mathrm{e}^{ax}-\frac{n}{a}\int x^{n-1}\mathrm{e}^{ax}\mathrm{d}x$

126. $\int xa^x\mathrm{d}x=\frac{x}{\ln a}a^x-\frac{1}{(\ln a)^2}a^x+C$

127. $\int x^na^x\mathrm{d}x=\frac{1}{\ln a}x^na^x-\frac{n}{\ln a}\int x^{n-1}a^x\mathrm{d}x$

128. $\int \mathrm{e}^{ax}\sin bx\mathrm{d}x=\frac{1}{a^2+b^2}\mathrm{e}^{ax}(a\sin bx-b\cos bx)+C$

129. $\int \mathrm{e}^{ax}\cos bx\mathrm{d}x=\frac{1}{a^2+b^2}\mathrm{e}^{ax}(b\sin bx+a\cos bx)+C$

130. $\int e^{ax}\sin^n bx\mathrm{d}x=\frac{1}{a^2+b^2n^2}e^{ax}\sin^{n-1}bx(a\sin bx-nb\cos bx)+\frac{n(n-1)b^2}{a^2+b^2n^2}\int e^{ax}\sin^{n-2}bx\mathrm{d}x$

131. $\int e^{ax}\cos^n bx\mathrm{d}x=\frac{1}{a^2+b^2n^2}e^{ax}\cos^{n-1}bx(a\cos bx+nb\sin bx)+\frac{n(n-1)b^2}{a^2+b^2n^2}\int e^{ax}\cos^{n-2}bx\mathrm{d}x$

（十四）含有对数函数的积分

132. $\int \ln x\mathrm{d}x=x\ln x-x+C$

133. $\int\frac{\mathrm{d}x}{x\ln x}\ln|\ln x|+C$

134. $\int x^n\ln x\mathrm{d}x=\frac{1}{n+1}x^{n+1}\left(\ln x-\frac{1}{n+1}\right)+C$

135. $\int(\ln x)^n\mathrm{d}x=x(\ln x)^n-n\int(\ln x)^{n-1}\mathrm{d}x$

136. $\int x^m(\ln x)^n\mathrm{d}x=\frac{1}{m+1}x^{m+1}(\ln x)^n-\frac{n}{m+1}\int x^m(\ln x)^{n-1}\mathrm{d}x$

（十五）含有双曲函数的积分

137. $\int \operatorname{sh}x\mathrm{d}x=\operatorname{ch}x+C$

138. $\int \operatorname{ch}x\mathrm{d}x=\operatorname{sh}x+C$

139. $\int \operatorname{th}x\mathrm{d}x=\ln\operatorname{ch}x+C$